U0394099

高级路由技术应用

主　编　王建国　纪兆华

副主编　刘　易　李兰秀

北京理工大学出版社
BEIJING INSTITUTE OF TECHNOLOGY PRESS

内容简介

本书是一本体系完整、技术新、全面介绍网络路由技术的学习用书。本书以项目实训的方式，全面介绍了网络工程实施过程中需要掌握的高级路由技术的相关知识，主要内容包括 IP 地址编址、园区网络路由规划与设计、动态路由技术之 OSPF、动态路由技术之 IS-IS、路由重分发、路由策略和策略路由、BGP 实现域间路由选择、VPN 技术等内容。

本书以理论知识为铺垫，重点凸显内容的实用性，旨在通过以练代学的方式提升读者的理论理解能力和实际操作能力。本书语言通俗易懂，突出了以案例为中心的特点，可以作为计算机应用专业、计算机网络技术专业、通信专业等相关专业的教材，也可以作为网络爱好者和网络工程技术人员的参考用书。

版权专有　侵权必究

图书在版编目（CIP）数据

高级路由技术应用 / 王建国，纪兆华主编. -- 北京：北京理工大学出版社，2024.2（2024.8 重印）
ISBN 978-7-5763-3589-7

Ⅰ. ①高… Ⅱ. ①王… ②纪… Ⅲ. ①计算机网络-路由选择 Ⅳ. ①TN915.05

中国国家版本馆 CIP 数据核字（2024）第 045951 号

责任编辑： 王玲玲　　**文案编辑：** 王玲玲
责任校对： 刘亚男　　**责任印制：** 施胜娟

出版发行 / 北京理工大学出版社有限责任公司
社　　址 / 北京市丰台区四合庄路 6 号
邮　　编 / 100070
电　　话 /（010）68914026（教材售后服务热线）
（010）68944437（课件资源服务热线）
网　　址 / http：//www.bitpress.com.cn

版 印 次 / 2024 年 8 月第 1 版第 2 次印刷
印　　刷 / 唐山富达印务有限公司
开　　本 / 787 mm×1092 mm　1/16
印　　张 / 18
字　　数 / 398 千字
定　　价 / 59.80 元

图书出现印装质量问题，请拨打售后服务热线，负责调换

前言

随着科学技术水平的不断提高，计算机网络也不断发展。在计算机网络发展过程中，路由技术始终占据着重要地位。无论是简单的小型局域网还是复杂的大型广域网，它们都是由各种各样的网络设备连接起来的。作为从事网络规划设计、网络配置与管理的专业人员，必须熟悉和掌握网络设备的配置与管理这项基本技能。

本书性质

路由技术作为互联网的核心技术，在全球互联网的互连互通中发挥着重要的作用。如何应用复杂的路由技术，实现网络高效传输；如何使用路由策略，控制路由传输路径，实现最佳路径选择；如何实施路由认证，保障路由安全等，都是需要掌握和学习的关键内容。

本书是一本体系完整、技术新、全面介绍网络路由技术的学习用书，以应用型人才培养为核心，满足社会对网络技术人员的需求。本书以真实的网络工程项目实施为基础，深入浅出地讲解了网络建设中涉及路由模块的专业知识和专业技能。书中每一个项目都引入一个真实的网络工程项目，依托场景选择一项路由技术进行讲解和实践操作，了解该项路由技术对应的解决方案，诠释路由技术原理，分析协议细节，实现技术学习与实践操作的对接。

本书内容

本书的主要任务是介绍路由器配置与管理的各种方法和技术，使学习者掌握路由器的相关知识和操作技能，为今后从事网络管理和维护工作奠定理论和技术基础。全书共分为 8 个项目，每个项目内容介绍如下：

项目 1　IP 地址编址，主要介绍 IP 地址规划的相关知识，帮助学习者对 IP 地址、子网掩码等相关知识有系统的了解和认识，并通过基于 VLSM 计算的编址设计的项目实施，使学习者掌握 IP 地址编址设计的方法。

项目 2　园区网络路由规划与设计，主要介绍园区网络路由规划的相关知识，帮助学习者对路由表、转发表、路由汇总等相关知识有系统的了解和认识，并通过园区网络路由设计的项目实施，使学习者理解并掌握园区网络路由设计的方法。

项目3　动态路由技术之OSPF，主要介绍OSPF动态路由技术的相关知识，帮助学习者对OSPF协议、OSPF区域和OSPF配置等有系统的了解和认识，并通过OSPF单区域配置和OSPF多区域配置两个项目任务的实施，使学习者掌握OSPF动态路由技术的配置方法。

项目4　动态路由技术之IS-IS，主要介绍IS-IS动态路由技术的相关知识，帮助学习者对IS-IS协议、IS-IS邻接关系建立、IS-IS配置等有系统的了解和认识，并通过IS-IS路由聚合与认证的项目实施，使学习者掌握IS-IS动态路由技术的配置方法。

项目5　路由重分发，主要介绍路由重分发的相关知识，帮助学习者对路由重分发、路由重分发的配置方法有所认识，并通过双点双向路由重分发配置的项目实施，使学习者掌握路由重分发的配置方法。

项目6　路由策略和策略路由，主要介绍路由控制的相关知识，帮助学习者对路由策略和策略路由等相关知识有系统的了解和认识，并通过路由策略的配置实现和策略路由的配置实现项目任务的实施，使学习者掌握通过路由策略和策略路由对路由进行控制的方法。

项目7　BGP实现域间路由选择，主要介绍使用BGP技术实现域间路由的相关知识，帮助学习者对BGP协议、BGP邻居建立、BGP配置等相关知识有系统的了解和认识，并通过BGP基础配置、BGP属性、BGP路由器和反射器、BGP选路项目任务的实施，使学习者掌握配置BGP实现域间路由的方法。

项目8　VPN技术，主要介绍GRE和IPSec技术的相关知识，帮助学习者对GRE VPN技术和IPSec VPN技术等有系统的了解和认识，并通过GRE配置和IPSec配置项目任务的实施，使学习者掌握GRE和IPSec技术的配置实施方法。

网络路由器技术发展迅速，路由器技术的相关内容也在不断更新。在本书编写过程中，得到了华为技术有限公司的大力支持，其为教材的编写提供了非常宝贵的参考意见，完善、充实了教材的内容。由于时间较为仓促，书中疏漏之处难免，敬请广大读者朋友批评、指正。

编　者

目录

项目1

IP地址编址

【学习目标】

1. 知识目标

➢ 理解 IP 地址的组成和分类；

➢ 理解私有 IP 地址和特殊 IP 地址；

➢ 理解子网掩码的表示方法和作用；

➢ 理解网络地址规划和 VLSM 编码；

➢ 了解路由聚合和无类别域间路由；

➢ 了解什么是网关以及网关的作用。

2. 技能目标

➢ 掌握进制转换的方法；

➢ 理解并掌握子网划分方法；

➢ 掌握基于 VLSM 计算的编址设计方法。

3. 素质目标

➢ 具有在互联网中查找相关资料的能力；

➢ 具有较强的理解和自我学习能力。

【项目背景】

某公司准备用 C 类网络地址 192. 168. 1. 0 进行 IP 地址的子网规划。该公司共购置了 5 台路由器，一台路由器作为企业网的网关路由器接入当地 ISP，其他 4 台路由器连接 4 个办公点，每个办公点有 20 台 PC，需要 20 个主机地址。那么如何对该公司的 IP 地址进行编址设计？

【项目内容】

根据该公司的需要，可以绘制出简单的网络拓扑图，如图 1-1 所示。4 个办公地点需要 4 个网段，每个网段至少拥有 20 个可用 IP 地址；网关路由器与 4 个办公地点的路由器相连，同样需要 4 个网段，每个网段至少拥有 2 个可用 IP 地址。

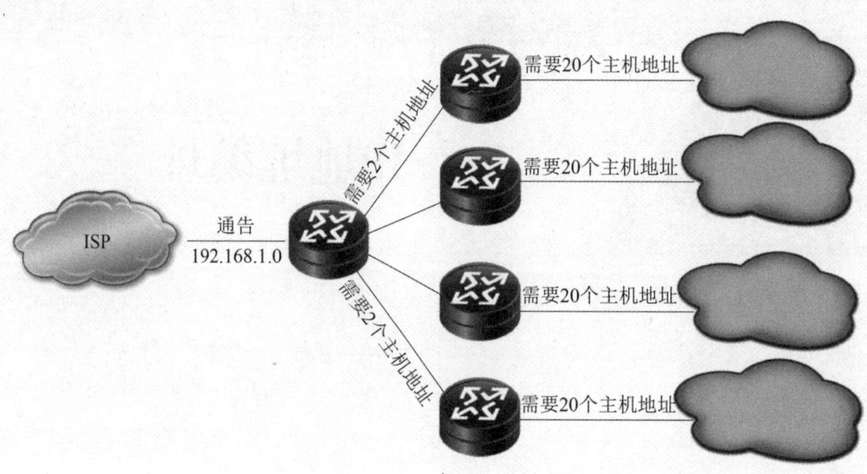

图 1-1　项目网络拓扑图

1.1　相关知识：IP 编址

1.1.1　进制转换

网络中的数据可以采用二进制、十进制或十六进制来表示，了解这些进制对理解 IP 网络基础知识很有必要。每种进制使用不同的基值表示每一位的数值。表 1-1 所列为不同进制数据的使用范围和基值。

表 1-1　二进制、十进制和十六进制的使用范围和基值

进制	使用范围	基值
二进制	0~1	2
十进制	0~9	10
十六进制	0~9，A~F	16

二进制每一位只有 0 和 1 两个值，基值为 2，二进制数的每一位都可以用 2^x 来表示，x 表示二进制数的位数。十六进制的每一位可以有 16 个数值，范围为 0 ~ F（即 0~9 和 A~F），A 对应十进制的 10，F 对应十进制的 15（二进制的 1111）。

表 1-2 所列说明了 8 位二进制数转换为十进制数和十六进制数的情况，从表格中也可以看到全 0 和全 1 所对应的十进制数和十六进制数。

表 1-2　8 位二进制数转换为十进制数和十六进制数

十进制	二进制	十六进制	十进制	二进制	十六进制
0	00000000	00	9	00001001	09
1	00000001	01	10	00001010	0A
2	00000010	02	11	00001011	0B
3	00000011	03	12	00001100	0C
4	00000100	04	13	00001101	0D
5	00000101	05	14	00001110	0E
6	00000110	06	15	00001111	0F
7	00000111	07	…	…	…
8	00001000	08	255	11111111	FF

图 1-2 所示为二进制 IP 地址转换为点分十进制 IP 地址的计算方法。将二进制格式的 IP 地址转换为十进制格式时，需要把二进制中每一位 1 所代表的值加在一起，得出 IP 地址的十进制值。

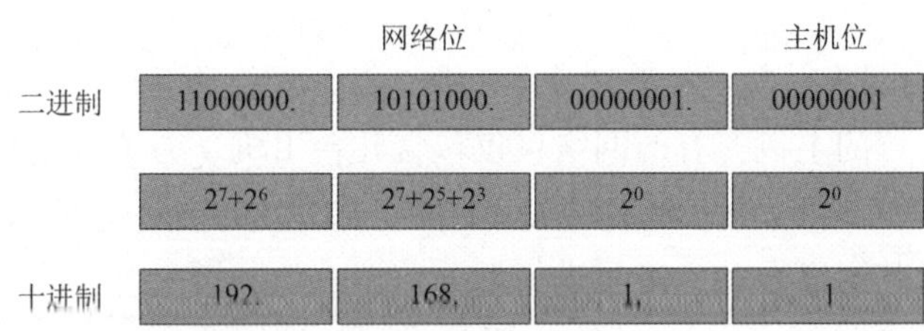

图 1-2　二进制 IP 地址转换为点分十进制 IP 地址的计算方法

1.1.2　IP 地址

IP 地址在网络中用于标识一个节点（或者网络设备的接口）。IP 网络中数据包的寻址是基于 IP 地址来进行的，因此，IP 地址就像是现实生活中的门牌号。IP 地址的合理规划是网络设计中的重要一环，IP 地址规划的好坏直接影响网络路由协议算法的效率和路由收敛的快慢，直接关系网络的稳定性、可扩展性和整体性能，影响到网络管理。

1. IP 地址组成

TCP/IP 为通信协议的网络中每台主机都拥有唯一的 IP 地址，IP 地址不仅唯一标识一台主机，也隐含着网络信息。

IP 地址（IPv4 地址）由 32 位二进制数组成。IP 地址在计算机内部以二进制方式被处理，但为了方便记忆和书写，将 32 位 IP 地址以每 8 位为一组，分成 4 组，并将每组转换成十进制，用“.”隔开表示成（a. b. c. d）的形式，其中，a、b、c，d 都是 0~255 之间的十进制整数，通常将这种表示方法称为点分十进制。

举例，一个 IPv4 地址可以表示成以下形式：

点分十进制：200. 1. 25. 7

二进制：11001000. 00000001. 00011001. 00000111

提示：IP 协议定义了数据分组的格式，也定义了数据分组寻址的方式。目前常见的 IP 主要是两个版本：IPv4 及 IPv6，而现阶段网络主体仍然是 IPv4，但是在可预见的未来，会逐渐向 IPv6 过渡。

为了清晰地区分网段，IP 地址被结构化分层，分为网络部分和主机部分。IP 地址的网络部分称为网络地址，网络地址用于唯一地标识一个网段，或者若干网段的聚合，同一网络中的节点设备具有相同的网络地址；IP 地址的主机部分称为主机地址，主机地址唯一标识网段内的节点设备，如图 1-3 所示。

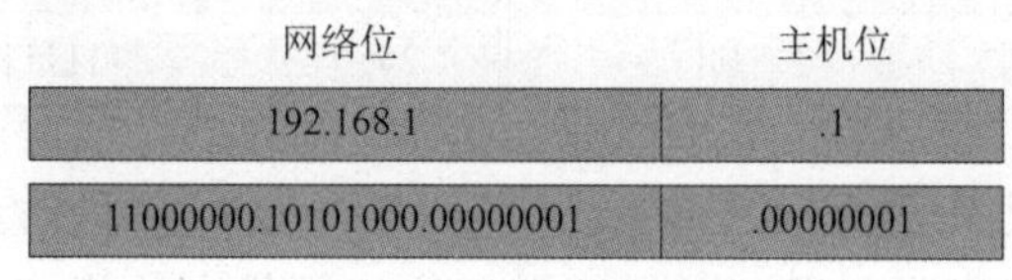

图 1-3　IP 地址组成

2. IP 地址分类

最初的 IP 地址是没有分类的。在 Internet 中，每个网络所包含的主机数量是不确定的。有的网络包含成千上万的主机，有的网络仅仅包含几台主机。为了方便和适应不同规模网络的管理，IP 地址划分为 5 类：A、B、C、D、E 类，如图 1-4 所示。它根据 IP 地址中第 1 个字节到第 4 个字节对其网络号和主机号进行划分。每一类网络所包含的主机数量不同，以满足不同规模网络的需求。

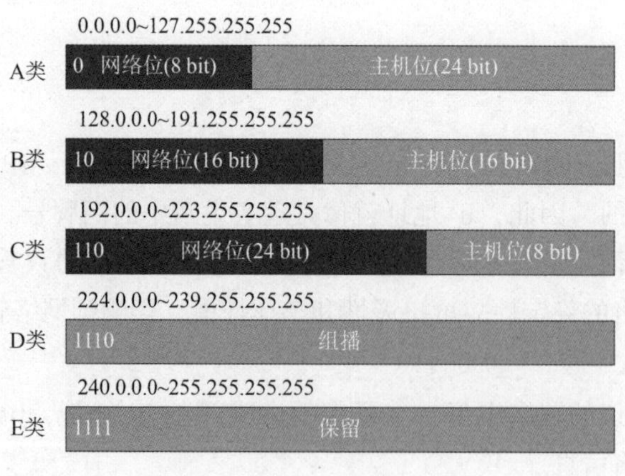

图 1-4　IP 地址划分为 5 类

（1）A 类

A 类地址以“0”开头，它只用一个字节（8 位）表示网络号，后三个字节代表主机号，适用于大型网络。A 类网络号的二进制取值范围为 0000000 ~ 01111111，对应的十进制数值范围为 0～127。

A 类地址第一个字节的第一位（最左边那一位）为“0”，因此，网络部分的有效位数为 7 位，这样 A 类地址的第一个字节为 1～126 之间（127 留作他用），可支持 126 个网络，每个网络支持 2^{24}（16 777 216）个主机地址。

（2）B 类

B 类 IP 地址由 2 个字节的网络地址和 2 个字节的主机地址组成，网络地址的最高位必须是“10”，地址范围为 128. 0. 0. 0～191. 255. 255. 255。B 类地址的第一个字节的地址范围为 128～191。可用的 B 类网络有 16 384 个，每个网络能容纳 6 万多个主机。B 类地址通常分配给大机构和大型企业。

（3）C 类

C 类 IP 地址由 3 字节的网络地址和 1 字节的主机地址组成，网络地址的最高位必须是“110”。范围为 192. 0. 0. 0～223. 255. 255. 255。C 类地址的第一个字节的地址范围为 192～223。C 类网络可达 209 万余个，每个网络能容纳 254 个主机。C 类地址用于小型网络。

（4）D 类

D 类 IP 地址第一个字节以“1110”开始，它是一个专门保留的地址。范围为 224. 0. 0. 0～239. 255. 255. 255。D 类地址的第一个字节的地址范围为 224～239。D 类地址并不指向特定的网络，目前这一类地址被用在多点广播（Multicast）中。多点广播地址用来一次寻址一组计算机，它标识共享同一协议的一组计算机，供特殊协议向选定的节点发送信息时使用。

（5）E 类

E 类 IP 地址以“11110”开始。E 类地址的第一个字节的地址范围是 240～255。E 类地址是 Internet Engineering Task Force（IETF）组织保留的 IP 地址，用于该组织自己的研究。

提示：各类 IP 地址可以通过第一个字节中的比特位进行区分。如 A 类地址第一字节的最高位固定为 0，B 类地址第一字节的高两位固定为 10，C 类地址第一字节的高三位固定为 110，D 类地址第一字节的高四位固定为 1110，E 类地址第一字节的高四位固定为 1111。

这 5 类 IP 地址中，A、B、C 类 IP 地址是常用地址，可以正常分配给普通主机做 IP 地址，而 D、E 两类 IP 地址用途比较特殊，保留使用，不能作为普通主机的 IP 配置。A、B、C 类 IP 地址的说明见表 1-3。

表 1-3　A、B、C 类 IP 地址的说明

类别	网络地址的取值范围	网络数	每个网络可容纳的主机数
A	1. X. Y. Z ～ 126. X. Y. Z	126	小于 1 700 万
B	128. 0. Y. Z ～ 191. 255. Y. Z	16 384	65 000
C	192. 0. 0. Z ～ 223. 255. 255. Z	约 200 万	254

提示： IP 地址由国际网络信息中心组织（International Network Information Center，InterNIC）根据公司大小进行分配。过去通常把 A 类地址保留给政府机构，B 类地址分配给中等规模的公司，C 类地址分配给小型单位。然而，随着互联网络的飞速发展，再加上 IP 地址的浪费，导致现在 IP 地址已经非常紧张。

3. 私有 IP 地址

为节省 IPv4 地址，A、B、C 类地址段中都预留了特定范围的地址作为私网地址。私有 IP 地址就是从 A 类、B 类、C 类三类地址空间中分离出来的 3 个小部分，见表 1-4。

表 1-4　私有 IP 地址类型

IP 地址类别	私有地址范围
A 类	10. 0. 0. 0~10. 255. 255. 255（即 10. 0. 0. 0/8）
B 类	172. 16. 0. 0~172. 31. 255. 255（即 172. 16. 0. 0/12）
C 类	192. 168. 0. 0~192. 168. 255. 255（即 192. 168. 0. 0/16）

现在，世界上所有终端系统和网络设备需要的 IP 地址总数已经超过了 32 位 IPv4 地址所能支持的最大地址数 4 294 967 296。为主机分配私网地址节省了公网地址，可以用来缓解 IP 地址短缺的问题。企业网络中普遍使用私网地址，不同企业网络中的私网地址可以重叠。默认情况下，网络中的主机无法使用私网地址与公网通信；当需要与公网通信时，私网地址必须转换成公网地址。使用私有 IP 地址，不仅减少了企业用于购买公有 IP 地址的投资，而且节省了 IP 地址资源。但是这并不能完全解决 IP 地址短缺问题，目前已经正式提出了 IPv6 协议。在 IPv6 地址中有 128 个二进制位，共约 2^{128} 个 IP 地址，完全可以解决 IP 地址紧张问题。

私有 IP 地址就是在局域网中使用的 IP，私有地址可以重复使用，但是不能在同一个私有网络中重复使用。在同一个私有网络中，私有地址也是唯一的。

与私有 IP 地址对应的地址是全局 IP 地址。全局地址就是在互联网上使用的 IP 地址，也称为公网 IP。除了私有 IP 外的所有地址都是全局 IP 地址，这个地址必须是全网唯一的。

提示： 全局地址可以用到私有网络，但是私有地址是不可以用到公网中的。

4. 特殊 IP 地址

除了私有 IP 地址，在 IP 地址中还有其他一些特殊的保留地址，见表 1-5。

表 1-5　特殊 IP 地址

网络部分	主机部分	地址部分	用途
Any	全“0”	网络地址	代表一个网段
Any	全“1”	广播地址	特定网段的所有节点

续表

网络部分	主机部分	地址部分	用途
127	Any	环回地址	环回测试
全“0”		所有网络	代表所有主机，用于指定默认路由
全“1”		广播地址	本网段所有节点

（1）网络地址

在网络中，经常需要用到网络地址。TCP/IP 协议规定，把一个主机 IP 地址的主机位置为全 0，就是这台主机所在网络的网络地址。

例如，155.22.100.25 是一个 B 类 IP 地址，将其主机位部分（最后两个字节）置为全 0，155.22.0.0 就是 155.22.100.25 主机所在网络的网络地址。A 类地址 10.1.15.16 所在网络的网络地址为 10.0.0.0。C 类地址 192.168.1.24 所在网络的网络地址为 192.168.1.0。

（2）广播地址

所谓广播，指某一主机同时向同一子网所有主机发送报文。TCP/IP 规定，主机号全为 1 的网络地址用于广播，称为广播地址。

例如，198.150.11.255 是 C 类网络 198.150.11.0 中的广播地址。10.255.255.255 是 A 类网络 10.0.0.0 中的广播地址。

（3）环回地址

127 开头的网络地址是保留地址，用于网络软件测试以及本地机进程间通信，称为本地环回地址（Loopback Address）。本地环回地址不属于任何一个有类别地址类。它代表设备的本地虚拟接口，所以默认被看作永远不会宕掉的接口。无论什么程序，一旦使用环回地址发送数据，协议软件立即返回，不进行任何网络传输。

提示： 在 Windows 操作系统中也有相似的定义，所以通常在不安装网卡前就可以 ping 通这个本地环回地址。一般都会用来检查本地网络协议、基本数据接口等是否正常。

127.0.0.1 ~ 127.255.255.254 的范围都是本地环回地址，含网络号 127 的地址不能出现在任何网络上。

（4）0.0.0.0

严格说来，0.0.0.0 已经不是一个真正意义上的 IP 地址了，它表示的是这样一个集合：所有不清楚的主机和目的网络。这里的“不清楚”是指在本机的路由表里没有特定条目指明如何到达。对本机来说，它就是一个“收容所”，所有不认识的“三无人员”一律送进去。如果你在网络设置中设置了默认网关，那么 Windows 系统会自动产生一个目的地址为 0.0.0.0 的默认路由。

（5）255.255.255.255

255.255.255.255 是广播地址。对本机来说，这个地址指本网段内（同一广播域）的所有主机，如果翻译成人类的语言，应该是："这个房间里的所有人都注意了！"这个地址不能被路由器转发。

1.1.3 子网掩码

网络通信时，网络设备先要判断通信双方是否在同一个网络中，如果在同一个网络，则直接传输数据；不在同一个网络时，需要路由器等设备转发数据。因此，通信时必须首先判断通信双方的网络 ID 是否相同，就像电话系统中根据区号是否一致来判断是市话还是长途一样。

在网络上，通过 IP 地址来实现不同网段之间的数据传输。在数据传输的过程中，是怎么判断主机的网络号呢？这就需要通过子网掩码（Subnet Masking）来实现。

在配置 IP 地址时，如果没有配置相关的子网掩码，那么这个 IP 地址是没有意义的。子网掩码也不能单独存在，它必须结合 IP 地址一起使用。子网掩码可以将某个地址划分成网络地址码和主机地址码两部分，如图 1-5 所示。

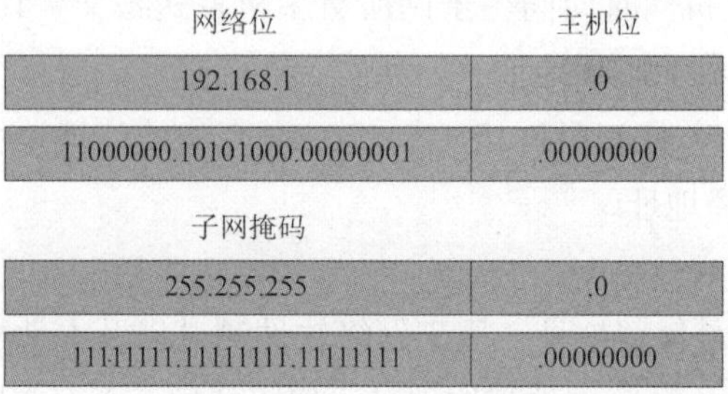

网络位	主机位
192.168.1	.0
11000000.10101000.00000001	.00000000
子网掩码	
255.255.255	.0
11111111.11111111.11111111	.00000000

图 1-5　子网掩码可以将地址划分为网络地址和主机地址两部分

1. 子网掩码的表示方法

标准的 IP 地址分为两层：网络地址+主机地址。为了避免 IP 地址浪费，创建子网，子网划分需要从原来 IP 的主机地址码部分从最高位开始借位给子网地址，即原来的主机地址被进一步划分为子网地址和主机地址。

IP 地址通过借位进行子网划分，原来的二层结构形式变成三层结构形式：网络地址+子网地址+主机地址。同样，子网划分后的 IP 地址需要配置相关的子网掩码，来区分哪些部分是网络地址，哪些是子网地址，哪些部分是主机地址。这时子网掩码的设置就不能采用默认的子网掩码，而是要用连续的 1 的位来标识 IP 地址的网络地址和子网地址，而不仅仅只标识网络地址。

划分子网以后的 IP 地址可以配合子网掩码来标识网络地址和子网地址，也可以通过在 IP 地址后面追加网络地址和子网地址的位数来标识，之间用"/"来隔开。这种标识法称为无类域间路由标识法。

子网掩码用于区分网络部分和主机部分。子网掩码与 IP 地址的表示方法相同。每个 IP 地址和子网掩码一起可以用来唯一的标识一个网段中的某台网络设备。子网掩码中的 1 表示网络位，0 表示主机位，如图 1-6 所示。

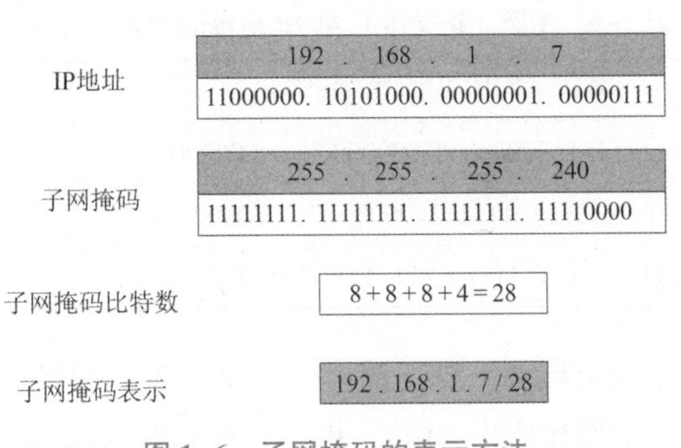

图 1-6 子网掩码的表示方法

图 1-7 所示的 IP 地址和子网掩码，通过子网掩码可以判断主机所属的网段，主机地址为 192. 168. 1. 7，子网掩码为 24 位（C 类 IP 地址的默认掩码），从中可以判断该主机位于 192. 168. 1. 0/24 网段。将 IP 地址中的主机位全部置为 1，并转换为十进制数，即可得到该网段的广播地址 192. 168. 1. 255。

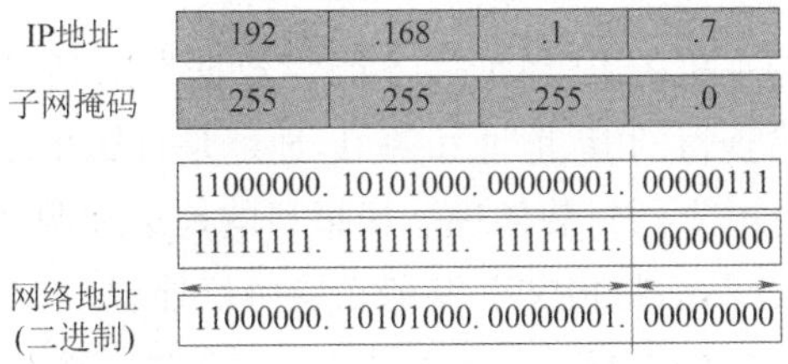

IP地址	192	.168	.1	.7
子网掩码	255	.255	.255	.0
	11000000.	10101000.	00000001.	00000111
	11111111.	11111111.	11111111.	00000000
网络地址(二进制)	11000000.	10101000.	00000001.	00000000

图 1-7 通过 IP 地址和子网掩码判断网段

2. 子网掩码的作用

子网掩码的作用主要表现在以下几个方面：

①子网掩码的长度也是 32 位，子网掩码与 IP 地址的表示方法相同。每个 IP 地址和子网掩码一起可以用来唯一标识一个网段中的某台网络设备。

例如，C 类 IP 地址 211. 68. 38. 155 的子网掩码是以下 32 位二进制数：

11111111. 11111111. 11111111. 00000000

该子网掩码的前 24 位都是 1，后 8 位都是 0，表示 IP 地址的网络地址占前 24 位，主机地址占后 8 位。该子网掩码的十进制表示形式为 255. 255. 255. 0。

②子网掩码和 IP 地址进行按位逻辑与运算后，可以得到主机的网络 ID（类似于电话系统中的区号）。如果两台计算机网络 ID 相同，则表示它们属于同一网络。

③子网掩码的另一个作用是将一个网络 ID 再划分为若干个子网，以解决网络地址不够的问题。

3. 默认子网掩码

A 类、B 类和 C 类 IP 地址的默认子网掩码见表 1-6。

表 1-6　A 类、B 类和 C 类 IP 地址的默认子网掩码

网络部分	默认子网掩码的二进制形式	默认子网掩码
A 类	111111111. 00000000. 00000000. 00000000	255. 0. 0. 0
B 类	111111111. 111111111. 00000000. 00000000	255. 255. 0. 0
C 类	111111111. 1111111. 111111111. 00000000	255. 255. 255. 0

A 类 IP 地址的默认子网掩码为 8 位，即第一个字节表示网络位，其他三个字节表示主机位。B 类 IP 地址的默认子网掩码为 16 位，因此，B 类地址支持更多的网络，但是主机数也相应减少。C 类 IP 地址的默认子网掩码为 24 位，支持的网络最多，同时也限制了单个网络中主机的数量。

在网络通信中，常常需要判断通信的两台主机是否在同一个网络，就是用两台主机子网掩码和 IP 地址分别进行与运算，如果计算得出两个 IP 所在的网络地址是相同的，则说明它们在同一个网络，进行的是局域网内部通信，可以网内通信；反之，则说明它们不在同一个网络，进行的是网络间的远程通信，需要通过路由通信。

源主机必须要知道目的主机的 IP 地址后才能将数据发送到目的地。源主机向其他目的主机发送报文之前，需要检查目的 IP 地址和源 IP 地址是否属于同一个网段。如果是，则报文将被下发到底层协议进行以太网封装处理。如果目的地址和源地址属于不同网段，则主机需要获取路由器的 IP 地址，然后将报文下发到底层协议处理。

图 1-8 所示的网络中，“主机 A”与“主机 C”属于同一个网段，则“主机 A”与“主机 C”之间可以直接传送数据；而“主机 A”与“主机 B”和“主机 D”属于不同网段，如果需要传送数据，则需要通过路由器。

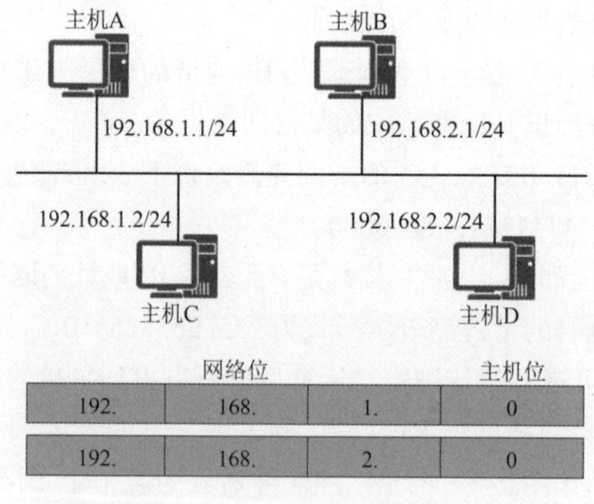

图 1-8　网络中的数据传送

1.1.4　子网划分

Internet 组织机构定义了 5 类 IP 地址，其中，A、B、C 类地址可以正常分配给普通主机做 IP 地址。A 类网络有 126 个，每个 A 类网络可能有 16 777 214 台主机，它们处于同一广

播域。而在同一广播域中有这么多节点是不可能的，网络会因为广播通信而饱和，结果造成 16 777 214 个地址大部分没有分配出去；或者因为超大的广播域导致网络性能下降，也不利于管理。同样，一个 B 类网络理论上可以容纳 65 534 台主机，但实际构建网络时，不可能在一个网络广播域中容纳这么多主机。

事实上，为了解决介质访问冲突和广播风暴的技术问题，一个网段超过 200 台主机的情况是很少的。一个好的网络规划中，每个网段的主机数都不超过 80 个。因此，基于每类的 IP 网络进一步分成更小的网络，每个子网由路由器界定并分配一个新的子网网络地址。划分子网后，通过使用子网掩码把子网隐藏起来，使得从外部看网络没有变化。

1. 网络地址规划

子网划分主要按照两个需求来划分。

（1）按照子网数量需求

按照子网数量的需求进行划分，首先要确定需要划分为多少个子网，据此来计算出需要从原来的主机地址借多少位作为子网地址。假设需要划分 M 个子网需要借用 m 位，那么 M 和 m 需满足下列公式：

$$2^{m} \geqslant M$$

注意，以前，子网地址编码中是不允许使用全 0 和全 1 的，那么 M 和 m 需满足下列公式：

$$2^{m}-2 \geqslant M$$

但是近年来，为了节省 IP 地址，也由于现在的路由器支持全 0 和全 1 的子网地址编址，所以这里不需要再减去 2。

（2）按照子网内需要容纳的主机的数量需求

按照子网可容纳主机数量的需求进行划分，首先要确定每个子网最多需要容纳多少个主机，据此来计算出至少需要从原来的主机地址中留下多少位来作为主机地址。假设需要预留 n 位来满足 N 个主机的编码，那么 N 和 n 需满足下列公式：

$$2^{n}-2 \geqslant N$$

这里减去的 2，是指不能用来作为主机分配的网络地址（主机地址位全为 0）和广播地址（主机地址位全为 1）。

提示： 这两种划分方法是最简单、最基本的子网划分方法，现实中子网划分的复杂场景，一般要同时满足子网数量和子网内容纳主机数量等多种条件，需灵活运用。

例：图 1-9 所示为通过 IP 地址和子网掩码计算主机数的计算过程。

A 类地址即可表示为 2^{8-4}，由此可以得到主机总数。A 类地址的标准子网掩码为 255.0.0.0，即有 24 bit 的主机位；B 类地址的标准子网掩码为 255.255.0.0，即有 16 bit 的主机位；C 类地址的标准子网掩码为 255.255.255.0，即有 8 bit 的主机位。

C 类地址的标准子网掩码有 8 bit 的主机位，但本例中这 8 bit 中的前 4 bit 也用作子网掩码，则所能容纳的主机总数为 2^{8-4}，8 指的是标准子网掩码的主机位个数，4 为用于子网掩码的比特数，进行相减后，就得到了实际的主机位数，即可以表示为 2^{8-4}，那么就得到了子

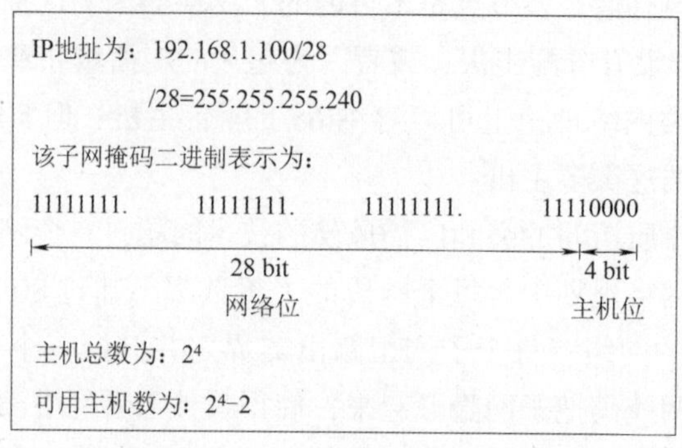

图 1-9　通过 IP 地址和子网掩码计算主机数的过程

网总数。A、B 类 IP 地址依此类推。

2. VLSM 编码

如果企业网络中希望通过规划多个网段来隔离物理网络上的主机，使用默认子网掩码就会存在一定的局限性。网络中划分多个网段后，每个网段中的实际主机数量可能很有限，导致很多地址未被使用。图 1-10 所示网络场景下，如果使用默认子网掩码的编址方案，则地址使用率很低。

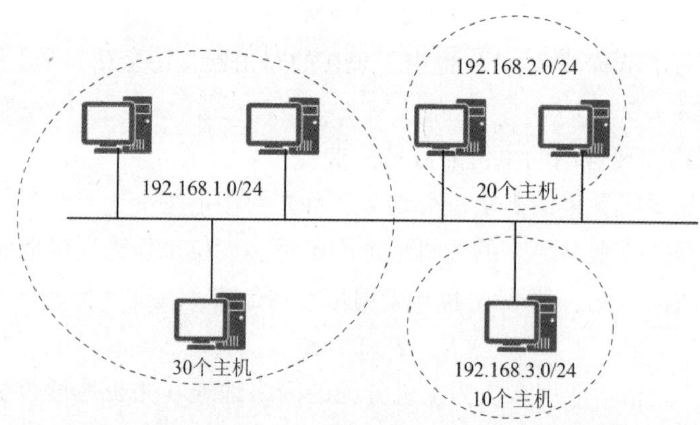

图 1-10　规划多个网段来隔离物理网络上的主机

这时候就可以采用变长子网掩码（Variable Length Subnet Masking，VLSM）技术，对节点数比较多的子网采用较短的子网掩码，子网掩码较短的地址可表示的网络/子网数较少，而子网可分配的地址较多；节点数比较少的子网采用较长的子网掩码，可表示的逻辑网络/子网数较多，而子网上可分配地址较少。这种寻址方案必能节省大量的地址，节省地址可以用于其他子网上。

允许同一网络中不同子网掩码存在的情况称为可变长子网掩码技术，这是一种产生不同大小子网的网络分配机制，指一个网络可以配置不同的掩码。可变长子网掩码技术的想法就是在每个子网上保留足够的主机数的同时，把一个网分成多个子网时有更大的灵活性。

图 1-11 所示是一个变长子网掩码演示，本例中的地址为 C 类地址，默认子网掩码为

24位。现借用一个主机位作为网络位，借用的主机位变成子网位。一个子网位有两个取值：0和1，因此，可划分两个子网。该比特位设置为0，则子网号为0；该比特位设置为1，则子网号为128。将剩余的主机位都设置为0，即可得到划分后的子网地址；将剩余主机位都设置为1，即可得到子网的广播地址。每个子网中支持的主机数为2^7-2（减去子网地址和广播地址），即126个主机地址。

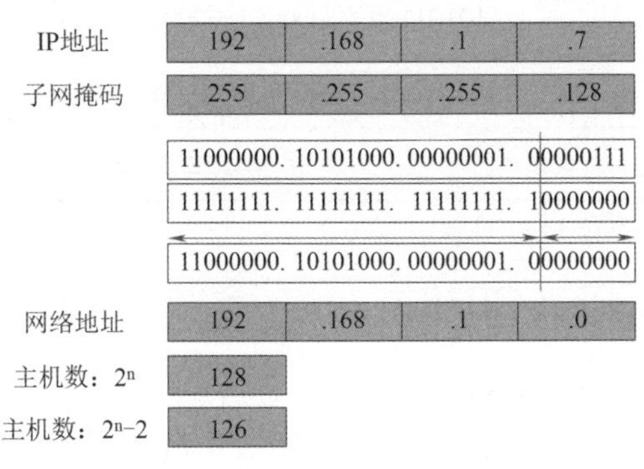

图1-11 变长子网掩码演示

1.1.5 路由聚合

路由聚合是指将多条路由聚合为一条聚合路由，路由聚合可以大大减少路由器中路由的条目数，减轻路由器维护路由条目数的负担，提高网络的利用率。

图1-12所示是一个路由聚合的示意图。路由器RTA下接4个网段：172.1.12.0/24、172.1.13.0/24、172.1.14.0/24、172.1.15.0/24，那么，在路由器RTA上存在这4个网段的路由，在RTA上做路由聚合，可以将这4个网段的路由聚合为一条路由172.1.12.0/22，在向路由器RTB通告时，仅通告172.1.12.0/22这条路由，这样可以大大减少路由的条目数。

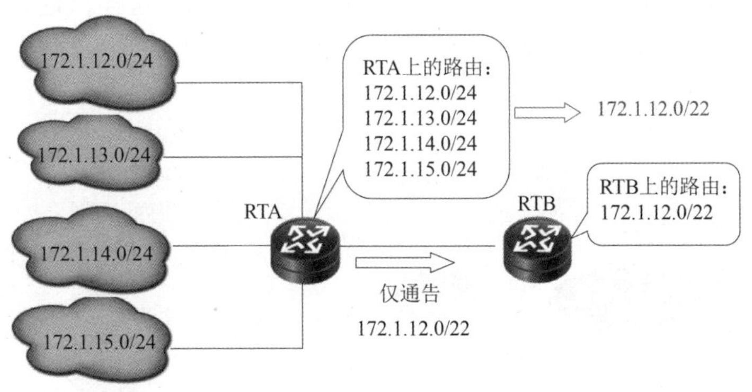

图1-12 路由聚合的示意图

172.1.12.0/24、172.1.13.0/24、172.1.14.0/24、172.1.15.0/24这4个网段的路由可以聚合为172.1.12.0/22，计算方法见表1-7。

表 1-7　路由聚合的计算

IP 地址	相同位（22 位）	不同位（10）
172. 1. 12. 0/24	10101100. 0000001. 000011	00. 00000000
172. 1. 13. 0/24	10101100. 0000001. 000011	01. 00000000
172. 1. 14. 0/24	10101100. 0000001. 000011	10. 00000000
172. 1. 15. 0/24	10101100. 0000001. 000011	11. 00000000
聚合后路由	172. 1. 12. 0/22	

1. 1. 6　无类别域间路由（CIDR）

CIDR（Classless Inter Domain Routing，无类别域间路由）由 RFC1817 定义。CIDR 突破了传统 IP 地址分类边界，使用 VLSM 技术把路由表中的若干条路由汇聚为一条路由，减小了路由表的规模，提高了路由器的可扩展性。

提示：无类别域间路由是可变长子网掩码的衍生技术。通过 VLSM 技术可以减少 IP 地址的浪费，因为原有的 IP 地址网段按照用户的需求划分成了一个个子网，由此造成了路由器上路由表规模的增大，增加了路由器的负担，降低了通信效率。

支持 CIDR 的路由协议有 RIPv2、OSPF、Integrated ISIS、BGPv4。

如图 1-13 所示，一个企业分配到了一段 A 类网络地址：10. 24. 0. 0/22。该企业准备把这些 A 类网络分配给各个用户群，目前已经分配了 4 个网段给用户。如果没有实施 CIDR 技术，企业路由器的路由表中会有 4 条下连网段的路由条目，并且会把它通告给其他路由器。通过实施 CIDR 技术，可以在企业的路由器上把 10. 24. 0. 0/24、10. 24. 1. 0/24、10. 24. 2. 0/24、10. 24. 3. 0/24 这 4 条路由汇聚成一条路由 10. 24. 0. 0/22。这样，企业路由器只需通告 10. 24. 0. 0/22 这一条路由，大大减小了路由表的规模。

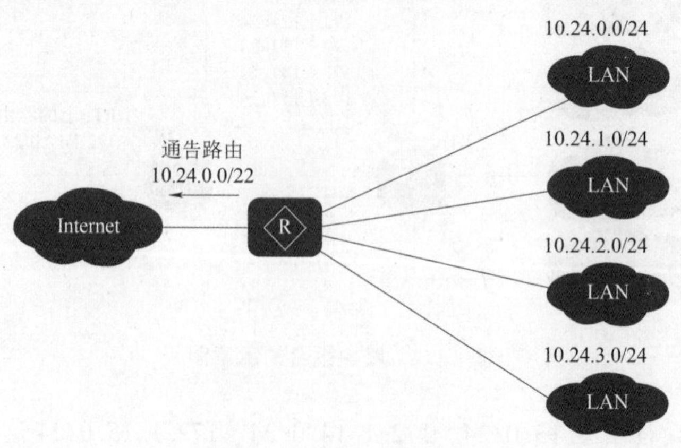

图 1-13　CIDR 技术演示

> **提示**：通常情况下，使用CIDR技术汇聚的网络地址的比特位必须是一致的。如果图1-13所示的ISP又连接了一个172.178.1.0/24的网段，那么这些网段路由将无法汇聚，无法实现CIDR技术。（注：极端情况下，可以汇聚成0.0.0.0/0发布。）

总之，可变长子网掩码和无类别域间路由打破了地址类型的局限，取消网络的类别差异。可变长子网掩码使子网掩码往右边移动，可以灵活地把大的网络划分成子网，以充分节约地址空间；无类别域间路由使得子网掩码往左边移动，把小的网络归并成大的网络即超网，通过路由集中降低路由器的负担。

1.1.7 网关

主机要把数据送到外网，这时就需要配置网关，IP地址配置时，一般除了IP和掩码，另一个要配置的就是网关。

报文转发过程中，首先需要确定转发路径以及通往目的网段的接口，然后将报文封装在以太帧中通过指定的物理接口转发出去。如果目的主机与源主机不在同一网段，报文需要先转发到网关，然后通过网关将报文转发到目的网段。

网关（Gateway）是指接收并处理本地网段主机发送的报文并转发到目的网段的设备。为实现此功能，网关必须知道目的网段的IP地址。网关设备上连接本地网段的接口地址即为该网段的网关地址。所有进入这个网络或到其他网络的数据都要经过网关的处理，网关也常常是指具有此种功能的网络设备。网关用来转发来自不同网段之间的数据包，如图1-14所示。

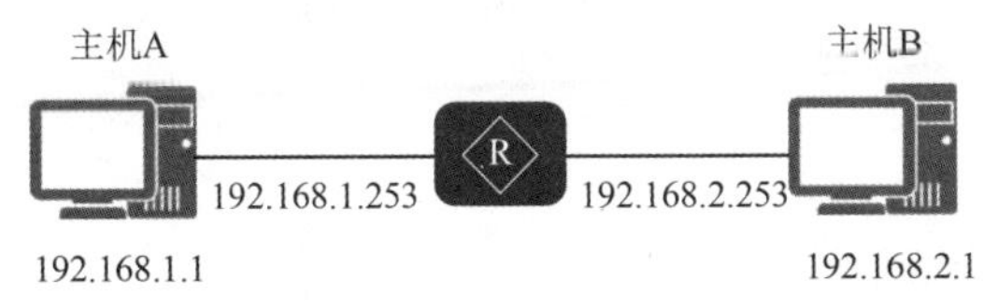

图1-14 网关用来转发来自不同网段之间的数据包

默认网关（Default Gateway）是一个在计算机网络中将数据包转发到其他网络中的节点。一个典型的TCP/IP网络，在配置一个节点（如服务器、工作站和网络设备）IP地址参数时，都有一个定义的默认路由设置（指向默认网关）。设置默认网关是在IP路由表中创建一个默认路径。一台主机可以有多个网关。默认网关的意思是一台主机如果找不到可用的网关，就把数据包发给默认指定的网关，由这个网关来处理数据包。现在主机使用的网关，一般指的是默认网关。一台计算机的默认网关是不可以随随便便指定的，必须正确地指定，否则，一台计算机就会将数据包发给不是网关的计算机，从而无法与其他网络的计算机通信。默认网关必须是计算机所在网段中的IP地址，而不能填写其他网段中的IP地址。

1.2 项目实施——基于 VLSM 计算的编址设计

1.2.1 计算主机位数和子网位数

第 1 步：确定需要多少个子网，每个子网需要多少个主机，根据公式 $2^n-2>A$（A 为最大的主机数）计算出子网位和主机位。

第 2 步：从项目网络拓扑图可以看出，需要划分 8 个子网，4 个办公点网段需要 20 个 IP 地址（包括一个路由器接口），与网关路由器相连的 4 个网段需要 2 个 IP 地址。本例先规划出 4 个办公点的 IP 地址，然后规划出 4 台办公点路由器与网关路由器间的 IP 地址。

第 3 步：根据 $2^n-2>A$，本例 A 为 20，计算出 n 为 5，即主机位为 5 位，子网位为 3 位。因此，4 个办公点的主机位为 5 位。

1.2.2 计算子网位

将 192.168.1.0 的主机部分分为子网部分和新的主机地址部分，根据第 1 步的计算结果，子网位为 3 位，用二进制表示，如图 1-15 所示。垂直线标记了子网空间，从二进制 000 开始计数，将子网位的所有组合列出。

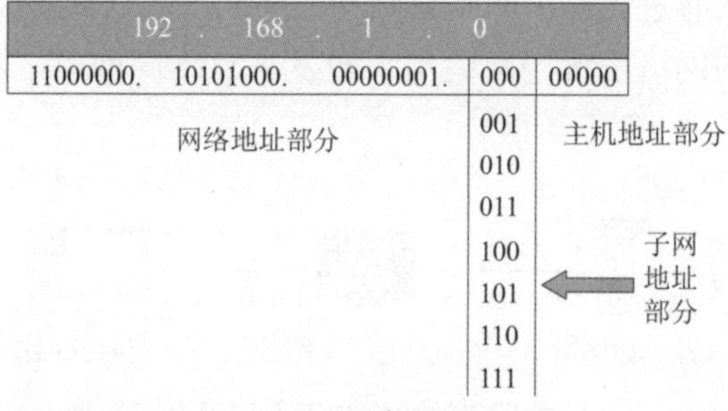

图 1-15 计算子网位

1.2.3 计算子网地址

将第 2 步的结果用点分十进制的格式表示出来，就可以得到如图 1-16 所示右边的网段地址。

11000000. 10101000. 00000001. 00000000	192.168.1.0
11000000. 10101000. 00000001. 00100000	192.168.1.32
11000000. 10101000. 00000001. 01000000	192.168.1.64
11000000. 10101000. 00000001. 01100000	192.168.1.96
11000000. 10101000. 00000001. 10000000	192.168.1.128
11000000. 10101000. 00000001. 10100000	192.168.1.160
11000000. 10101000. 00000001. 11000000	192.168.1.192
11000000. 10101000. 00000001. 11100000	192.168.1.224

图 1-16 计算子网地址

1.2.4　确定主机地址

根据第 3 步推导出的网段地址，选取其中连续的几个作为最终的结果，本例选取网段 192.168.1.32/27、192.168.1.64/27、192.168.1.96/27、192.168.1.128/27，如图 1-17 所示。

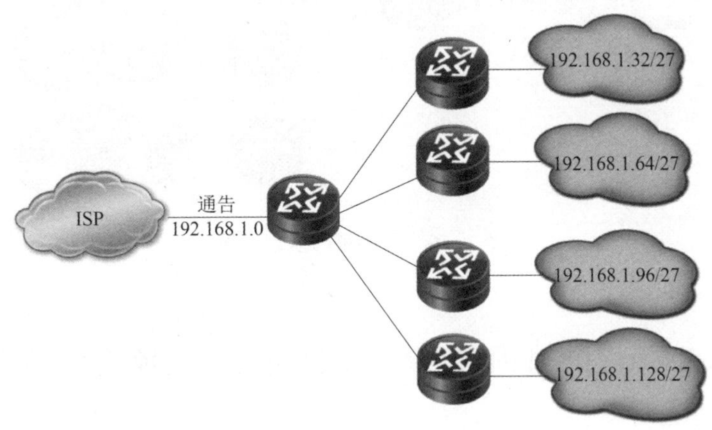

图 1-17　确定主机地址

1.2.5　确定路由器地址

选取网段 192.168.1.160 规划出新的子网，作为 4 个办公点路由器和网关路由器之间的子网地址，计算过程同上。可以计算出，4 个办公路由器与网关路由器间的子网地址如图 1-18 所示。

11000000. 10101000. 00000001. 10100000	192.168.1.160
11000000. 10101000. 00000001. 10100100	192.168.1.164
11000000. 10101000. 00000001. 10101000	192.168.1.168
11000000. 10101000. 00000001. 10101100	192.168.1.172
11000000. 10101000. 00000001. 10110000	192.168.1.176
11000000. 10101000. 00000001. 10110100	192.168.1.180
11000000. 10101000. 00000001. 10111000	192.168.1.184
11000000. 10101000. 00000001. 10111100	192.168.1.188

图 1-18　确定路由器地址

1.2.6　完成子网规划

最终的子网规划的结果如图 1-19 所示。

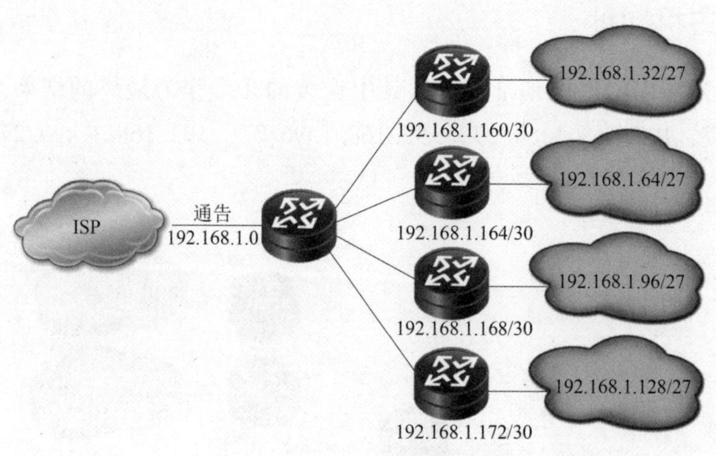

图 1-19 最终子网规划结果

1.3 巩固训练——某公司 IP 地址编址设计

1.3.1 实训目的

- 理解 IP 地址规划。
- 掌握使用变长子网掩码技术进行编址的方法。

1.3.2 实训拓扑

某公司使用 172.16.0.0/16 网段的 IP 地址空间，D 需要 2 个 VLAN，每个 VLAN 能够容纳 200 个用户，A、B 和 C 连接 3 个以太网，分别与 1 个 24 口的交换机相连。图 1-20 所示为实训拓扑图。

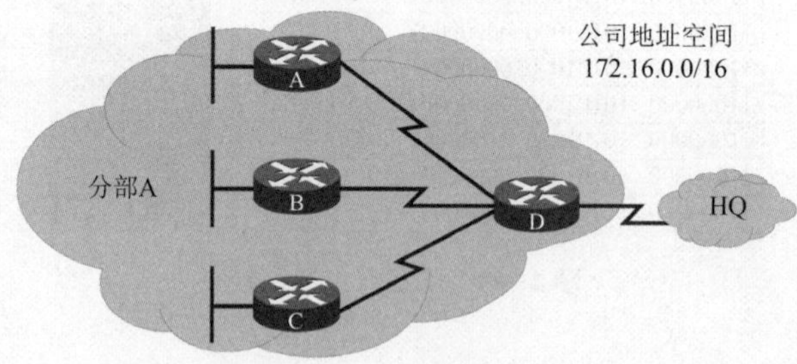

图 1-20 实训拓扑图

1.3.3 实训内容

①按照主机拓扑，计算主机位数和子网位数。

②计算子网位和子网地址，如图 1-21 所示。

子网地址：172.16.12.0 122	
十进制表示法	二进制表示法
172.16.11.0	10101100.00010000.00001011.00000000
（省略文本，以延续位/数字模式）	
172.16.12.0	10101100.00010000.00001100.00000000
172.16.12.1	10101100.00010000.00001100.00000001
172.16.12.255	10101100.00010000.00001100.11111111
172.16.13.0	10101100.00010000.00001101.00000000
172.16.13.1	10101100.00010000.00001101.00000001
172.16.13.255	10101100.00010000.00001101.11111111
172.16.14.0	10101100.00010000.00001110.00000000
172.16.14.1	10101100.00010000.00001110.00000001
172.16.14.255	10101100.00010000.00001110.11111111
172.16.15.0	10101100.00010000.00001111.00000000
172.16.15.1	10101100.00010000.00001111.00000001
172.16.15.255	10101100.00010000.00001111.11111111
（省略文本，以延续位/数字模式）	
172.16.16.0	10101100.00010000.00010000.00000000

图 1-21　计算子网位和子网地址

③确定主机地址和路由器地址，完成子网规划划分，如图 1-22 所示。

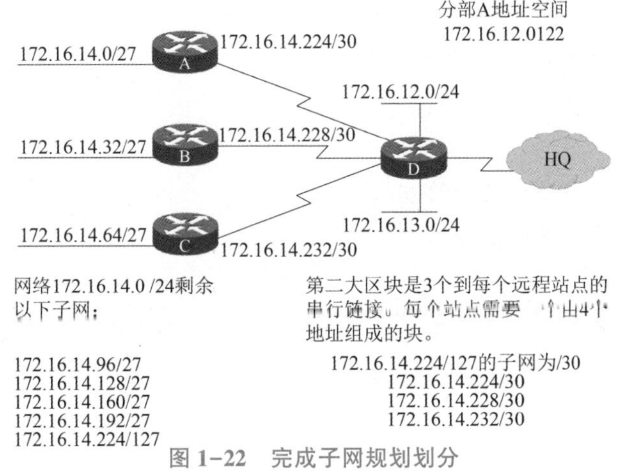

图 1-22　完成子网规划划分

项目 2

园区网络路由规划与设计

【学习目标】

1. 知识目标

➢ 理解路由表和路由条目；

➢ 了解路由信息来源、路由优先级和度量值；

➢ 了解 FIB 表；

➢ 理解静态路由、默认路由和浮动静态路由；

➢ 了解动态路由分类。

2. 技能目标

➢ 掌握园区网络路由协议选择的方法；

➢ 掌握园区网络路由设计方法。

3. 素质目标

➢ 养成科学严谨的工作和学习态度；

➢ 具有较强的集体意识和团队合作的能力。

【项目背景】

为了保障新建的园区信息化的需求，园区建设之初，就把建设互连、互通、高效的园区网络作为重点的建设内容之一。建设完成的园区中包含智能化工厂、智能化办公区域等多种不同功能区域，未来还包含医院、学校等组织，在园区网络的规划和实施过程中，需要应用到交换、路由、安全、无线、网络优化、网络管理等领域的网络技术。

【项目内容】

多园区的网络需要按照多区域的思路进行规则，以实现园区网络分模块管理的目标。本项目需要按照层次化思想，对某新建园区网络路由进行规划设计。在多园区的网络规则设计中，一般使用 OSPF 路由协议规划园区网络路由。

和园区网络层次化规划设计相同，OSPF 路由协议也是使用层次化设计网络协议。在 OSPF 网络中使用了一个区域的概念，从层次化的角度来看，区域被分为骨干区域和非骨干区域两种，如图 2-1 所示。

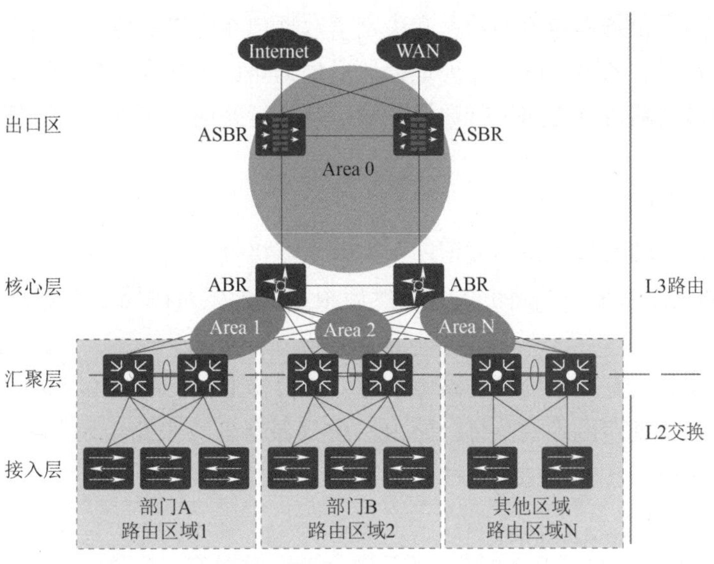

图 2-1　园区网络路由规划示意图

2.1　相关知识：路由规划

2.1.1　路由表与 FIB 表

路由表（Routing Info Base，RIB）和转发表（Forwarding Info Base，FIB）是 IP 数据包在实施路由转发中的重要依据，是两种不同类型的转发表。它们共享相同的路由信息，但是实现不同的目的。

1. 路由技术

以太网交换机工作在数据链路层，用于在网络内进行数据转发。企业网络的拓扑结构一般比较复杂，不同的部门或者总部和分支可能处在不同的网络中，此时就需要使用路由器来连接不同的网络，实现网络之间的数据转发。

为 IP 数据包寻址的过程，也称为路由的过程，路由是指 IP 数据包从源到目的地时，依据路由表选择最佳路径。图 2-2 所示为路由器在数据传输中的示意图。

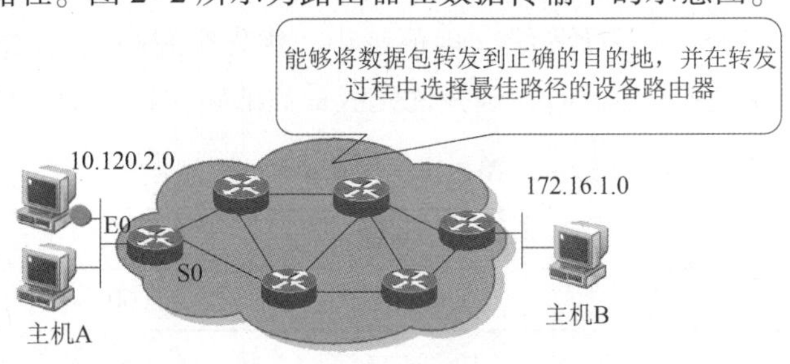

图 2-2　路由器在数据传输中的示意图

路由器是网络层设备中最典型的，它决定了数据包在网络中传输的路径。路由器在接收到数据包时，会查看它的目的网络层地址，然后根据路由表的本地数据库来判断如何转发这个数据包。路由器与路由器之间进行数据传输必须执行路由协议标准，以便路由器之间同步信息。

2. 路由表与路由条目

路由表是路由器转发数据包的数据库，当路由器接收到一个数据包时，它会用数据包的目的 IP 地址去匹配路由表中的路由条目，然后根据匹配条目的路由参数决定如何转发这个数据包。

路由表中存储着所有互联网络的路由信息，路由器上运行的路由协议，学习、生成的新路由信息，都会存放到路由表中。每台路由器中都保存着一张路由表，指导 IP 数据包通过匹配成功的物理接口来转发，如图 2-3 所示。

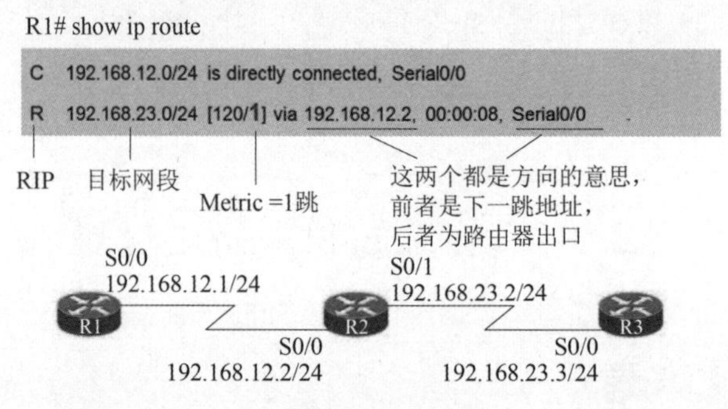

图 2-3 IP 路由表

路由表中的基本组成条目有 4 项，分别是目标网络、下一跳、管理距离（AD）和度量。

其中，路由表上方的关键字是对路由表左侧字母的解释，这些字母指明了每条路由表项是通过什么方式学习获得的。例如，字母 C 表示直连网络、字母 S 表示静态路由。

每一张路由表都显示了该台路由器学习到的连通网络的传输路径。对于非直连网络，IP 数据报文的转发需要明确标识下一跳路径，并通过置于括号内的元组（［管理距离/度量］），指明了路由的优先级和度最值，以方便选择最佳传输路径。这里的“度量”是通过优先级评价路由的一种手段，度量越低，路径越短，路由最佳。

3. 路由优先级

每个路由协议都有一个协议优先级（取值越小，优先级越高），路由协议优先级的默认数值见表 2-1。当有多个路由信息时，选择优先级最高的路由作为最佳路由。

表 2-1 路由协议优先级默认数值

路由类型	Direct	OSPF	Static	RIP
路由协议优先级	0	10	60	100

如果路由器无法用优先级来判断最佳路由，则使用度量（Metric）值来决定需要加入路由表的路由，度量值越小，路由越优先。

4. 路由度量值

当有多条路径到达同一目标网络时，路由器需要一种机制来计算最优路径。度量是指派给路由的一种变量，作为一种衡量最佳路径的手段。度量可以按路径开销（Cost）从大到小进行排列，或者按路由的可信度（从低到高）对路由进行等级划分。

不同的路由协议使用不同类型的度量值对路由进行权衡，如 RIP 的度量值是跳数（Hop Count）、OSPF 的度量值是路径开销。有时还使用多个度量，如 BGP 使用多个度量来衡量路径的优劣，如下一跳属性、AS-Path 属性等。需要注意的是，如果最佳路由的度量变化过于频繁，导致路由频繁翻动，则对路由计算、数据链路的带宽和网络稳定性都会产生负面影响，从而影响最优路径的频繁变化。

以下对几种度量分别予以说明。

①跳数：简单记录路由跳数。

②带宽（Bandwidth）：选择最高带宽的传输路径作为最优路径。

③负载（Load）：指占用网络链路的流量大小。最优路径应该是负载最低的路径。与跳数和带宽不同，路径上的负载发生变化，度量也会跟着变化。

④时延（Delay）：是度量报文经过一条路径所花费的时间。使用时延计量的路由选择协议，将会选择使用最低时延的路径为最优路径。

⑤可靠性（Reliability）：是度量链路在某种情况下发生故障的可能性。可靠性是链路发生故障的次数，或特定时间间隔内收到的错误次数等。

⑥开销：由管理员设置的开销反映出路由的优劣属性。通过路由策略或链路特性可以对开销进行定义，作为网络管理员判断最佳路由的依据。

5. 路由信息的来源

从路由器向路由表中填充路由条目的方式看，路由信息的来源可以分为 3 种，分别是直连路由（Direct）、静态路由（Static）、动态路由（OSPF、RIP 等）。

直连路由：顾名思义，就是路由器本身接口连接的网络。当接口已配置 IP 地址并且接口处于活动（UP）状态时，添加到路由表中。在没有人为配置路由器的情况下，直连路由是路由器唯一拥有的路由。

静态路由：网络管理员手动配置的路由，并且送出接口（下一跳）处于活动状态时添加到路由表中。静态路由需要管理员通过命令手动添加到路由表中，是路由器事先不知道，而管理员希望路由器知道，专门“告诉”路由器的路由。

动态路由：当配置了动态路由协议，并且网络已确定时添加到路由表中。

（1）直连路由

直连路由好比是道路标志，标识了这条道路的名字和情况。

路由表中的直连路由出现的条件是：

①在路由器上配置接口的 IP 地址；

②接口状态为 UP。

（2）静态路由

静态路由是指由管理员手动配置和维护的路由。静态路由配置简单，并且无须像动态路由那样占用路由器的 CPU 资源来计算和分析路由更新。当网络结构比较简单时，只需配置静态路由就可以使网络正常工作。使用静态路由可以改进网络的性能，并可为重要的应用保证带宽。静态路由默认优先级为 60，值越大，优先级越低。

静态路由不传递给其他路由器，但网络管理员也可以进行配置，使之成为共享的路由。使用"0.0.0.0 0.0.0.0"任意网络地址对没有确切路由的 IP 数据包进行特殊的静态配置，称为默认路由，也称默认网关。

静态路由的优点表现在以下 3 个方面：

①对路由器 CPU 没有管理性开销。

②在路由器间没有带宽占用。

③增加安全性。

静态路由的缺点表现在以下 3 个方面：

①必须真正了解网络。

②对于新添网络，配置烦琐。

③对于大型网络，工作量巨大。

（3）动态路由分类

静态路由一般适用于简单的网络环境，在复杂的园区网络中，就需要通过动态路由协议完成多园区网络中复杂的路由条目的学习，实现园区网的互连互通。

动态路由是指使用路由协议完成路由的学习、生成路由表、更新路由表、维护转发表。当网络拓扑结构发生改变时，动态路由协议可以自动更新路由表，并负责决定数据传输的最佳路径。每台路由器上运行的路由协议，根据路由器上的接口配置及所连接链路的状态，生成路由表中的路由表项。

在实现双向互连的网络体系中，为了组建更大范围的网络，需要引入一种新的区域网络管理机制，以实现更大范围的网络区域互连互通，这种区域管理机制称为自治系统（Autonomous System，AS）。自治系统的定义为，在共同管理域下，一组运行相同路由选择协议的路由器集合。

动态路由协议按照运行的区域范围，分为内部网关和外部网关两种。

①内部网关协议（Interior Gateway Protocol，IGP）：在同一个自治系统内部交换路由信息的协议。典型的 IGP 协议包括 RIP、OSPF、IS-IS、IGRP、EIGRP 等。

②外部网关协议（Exterior Gateway Protocol，EGP）：在不同的自治系统之间交换路由信息的协议，是自治系统之间使用的路由协议。典型的 EGP 协议包括 BGP 等。

其中，内部网关协议根据路由协议的算法不同，又分为距离矢量路由协议和链路状态路由协议。

距离矢量路由（Distance Vector）：根据距离矢量算法确定网络中节点的方向与距离，包括 RIP 和 IGRP（私有协议）等。

链路状态（Link-state）路由：根据链路状态算法计算生成网络的拓扑结构，包括 OSPF 协议和 IS-IS 协议等。

6. FIB

转发表（FIB）用于判断基于 IP 数据包的网络前缀信息，决定如何快速转发。设备通过路由表选择路由，通过转发表指导报文进行转发。

对于每一条可达的目标网络前缀，转发表都包含接口标识符和下一跳信息。转发表类似于路由表，但它是在基础路由表上形成的转发信息表。当 IP 数据包通过路由表匹配成功，从路由表复制到转发表时，它们的下一跳信息被明确地标识出来，如下一跳的具体端口，以及如果到下一跳有多条路径时，列出每条路径的具体端口。

三层设备构建转发表需要经历以下过程：接收 IP 数据包、建立路由表、选路、建立转发表。转发表中的路由条目，也是影响路由器转发性能的重要因素。一般情况下，转发表中条目越多，转发查找花费的时间越长。随着基于 ASIC 芯片的转发技术的日益成熟，基于路由的转发也几乎达到线速。

图 2-4 所示为三层设备中路由表和转发表的系统结构，目前的路由设备都使用控制平面的路由表和转发平面的转发表分离技术，从而保障路由器的线速转发性能。

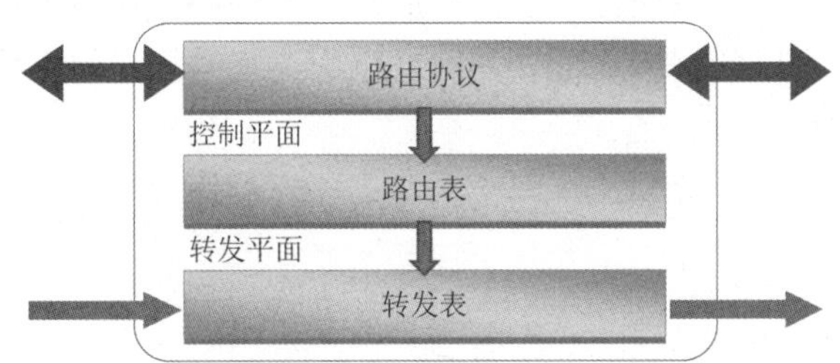

图 2-4　路由表和转发表的系统结构

2.1.2　最长前缀匹配

最长前缀匹配是指在 IP 协议中，被路由器用于在路由表中进行选择的一个算法。

因为路由表中的每个表项都指定了一个网络，所以一个目的地址可能与多个表项匹配。最明确的一个表项，即子网掩码最长的一个，就叫作最长前缀匹配。之所以这样称呼，是因为这个表项也是路由表中与目的地址的高位匹配得最多的表项。

例如，考虑下面这个 IPv4 的路由表（这里用 CIDR 来表示）：

```
192.168.20.16/28
192.168.0.0/16
```

在要查找地址 192. 168. 20. 19 的时候，这两个表项都“匹配”。也就是说，两个表项都包含着要查找的地址。这种情况下，前缀最长的路由就是 192. 168. 20. 16/28，因为它的子网掩码（/28）比其他表项的掩码（/16）要长，使得它更加明确。

路由表中常常包含一个默认路由。这个路由在所有表项都不匹配的时候有着最短的前缀匹配。

2.1.3 路由汇总

路由汇总又称为路由汇聚，是指把一组路由汇聚为一个单个的路由广播。路由汇聚的最终结果和最明显的好处是缩小网络上的路由表的尺寸。

除了缩小路由表的尺寸之外，路由汇聚还能通过在网络连接断开之后限制路由通信的传播来提高网络的稳定性。如果一台路由器仅向下一个下游的路由器发送汇聚的路由，那么，它就不会广播与汇聚的范围内包含的具体子网有关的变化。例如，如果一台路由器仅向其临近的路由器广播汇聚路由地址 172. 16. 0. 0/16，那么，如果它检测到 172. 16. 10. 0/24 局域网网段中的一个故障，它将不更新邻近的路由器。

这个原则在网络拓扑结构发生变化之后能够显著减少任何不必要的路由更新。实际上，这将加快汇聚，使网络更加稳定。

下面介绍路由汇总的实现方法。

①以二进制方式写出各子网地址的网段。

②比较。从第 1 位比特开始进行比较，将从开始不相同的比特到末尾位填充为 0。由此得到的地址为汇总后的网段的网络地址，其网络位为连续的相同的比特的位数。

假设下面有 4 个网络：

172. 18. 129. 0/24

172. 18. 130. 0/24

172. 18. 132. 0/24

172. 18. 133. 0/24

如果这 4 个网络地址进行路由汇聚，能覆盖这 4 个网络的汇总地址是：

172. 18. 128. 0/21

算法如下：

129 的二进制代码是 10000001

130 的二进制代码是 10000010

132 的二进制代码是 10000100

133 的二进制代码是 10000101

这 4 个数的前五位相同，都是 10000，加上前面的 172. 18 这两部分相同的位数，网络号就是 8+8+5=21。而 10000000 的十进制数是 128，所以，路由汇聚的 IP 地址就是 172. 18. 128. 0。因此最终答案是 172. 18. 128. 0/21。

使用前缀地址来汇总路由能够将路由条目保持为可管理的，其优点主要表现在以下 5 个方面。

①路由更加有效。

②减少重新计算路由表或匹配路由时的 CPU 周期。

③减少路由器的内存消耗。

④在网络发生变化时可以更快地收敛。

⑤容易排错。

2.2 项目实施——园区网络路由设计

2.2.1 分层的网络架构

园区网络在规划和设计上遵循层次化设计理念，通常都会涉及 3 个重要关键层，分别是核心层（Core Layer）、汇聚层（Distribution Layer）和接入层（Access Layer），如图 2-1 所示。

三层网络架构采用层次化模型设计，将复杂网络设计成几个层次，每个层次着重于某些特定功能，这样就能够将一个复杂的大网络转化为许多简单的小网络。

当 IP 数据流量通过层次化网络中的各个节点（接入层→汇聚层→核心层）传输时，通信流量、数量及其相关的带宽要求都随之增加。在层次化的网络设计中，通过选择特定性能的设备，针对其网络部署位置和作用选择不同容量、特性和功能网络设备，可以实现网络的优化，提高网络的可扩展性及增强网络的稳定性。

在楼层部署接入交换机时，接入层网络设备负责承担园区网络中的用户接入和接入安全控制功能。

每栋楼都拥有楼宇之间的汇聚交换机，园区网络中的汇聚层交换机将园区网络中的接入层和核心层连接起来，聚合接入层的上行链路，以减轻核心层设备的负荷。

核心交换机部署在网络中心，主要实现园区骨干网络之间的传输。在园区网络中部署的骨干设备任务的重点通常是保障传输的冗余性、可靠性和高速性。而路由器设备在园区网络中常常部署在园区网络的边缘，一方面把园区网络接入互联网中，另一方面实现多园区网络之间的互连互通。

2.2.2 园区内网络内部路由设计

内部路由设计主要满足园区内部设备、终端的互通需求并且与外部路由交互。根据网关位置，建议按照如下两种场景设计内部路由。

①网关在核心层，只需要在核心层配置路由，建议优先采用静态路由。

②网关在汇聚层，核心层、汇聚层都需部署路由，考虑路由表能够根据网络拓扑变化而动态刷新，推荐规划 IGP 动态路由协议，如 OSPF。

提示： 在多园区的网络规划中，一般使用 OSPF 路由协议规划园区网络路由。OSPF 是由 IETF 的 IGP 工作组为 IP 网络开发的路由协议，作为一种内部网关协议，其广泛应用在园区中的路由器之间发布路由信息。区别于距离矢量协议（RIP），其具有支持大型网络、路由收敛快、占用网络资源少等优点，在目前应用的路由协议中占有相当重要的地位。

2.2.3 园区内网络出口路由设计

出口路由设计主要满足内部终端访问 Internet、广域网的需求。大中型园区一般企业分支机构众多，出口需要支持多种链路用于 Internet 访问和企业内部互访，需要大量路由引入园区内部，因此建议规划动态路由协议，如 OSPF。

园区网络的出口区域是园区内部网络到外部网的出口，内部网络中的用户需要通过边缘网络出口接入公网。因此，园区网络接入 Internet 出口区域的选择和设计，直接影响了园区网的出口带宽和传输效率，满足园区内用户访问 Internet 的需求，提供分支/出差用户访问园区相关服务的需求，实现园区网安全防护及负载均衡等需求。

首先，需要考虑园区网络的出口区域是否存在多条 Internet 出口链路，如果有，需要考虑链路备份、带宽的负载均衡等需求；考虑每条物理链路类型，链路类型关系着出口设备选型。

其次，还需要考虑分支机构网络所处的地理位置，ISP 链路的覆盖范围及价格与地理位置强相关。考虑企业和分支之间要实现的互通业务以及分支的网络规模、业务的重要程度及分支网络规模影响分支接入链路及协议的选择。

最后，需要考虑出差员工携带终端类型，根据终端类型选择不同接入技术。考虑企业对出差员工的接入权限政策（如是否通过 Internet 接入企业内网，仅具有网页浏览等权限还是具有与园区用户相同权限)，权限政策影响接入技术部署。

为了保障园区网络稳健接入服务，在园区网出口上接入多家运营商，如电信、联通、移动，根据内置地址库（NAT 技术)，利用默认路由、策略路由、链路利用率延时抖动等多方面进行综合评估，最终选择合适的出口来访问互联网。

2.2.4 园区动态路由协议

园区动态路由协议建议规划 OSPF，下面是 OSPF 设计需要注意的方面。

（1）Router ID 建议采用 Loopback 接口 IP 地址

Router ID 选择规则如下。

①优先从 Loopback 地址中选择最大的 IP 地址作为路由器的 Router ID。

②如果没有配置 Loopback 接口，则在接口地址中选取最大的 IP 地址作为路由器的 Router ID。

③只有当被选举为 Router ID 的接口 IP 地址被删除或修改后，才会进行 Router ID 的重新选举。

（2）区域（Area）划分遵循核心、汇聚、接入的分层原则

骨干区域建议包含出口路由器和核心交换机，非骨干区域的设计则是根据地理位置和设备性能而定。如果在单个非骨干区域中使用了较多的低端三层交换产品，由于其产品定位和性能的限制，应该尽量减少其路由条目数量，把区域规划得更小一些或者使用特殊区域。

以网关部署在汇聚层的场景为例，如图 2-5 所示，将核心层和出口区之间的骨干区域

部署在 Area 0 中，出口设备作为 ASBR，核心交换机为 ABR。每个汇聚交换机和核心交换机组网部署为不同的 OSPF 区域，分别是 Area 1、Area 2、Area N。

(3) 特殊区域的使用可以达到优化非骨干区域的路由表项的目的

对于非骨干区域，一般可能存在如下两种情况需要减少路由表项的规模。

①非骨干区域仅有一个 ABR 做出口，任何访问区域外的流量都要经过这个出口设备。此时该非骨干区域内的路由器不需要了解外部网络的细节，仅需要有个出口能够出去即可。

②非骨干区域的设备使用了一些低端的三层交换机，设备性能使得其不可能承受过多的路由条目。为了精简设备上的路由条目数量，可用配置特殊区域的方法进行路由表项的优化。

因此，建议把非骨干区域统一规划成 Totally NSSA 区域，这样极大地减少了非骨干区域内部路由器的路由条目数量和区域内部 OSPF 交互的报文数量，同时，本区域的路由计算和网络调整不会影响其他区域，因故障引起的路由震荡被隔离在区域内部。

建议新建 OSPF 网络时设计利于路由汇总的 IP 地址，对于扩建的网络，尽量进行 IP 地址的重新规划，通过路由汇聚能精简骨干区域路由器的路由表，减少骨干区域内 OSPF 交互的报文数量。同时，路由汇总以后，单点的链路故障或者网络震荡不至于影响整个网络的路由更新，因此，路由汇聚还可以提高网络的稳定性。

在很多场景下，路由聚合确实能够做到精简路由，提高网络稳定性的作用，但路由聚合容易产生路由环路，而黑洞路由可以用来弥补这种缺陷。在路由器上，命中黑洞路由的报文会被丢弃，而且路由器不向报文发送者反馈任何差错信息。所以，OSPF 网络设计中，路由聚合和黑洞路由经常配合使用。

2.3　巩固训练——静态路由配置

2.3.1　实训目的

- 理解静态路由的功能。
- 掌握静态路由的配置方法。

2.3.2　实训拓扑

两台终端设备 PC 所在的网段分别为 10.1.1.0/24 和 20.1.1.0/24，分别模拟两个园区中的办公网络，使用两台路由器实现两个园区办公网络的互连互通。图 2-5 所示为实训拓扑。

2.3.3　实训内容

①在路由器 A 上配置到达路由器 B 的 20.1.1.1 网段的静态路由，如图 2-6 所示。

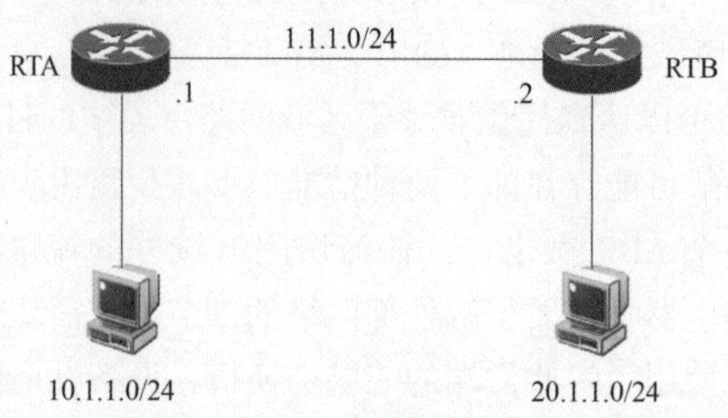

图 2-5　实训拓扑

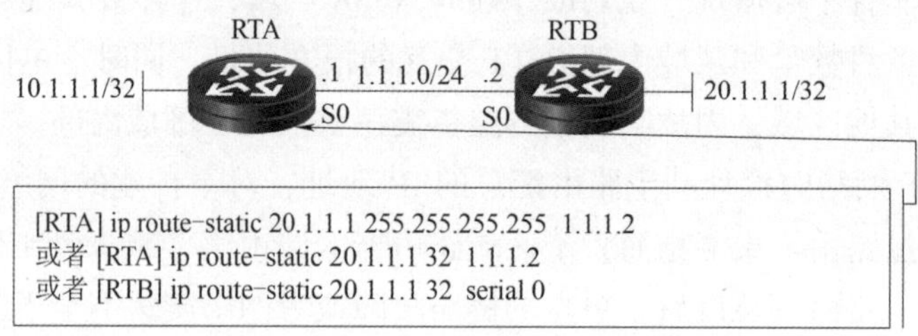

图 2-6　配置路由器 A

②在路由器 B 上配置到达路由器 A 的 10. 1. 1. 1 网段的静态路由，如图 2-7 所示。

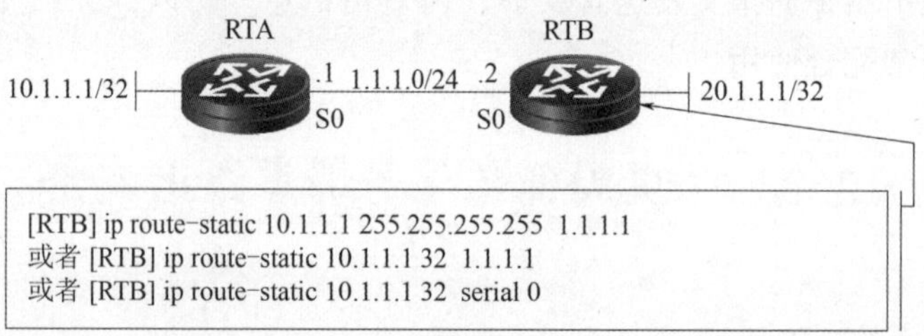

图 2-7　配置路由器 B

③配置路由器负载。在路由器 B 上配置到达路由器 A 的 10. 1. 1. 1 网段的三条负载路由，如图 2-8 所示。

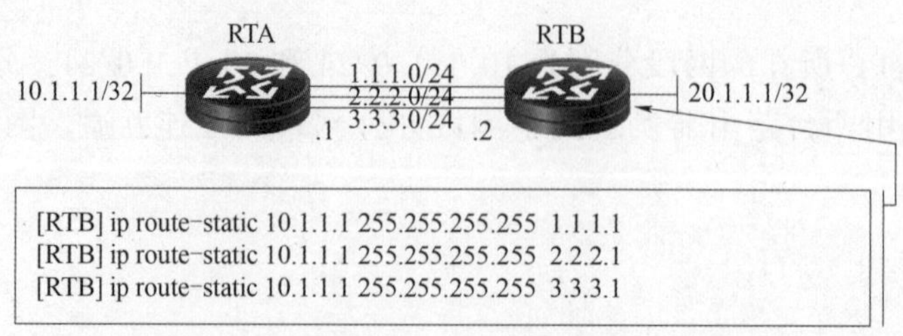

图 2-8　在路由器 B 上配置三条负载路由

提示：静态路由可以根据网络配置环境和管理员的要求来实现高级功能，例如，在同等端到端连接的链路中进行负载均衡配置。

提示：完成路由器 B 的负载配置之后，查看路由器 B 的路由表，可以看到到达 10. 1. 1. 1 主机的静态路由有三条，可以实现负载均衡。

④实现静态路由的路由备份。在路由器 B 上配置到达路由器 A 的 10. 1. 1. 1 网段的备份路由，如图 2-9 所示。

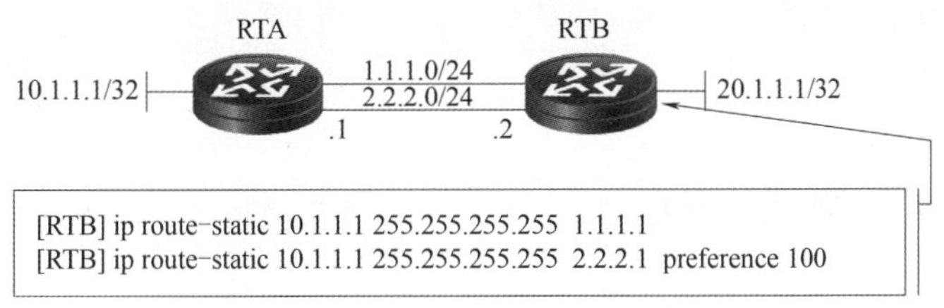

图 2-9　在路由器 B 上配置备份路由

提示：静态路由的路由备份，根据路由优先级判断主用路由；切断主用链路，备用链路自动变为主用链路加入路由表。

项目3

动态路由技术之OSPF

【学习目标】

1. 知识目标

➢ 理解 OSPF 协议的相关内容；

➢ 理解 OSPF 的工作过程；

➢ 理解 OSPF 区域结构；

➢ 理解域间路由及外部路由的相关知识；

➢ 了解 OSPF 特殊区域。

2. 技能目标

➢ 掌握 OSPF 配置的相关命令；

➢ 掌握 OSPF 单区域配置实现方法；

➢ 掌握 OSPF 多区域配置实现方法；

➢ 掌握 OSPF 虚连接配置实现方法。

3. 素质目标

➢ 具有较强的自我学习能力；

➢ 具有较强的动手操作能力。

项目任务1　OSPF 单区域配置

【项目背景】

某集团公司在不同城市有 5 个公司，每个公司有 1 台路由器，共 5 台路由器，现在需要将 5 台路由器相互连接，在 5 台路由器上运行 OSPF 协议，实现区域中所有路由器的互连互通。

【项目内容】

根据该公司的需要，可以绘制出简单的网络拓扑图，如图 3-1 所示。在 5 台路由器上分别配置 OSPF 协议，其中，RT 作为二层路由器连接其他运行 OSPF 协议的 4 台路由器。由于之前 4 台路由器之间默认选举的 DR 不符合网络需求，现在需要让 RTA 被选举为 DR 来和 OSPF 网络其他设备交换 LSA 信息，RTC 则作为 RTA 的备份，而 RTB 由于其他业务需要，

只能让它通过 DR 来与 OSPF 网络其他设备交换 LSA 信息。

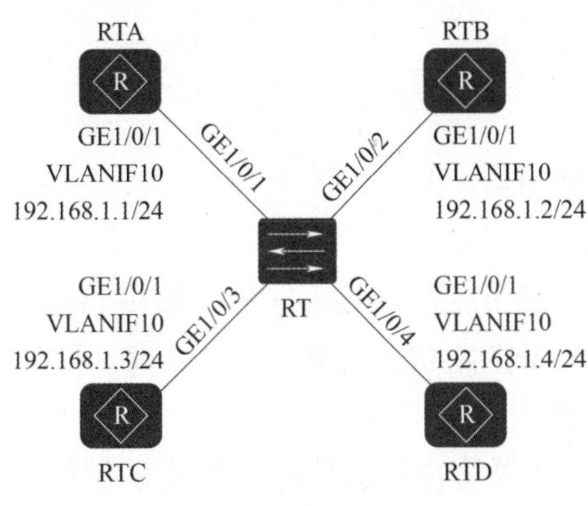

图 3-1　项目网络拓扑

3.1　相关知识：OSPF 与单区域 OSPF 配置

3.1.1　OSPF 基础

RIP 是基于距离矢量算法的路由协议，其应用在大型网络中，存在收敛速度慢、度量值不科学、可扩展性差等问题。IETF 提出了基于 SPF 算法的开放式最短路径优先（Open Shortest Path First，OSPF）协议。通过在大型网络中部署 OSPF 协议，弥补了 RIP 协议的诸多不足。

1. OSPF 简介

开放式最短路径优先是一个内部网关协议，用于在单一自治系统内决策路由，是对链路状态路由协议的一种实现。

所谓 Link State（链路状态），指的是路由器的接口状态。在 OSPF 中，路由器的某一接口的链路状态包含了如下信息：

➢ 该接口的 IP 地址及掩码。

➢ 该接口的带宽。

➢ 该接口所连接的邻居。

➢ ……

OSPF 作为链路状态路由协议，不直接传递各路由器的路由表，而传递链路状态信息，各路由器基于链路状态信息独立计算路由。

所有路由器各自维护一个链路状态数据库。邻居路由器间先同步链路状态数据库，再各自基于 SPF（Shortest Path First）算法计算最优路由，从而提高收敛速度。

在度量方式上，OSPF 将链路带宽作为选路时的参考依据。“累计带宽”是一种比“累积跳数”更科学的计算方式。

RIP 在大型网络中部署所面临的问题，OSPF 都有相对应的解决办法。

（1）链路状态信息

链路信息主要包括：

➢ 链路的类型；

➢ 接口 IP 地址及掩码；

➢ 链路上所连接的邻居路由器；

➢ 链路的带宽（开销）。

区别于 RIP 路由器之间交互的路由信息，OSPF 路由器同步的是最原始的链路状态信息，而且对于邻居路由器发来的链路状态信息，仅做转发。最终所有路由器都将拥有一份相同且完整的原始链路状态信息。

每台运行 OSPF 协议的路由器所描述的信息中都应该包括链路的类型、接口 IP 地址及掩码、链路上的邻居、链路的开销等信息。

路由器只需要知道目的网络号/掩码、下一跳、开销（接口 IP 地址及掩码、链路上的邻居、链路的开销）即可。

（2）开放式最短路径优先（OSPF）的特点

图 3-2 所示为一个开放式最短路径优先的示意图，其优势主要表现在以下几个方面。

➢ 无环路；

➢ 收敛好；

➢ 扩展性好；

➢ 支持认证。

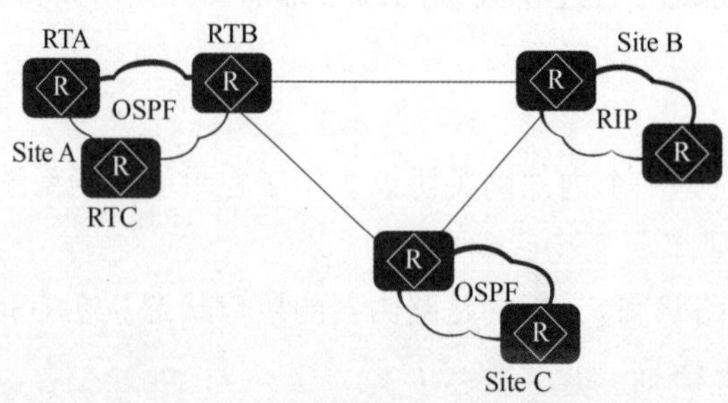

图 3-2　开放式最短路径优先（OSPF）示意图

开放式最短路径优先（OSPF）的特点表现在以下几个方面。

①OSPF 是一种基于链路状态的路由协议，它从设计上就保证了无路由环路。OSPF 支持区域的划分，区域内部的路由器使用 SPF 算法保证了区域内部的无环路。OSPF 还利用区域间的连接规则保证了区域之间无路由环路。

②OSPF 支持触发更新，能够快速检测并通告自治系统内的拓扑变化。

③OSPF 可以解决网络扩容带来的问题。当网络上路由器越来越多，路由信息流量急剧增长的时候，OSPF 可以将每个自治系统划分为多个区域，并限制每个区域的范围。OSPF 这种分区域的特点，使得 OSPF 特别适用于大中型网络。

④OSPF 可以提供认证功能。OSPF 路由器之间的报文可以配置成必须经过认证才能进

行交换。

> **提示：**企业网络是由众多的路由器、交换机等网络设备之间互相连接组成的，类似于一张地图。众多不同型号的路由器、不同类型的链路及其连接关系造成了路由计算的复杂性。

2. Router ID

企业网中的设备少则几台，多则几十台甚至几百台，每台路由器都需要有唯一的 ID 用于标识自己。Router ID 是自治系统网络中运行 OSPF 的路由器唯一的标识，每台运行 OSPF 的路由器都有一个 Router ID，在网络中不可以重复。

Router ID 是一个 32 位的值，它唯一标识了一个自治系统内的路由器，管理员可以为每台运行 OSPF 的路由器手动配置一个 Router ID。如果未手动指定，设备会按照以下规则自动选举 Router ID。确定 Router ID 的方式如下。

①手动配置 OSPF 路由器的 Router ID（通常建议手动配置，以防止 Router ID 因为接口地址的变化而改变）。

②如果没有手动配置 Router ID，则路由器使用 Loopback 接口中最大的 IP 地址作为 Router ID。

③如果没有配置 Loopback 接口，则路由器使用物理接口中最大的 IP 地址作为 Router ID。

> **提示：**OSPF 的路由器 Router ID 重新配置后，可以通过重置 OSPF 进程来更新 Router ID。

3. 邻居、邻接

运行 OSPF 的路由器之间需要交换链路状态信息和路由信息，在交换这些信息之前，路由器之间首先需要建立邻接关系。

①邻居（Neighbor）：OSPF 路由器启动后，便会通过 OSPF 接口向外发送 Hello 报文用于发现邻居。收到 Hello 报文的 OSPF 路由器会检查报文中所定义的一些参数，如果双方的参数一致，就会彼此形成邻居关系，状态达到 2-way 即可称为建立了邻居关系。

②邻接（Adjacency）：形成邻居关系的双方不一定都能形成邻接关系，这要根据网络类型而定。只有当双方成功交换 DD 报文，并同步 LSDB 后，才形成真正意义上的邻接关系。

图 3-3 所示的网络示意图中，RTA 通过以太网连接了 3 个路由器，所以 RTA 有 3 个邻居，但不能说 RTA 有 3 个邻接关系。

4. OSPF 的邻居表、LSDB 表和路由表

OSPF 协议有 3 张重要的表项：OSPF 邻居表、LSDB 表和 OSPF 路由表。

（1）OSPF 邻居表

OSPF 路由器之间能够互享链路信息的前提是建立 OSPF 邻居关系，同进程、同区域的 OSPF 首先通过交互 Hello 报文建立一个邻居关系，然后才可以交换链路信息。邻居表内显

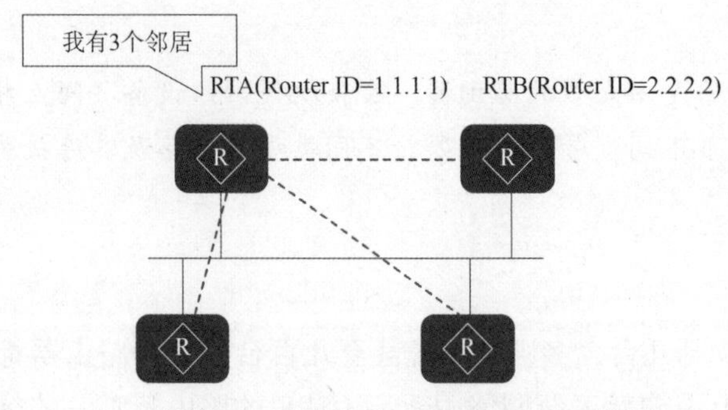

图 3-3 路由器 RTA 有三个邻居

示了 OSPF 路由器之间的邻居基本状态，也可以查看对端设备的 Router ID 和接口地址等。

可以使用命令 display ospf peer 查看 OSPF 路由器之间的邻居状态。

（2）LSDB 表

邻居表是为了和旁边设备建立邻居关系，方便设备之间交换自己的链路信息。邻居关系建立完成后，就要开始传输 LSA（Link State Advertisement，链路状态通告），将从邻居接收到的 LSA 信息存放到 LSDB（Link State Database，链路状态数据库）中。

可以使用命令 display ospf lsdb 查看 LSDB 表。

（3）OSPF 路由表

OSPF 路由表和路由器路由表是不一样的表项，二者不要混淆。OSPF 路由表内存放着 Destination、Cost 和 NextHop 等用于指导转发的信息。

可以使用命令 display ospf routing 查看 OSPF 路由表。

5. OSPF 报文类型

RIP 路由器之间是基于 UDP 520 的报文进行通信的，OSPF 也有其规定的通信标准。OSPF 使用 IP 承载其报文，协议号为 89，如图 3-4 所示。

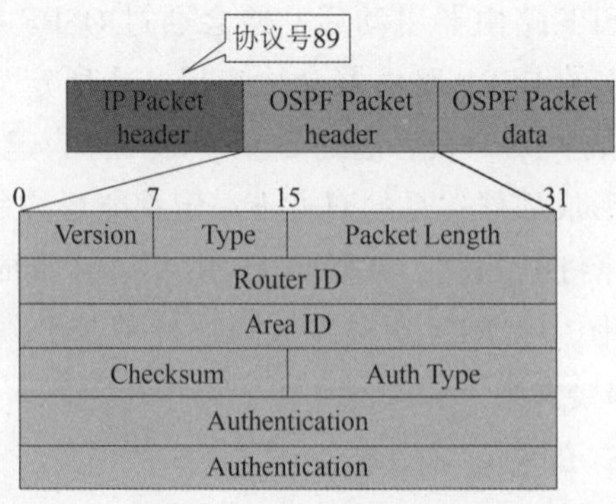

图 3-4 OSPF 的报文格式

（1）OSPF 协议报文头部

OSPF 的报文头部定义了 OSPF 路由器之间通信的标准与规则。在 OSPF Packet 部分，所

有的 OSPF 报文均使用相同的 OSPF 报文头部，介绍见表 3-1。

表 3-1　OSPF 报文头部说明

OSPF 报文头部	说明
Version	对于当前所使用的 OSPFv2，该字段的值为 2
Type	OSPF 报文类型
Packet Length	表示整个 OSPF 报文的长度，单位是字节
Router ID	表示生成此报文的路由器的 Router ID
Area ID	表示此报文需要被通告到的区域
Checksum	校验字段，其校验的范围是整个 OSPF 报文，包括 OSPF 报文头部
Auth Type	为 0 时表示不认证；为 1 时表示简单的明文密码认证；为 2 时表示加密（MD5）认证
Authentication	认证所需的信息，该字段的内容随 Auth Type 的值不同而不同

（2）OSPF 协议报文类型

5 种 OSPF 协议报文类型可以高效地完成 LSA 的同步，介绍见表 3-2。

表 3-2　OSPF 协议报文类型说明

Type	报文名称	报文功能	说明
1	Hello	发现和维护邻居关系	Type=1 为 Hello 报文，用来建立和维护邻居关系，邻居关系建立之前，路由器之间需要进行参数协商
2	Database Description	交互链路状态数据库摘要	Type=2 为数据库描述报文（DD），用来向邻居路由器描述本地链路状态数据库，使得邻居路由器识别出数据库中的 LSA 是否完整
3	Link State Request	请求特定的链路状态信息	Type=3 为链路状态请求报文（LSR），路由器根据邻居的 DD 报文，判断本地数据库是否完整，如不完整，路由器把这些 LSA 记录进链路状态请求列表中，然后发送一个 LSR 给邻居路由器
4	Link State Update	发送详细的链路状态信息	Type=4 为链路状态更新报文（LSU），用于响应邻居路由器发来的 LSR，根据 LSR 中的请求列表，发送对应 LSA 给邻居路由器，真正实现 LSA 的泛洪与同步
5	Link State Ack	发送确认报文	Type=5 为链路状态确认报文（LSAck），用来对收到的 LSA 进行确认，保证同步过程的可靠性

DD、LSR、LSU、LSAck 与 LSA 的关系说明见表 3-3。

表 3-3　DD、LSR、LSU、LSAck 与 LSA 的关系说明

报文名称	与 LSA 的关系
数据库描述报文（DD）	DD 中包含 LSA 头部信息，包括 LS Type、LS ID、Advertising Router、LS Sequence Number、LS Checksum

续表

报文名称	与 LSA 的关系
链路状态请求报文（LSR）	LSR 中包含 LS Type、LS ID 和 Advertising Router
链路状态更新报文（LSU）	LSU 中包含完整的 LSA 信息
链路状态确认报文（LSAck）	LSAck 中包含 LSA 头部信息，包括 LS Type、LS ID、Advertising Router、LS Sequence Number、LS Checksum

（3）OSPF 报文的功能需求

RIP 设置了 Request 和 Response 两种报文来完成路由信息的同步。OSPF 路由器之间为了完成 LSA 的同步，可以直接把本地所有 LSA 发给邻居路由器，但是邻居路由器直接同步 LSA 并不是最好的方式。更快速、更高效的方式是先在邻居路由器之间传送关键信息，路由器基于这些关键信息识别出哪些 LSA 是没有的、哪些是需要更新的，然后向邻居路由器请求详细的 LSA 内容。对于 OSPF 来说，需要有比 RIP 更高效、更可靠的方式来完成路由器之间的信息同步。

OSPF 报文的功能需求见表 3-4。

表 3-4　OSPF 报文的功能需求

功能	实现分析
发现邻居与保持	Hello 机制即可实现
LSA 同步	双方互相发送 LSA，完成同步； 同时同步速度更快，占用资源更少
可靠性	确保 LSA 同步过程的可靠性

6. 网络类型

OSPF 协议定义了 4 种网络类型，分别是点到点网络、广播型网络、NBMA 网络和点到多点网络，其中，广播型网络和点到点网络这两种网络类型是最常见的。

点到点网络是指只把两台路由器直接相连的网络，如图 3-5 所示。广播、组播数据包都可以转发。一个运行 PPP 的 64K 串行线路就是一个点到点网络的例子。

广播型网络支持两台及两台以上的设备接入同一共享链路且可以支持广播、组播报文的转发，是 OSPF 最常见的网络类型。一个含有 3 台路由器的以太网就是一个广播型网络的例子，如图 3-6 所示。

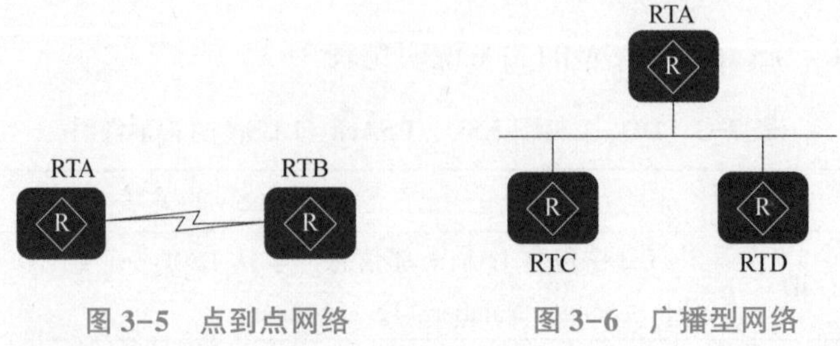

图 3-5　点到点网络　　图 3-6　广播型网络

提示：默认情况下，OSPF 认为以太网的网络类型是广播类型，PPP、HDLC 的网络类型是点到点类型。

与广播型网络不同的是，NBMA 网络默认不支持广播与组播报文的转发。在 NBMA 网络上，OSPF 模拟在广播型网络上的操作，但是每个路由器的邻居需要手动配置。NBMA 方式要求网络中的路由器组成全连接，如图 3-7 所示。在现在的网络部署中，NBMA 网络已经很少了。

将一个非广播网络看成一组 P2P 网络，这样的非广播网络便成为一个点到多点（P2MP）网络。在 P2MP 网络上，每个路由器的 OSPF 邻居可以使用反向地址解析协议（Inverse ARP）来发现。P2MP 可以看作多个 P2P 的集合，P2MP 可以支持广播、组播的转发，如图 3-8 所示。

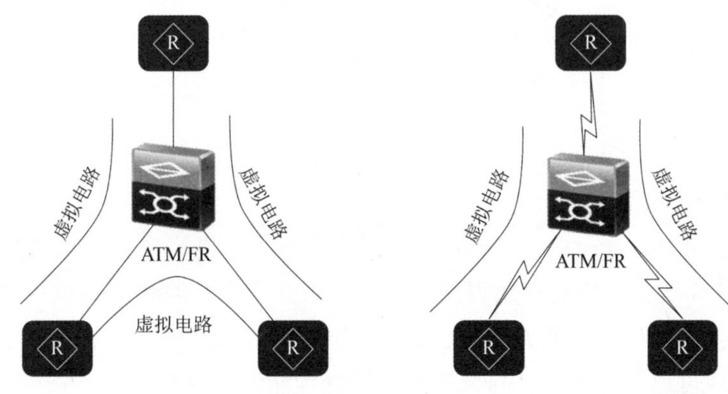

图 3-7　非广播多路访问（NBMA）网络　　图 3-8　点到多点网络

没有一种链路层协议默认属于 P2MP 类型网络，也就是说，必须是由其他的网络类型强制更改为 P2MP。常见的做法是将非完全连接的帧中继或 ATM 改为 P2MP 的网络。

提示：默认情况下，OSPF 认为帧中继、ATM 的网络类型是 NBMA。

表 3-5 所列为 OSPF 协议网络类型比较。

表 3-5　OSPF 协议网络类型比较

网络类型	物理网络举例	选举 DR	Hello 周期/s	Dead 时间/s	邻居
广播多路访问	以太网	是	10	40	自动发现
非广播多路访问	帧中继（淘汰）	是	30	120	管理员配置
点到点	PPP、HDLC	否	10	40	自动发现
点到多点	管理员配置	否	30	120	自动发现

7. DR 与 BDE

在运行 OSPF 的 MA 网络中，包括广播型和 NBMA 网络，会存在以下两个问题。

①在一个有 n 个路由器的网络中，会形成 ［n×(n-1)］/2 个邻接关系。

②邻居间 LSA 的泛洪扩散混乱，相同的 LSA 会被复制多份。在图 3-9 所示的网络拓扑图中，RTA 向其邻居 RTB、RTC、RTD 分别发送一份自己的 LSA，RTB 与 RTC、RTC 与 RTD、RTB 与 RTD 之间也会形成邻居关系，也会发送 RTA 的 LSA。

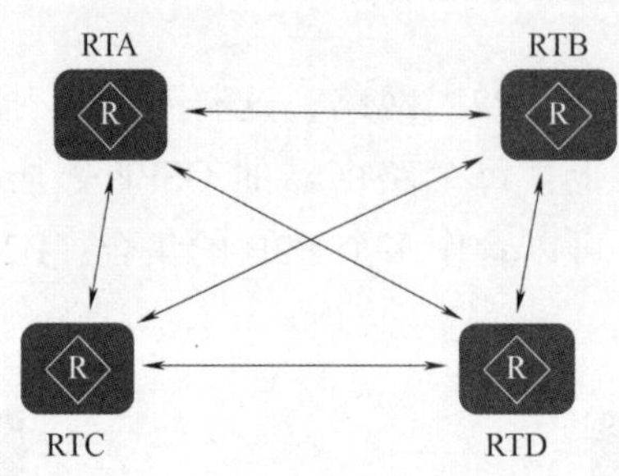

图 3-9　邻居间 LSA 泛洪扩散混乱

这样的工作效率显然是很低的，并且造成大量资源浪费。

（1）DR 与 BDR 的作用

DR（Designated Router）即指定路由器，其负责在 MA 网络中建立和维护邻接关系并负责 LSA 的同步。DR 与其他所有路由器形成邻接关系并交换链路状态信息，其他路由器之间不直接交换链路状态信息，从而大大减少了 MA 网络中的邻接关系数量及交换链路状态信息消耗的资源。这样可以节省带宽，降低对路由器处理能力的压力。

DR 一旦出现故障，其与其他路由器之间的邻接关系将全部失效，链路状态数据库也无法同步。此时就需要重新选举 DR，再与非 DR 路由器建立邻接关系，完成 LSA 的同步。为了规避单点故障风险，通过选举备份指定路由器 BDR，在 DR 失效时，快速接管 DR 的工作。

DR 与 BDR 的作用主要表现在以下几点。

①DR 负责在 MA 网络中建立和维护邻接关系并负责 LSA 的同步。

②DR 与其他所有路由器形成邻接关系并交换链路状态信息。

③其他路由器之间不直接交换链路状态信息。

④减少了 MA 网络中的邻接关系数量及交换链路状态信息消耗的资源。

⑤BDR 在 DR 失效时快速接管 DR 的工作。

⑥伪节点是一个虚拟设备节点。

（2）DR 与 BFR 选举

选举规则：DR/BDR 的选举是基于接口的。

①接口的 DR 优先级越大越优先。

②接口的 DR 优先级相等时，Router ID 越大越优先。

在邻居发现（2-way）完成之后，路由器会根据网段类型进行 DR 选举。接口激活 OSPF 后，首先检查网络上是否已存在 DR，如果存在，则接受已经存在的 DR（DR 的角色不具备

可抢占性）。为了给 DR 做备份，每个广播和 NBMA 网络上还要选举一个 BDR。BDR 也会与网络上所有的路由器建立邻接关系。图 3-10 所示为网络中路由器的 DR/BDR 选举示意图。

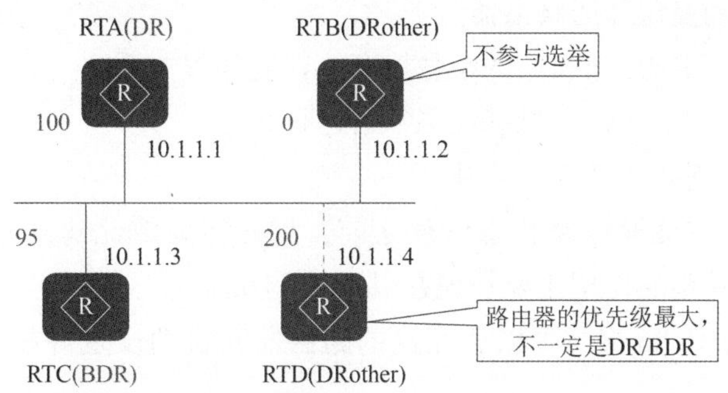

图 3-10　网络中路由器的 DR/BDR 选举示意图

在广播和 NBMA 网络中，选举 DR/BDR 的规则如下。

①所有路由器默认优先级是 1，取值范围为 0~255，因此，需要比较路由器的 Router ID 大小，Router ID 大的路由器被选举为 DR 角色，次高者被选举为 BDR 角色。通过 ospf dr-prority 命令可以修改 OSPF 接口上的优先级。

②如果没有 DR 路由器存在，BDR 路由器被选举为 DR 路由器。

③如果把一台 OSPF 路由器的优先级修改为 0，则此台路由器既不参加 DR 角色选举，也不参加 BDR 角色选举，是一台 DRother 角色路由器。

提示： 为了维护网络上邻接关系的稳定性，如果网络中已经存在 DR 和 BDR，则新添加进该网络的路由器不会成为 DR 和 BDR，不管该路由器的优先级是否最大。如果当前 DR 发生故障，则当前 BDR 自动成为新的 DR，网络中重新选举 BDR；如果当前 BDR 发生故障，则 DR 不变，重新选举 BDR。这种选举机制的目的是保持邻接关系的稳定，使拓扑结构的改变对邻接关系的影响尽量小。

如果需要对 DR 进行重新选举，要满足以下条件。

①路由器重新启动。

②删除 OSPF 配置，然后再重新配置 OSPF。

③参与选举的路由器执行 reset ospf process 命令。

④DR 出现故障。

⑤将 DR OSPF 接口的优先级设置为 0。

3.1.2　OSPF 工作过程

OSPF 的工作过程可以简单概括为：首先，OSPF 路由器相互发送 Hello 报文，建立邻居关系；然后，邻居路由器之间相互通告自身的链路状态信息（LSA）；接下来，经过一段时间的 LSA 泛洪后，所有路由器形成统一的 LSDB；最后，路由器根据 SPF 算法，以自己为根计算最短生成树，形成路由转发信息。

1. OSPF 邻居关系建立

OSPF 的邻居发现过程是基于 Hello 报文来实现的，Hello 报文的作用表现在以下 3 个方面。

①邻居发现：自动发现邻居路由器。

②邻居建立：完成 Hello 报文中的参数协商，建立邻居关系。

③邻居保持：通过 KeepAlive 机制检测邻居运行状态。

（1）Hello 报文发现并建立邻居关系

OSPF 路由器之间在交换链路状态信息之前，首先需要彼此建立邻居关系，通过 Hello 报文实现。建立邻居关系的作用主要表现在以下 3 个方面。

①OSPF 协议通过 Hello 报文可以让互连的路由器间自动发现并建立邻居关系，为后续可达性信息的同步做准备。

②在形成邻居关系过程中，路由器通过 Hello 报文完成一些参数的协商。

③邻居关系建立后，周期性的 Hello 报文发送还可以实现邻居保持的功能，在一定时间内没有收到邻居的 Hello 报文，则会中断路由器间的 OSPF 邻居关系。

Hello 报文中的重要字段说明见表 3-6。

表 3-6　Hello 报文中的重要字段说明

字段	说明
Network Mask	发送 Hello 报文的接口的网络掩码
Hello Interval	发送 Hello 报文的时间间隔，单位为秒。OSPF 路由器在 P2P 或 broadcast 类型的接口上间隔为 10 s，在 NBMA 及 P2MP 类型接口上的间隔为 30 s
Options	标识发送此报文的 OSPF 路由器所支持的可选功能
Router Priority	发送 Hello 报文的接口的 Router Priority，用于选举 DR 和 BDR
Router Dead Interval	失效时间。如果在此时间内未收到邻居发来的 Hello 报文，则认为邻居失效；单位为秒，通常为 4 倍 Hello Interval
Designated Router	发送 Hello 报文的路由器所选举出的 DR 的 IP 地址，如果设置为 0.0.0.0，表示未选举 DR
Backup Designated Router	发送 Hello 报文的路由器所选举出的 BDR 的 IP 地址，如果设置为 0.0.0.0，表示未选举 BDR
Neighbor	邻居的 Router ID 列表，表示本路由器已经从这些邻居收到了合法的 Hello 报文

如果路由器发现所接收的合法 Hello 报文的邻居列表中有自己的 Router ID，则认为已经和邻居建立了双向连接，表示邻居关系已经建立。验证一个接收到的 Hello 报文是否合法包括以下 4 个方面。

①如果接收端口的网络类型是广播型、点到多点或者 NBMA，所接收的 Hello 报文中 Network Mask 字段必须和接收端口的网络掩码一致，如果接收端口的网络类型为点到点类型或者是虚连接，则不检查 Network Mask 字段。

②所接收的 Hello 报文中，Hello Interval 字段必须和接收端口的配置一致。

③所接收的 Hello 报文中，Router Dead Interval 字段必须和接收端口的配置一致。

④所接收的 Hello 报文中，Options 字段中的 E-bit（表示是否接收外部路由信息）必须和相关区域的配置一致。

(2) OSPF 邻居建立过程

因为邻居都是未知的，所以 Hello 报文的目的 IP 地址不是某个特定的单播地址。邻居从无到有，OSPF 采用组播的形式发送 Hello 报文（目的地址 224. 0. 0. 5）。

图 3-11 所示为一个 OSPF 邻居建立过程的示意图。

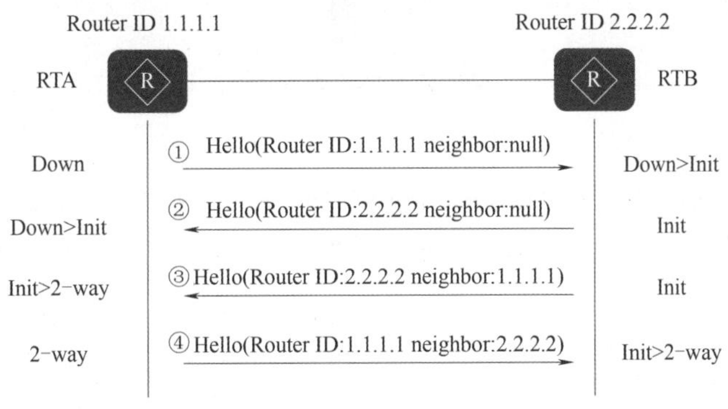

图 3-11　OSPF 邻居建立过程示意图

OSPF 邻居建立过程说明如下。

①RTA 和 RTB 的 Router ID 分别为 1. 1. 1. 1 和 2. 2. 2. 2。当 RTA 启动 OSPF 后，RTA 会发送第一个 Hello 报文。此报文中邻居列表为空，此时状态为 Down，RTB 收到 RTA 的这个 Hello 报文，状态置为 Init。

②RTB 发送 Hello 报文，此报文中邻居列表为空，RTA 收到 RTB 的 Hello 报文，状态置为 Init。

③RTB 向 RTA 发送邻居列表为 1. 1. 1. 1 的 Hello 报文，RTA 在收到的 Hello 报文邻居列表中发现自己的 Router ID，状态置为 2-way。

④RTA 向 RTB 发送邻居列表为 2. 2. 2. 2 的 Hello 报文，RTB 在收到的 Hello 报文邻居列表中发现自己的 Router ID，状态置为 2-way。

OSPF 邻居建立过程中的状态说明见表 3-7。

表 3-7　OSPF 邻居建立过程中的状态说明

状态	说明
Down	这是邻居的初始状态，表示没有从邻居收到任何信息
Init	在此状态下，路由器已经从邻居收到了 Hello 报文，但是自己的 Router ID 不在所收到的 Hello 报文的邻居列表中，表示尚未与邻居建立双向通信关系
2-way	在此状态下，路由器发现自己的 Router ID 存在于收到的 Hello 报文的邻居列表中，已确认可以双向通信

（3）手动建立邻居

OSPF 支持通过单播方式建立邻居关系。对于不支持组播的网络，可以通过手动配置实现邻居的发现与维护，如图 3-12 所示。

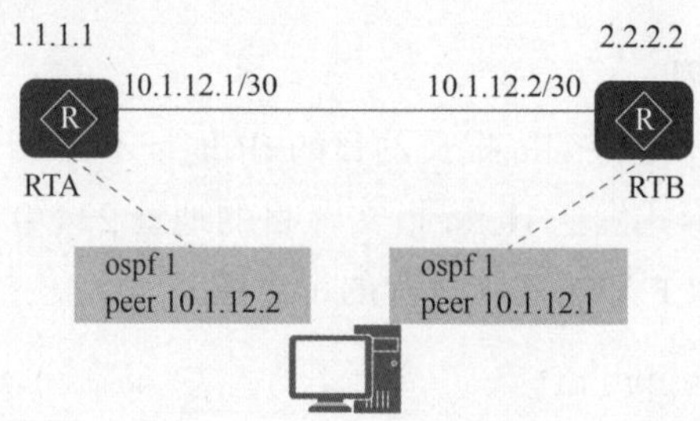

图 3-12　手动配置实现邻居的发现与维护

提示：当网络规模越来越大或设备频繁更新时，相关联的 OSPF 路由器都需要更改静态配置，手动更改配置的工作量大且容易出错。除了特殊场景，一般情况下不使用手动配置的方式。

2. LSDB 同步

从建立邻居关系到同步 LSDB 的过程较为复杂，错误的配置或设备链路故障都会导致无法完成 LSDB 同步。为了快速排障，最关键的是要理解不同状态之间切换的触发原因。

图 3-13 所示为一个 OSPF 的 LSDB 同步过程的示意图。

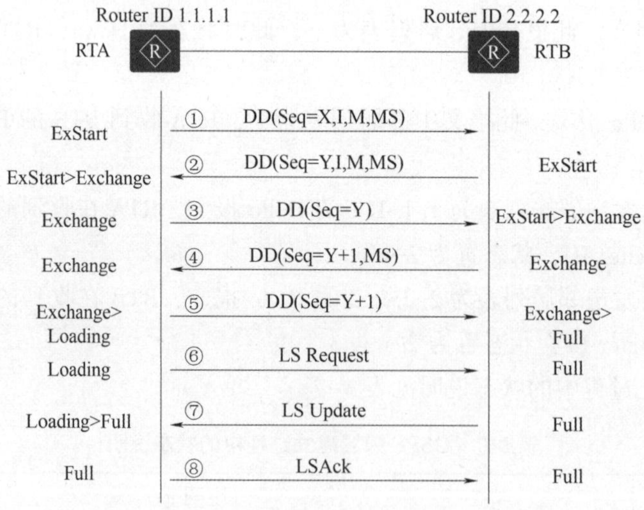

图 3-13　OSPF 的 LSDB 同步过程示意图

OSPF 的 LSDB 同步过程说明如下。

①RTA 和 RTB 的 Router ID 分别为 1. 1. 1. 1 和 2. 2. 2. 2 并且二者已建立了邻居关系。当 RTA 的邻居状态变为 ExStart 后，RTA 会发送第一个 DD 报文。此报文中，DD 序列号被随机

设置为 X，I-bit 设置为 1，表示这是第一个 DD 报文；M-bit 设置为 1，表示后续还有 DD 报文要发送；MS-bit 设置为 1，表示 RTA 宣告自己为 Master。

②当 RTB 的邻居状态变为 ExStart 后，RTB 会发送第一个 DD 报文。此报文中，DD 序列号被随机设置为 Y（I-bit=1，M-bit=1，MS-bit=1，含义同上）。由于 RTB 的 Router ID 较大，所以 RTB 将成为真正的 Master。收到此报文后，RTA 会产生一个 Negotiation-Done 事件，并将邻居状态从 ExStart 变为 Exchange。

③当 RTA 的邻居状态变为 Exchange 后，RTA 会发送一个新的 DD 报文，此报文中包含了 LSDB 的摘要信息，序列号设置为 RTB 在步骤 2 中使用的序列号 Y。I-bit=0，表示这不是第一个 DD 报文；M-bit=0，表示这是最后一个包含 LSDB 摘要信息的 DD 报文；MS-bit=0，表示 RTA 宣告自己为 Slave。收到此报文后，RTB 会产生一个 Negotiation-Done 事件，并将邻居状态从 ExStart 变为 Exchange。

④当 RTB 的邻居状态变为 Exchange 后，RTB 会发送一个新的 DD 报文，此报文包含了 LSDB 的摘要信息，DD 序列号设置为 Y+1。MS-bit=1，表示 RTB 宣告自己为 Master。

⑤虽然 RTA 不需要发送新的包含 LSDB 摘要信息的 DD 报文，但是作为 Slave，RTA 需要对 Master 发送的每一个 DD 报文进行确认。所以，RTA 向 RTB 发送一个新的 DD 报文，序列号为 Y+1，该报文内容为空。发送完此报文后，RTA 产生一个 Exchange-Done 事件，将邻居状态变为 Loading。RTB 收到此报文后，会将邻居状态变为 Full（假设 RTB 的 LSDB 是最新最全的，不需要向 RTA 请求更新）。

⑥RTA 开始向 RTB 发送 LSR 报文，请求那些在 Exchange 状态下通过 DD 报文发现的，并且在本地 LSDB 中没有的链路状态信息。

⑦RTB 向 RTA 发送 LSU 报文，LSU 报文中包含了那些被请求的链路状态的详细信息。RTA 在完成 LSU 报文的接收之后，会将邻居状态从 Loading 变为 Full。

⑧RTA 向 RTB 发送 LSAck 报文，作为对 LSU 报文的确认。RTB 收到 LSAck 报文后，双方便建立起了完全的邻接关系。

OSPF 的 LSDB 同步过程中的状态说明见表 3-8。

表 3-8　OSPF 的 LSDB 同步过程中的状态说明

状态	说明
ExStart	邻居状态变成此状态以后，路由器开始向邻居发送 DD 报文。Master/Slave 关系是在此状态下形成的，初始 DD 序列号也是在此状态下确定的。在此状态下发送的 DD 报文不包含链路状态描述
Exchange	在此状态下，路由器与邻居之间相互发送包含链路状态信息摘要的 DD 报文
Loading	在此状态下，路由器与邻居之间相互发送 LSR 报文、LSU 报文、LSAck 报文
Full	LSDB 同步过程完成，路由器与邻居之间形成了完全的邻接关系

图 3-14 所示为形成邻居关系的过程和相关邻居状态的变换过程。

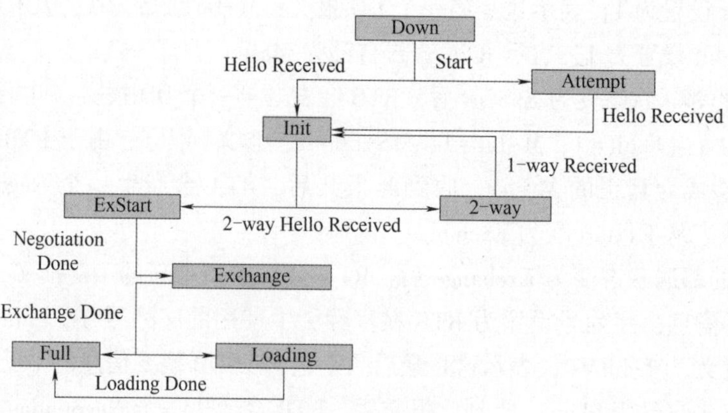

图 3-14　形成邻居关系的过程和相关邻居状态的变换过程

邻居状态说明见表 3-9。

表 3-9　邻居状态说明

邻居状态	说明
Down	这是邻居的初始状态，表示没有从邻居收到任何信息。在 NBMA 网络上，此状态下仍然可以向静态配置的邻居发送 Hello 报文，发送间隔为 PollInterval，通常和 Router DeadInterval 间隔相同
Attempt	此状态只在 NBMA 网络上存在，表示没有收到邻居的任何信息，但是已经周期性地向邻居发送报文，发送间隔为 HelloInterval。如果 Router DeadInterval 间隔内未收到邻居的 Hello 报文，则转为 Down 状态
Init	在此状态下，路由器已经从邻居收到了 Hello 报文，但是自己不在所收到的 Hello 报文的邻居列表中，表示尚未与邻居建立双向通信关系。在此状态下的邻居要被包含在自己所发送的 Hello 报文的邻居列表中
2-way Received	此事件表示路由器发现与邻居的双向通信已经开始（发现自己在邻居发送的 Hello 报文的邻居列表中）。Init 状态下发生此事件之后，如果需要和邻居建立邻接关系，则进入 ExStart 状态，开始数据库同步过程；如果不能与邻居建立邻接关系，则进入 2-way
2-way	在此状态下，双向通信已经建立，但是没有与邻居建立邻接关系。这是建立邻接关系以前的最高级状态
1-way Received	此事件表示路由器发现自己没有在邻居发送 Hello 报文的邻居列表中，通常是由于对端邻居重启造成的
ExStart	这是形成邻接关系的第一个步骤，邻居状态变成此状态以后，路由器开始向邻居发送 DD 报文。主从关系是在此状态下形成的；初始 DD 序列号是在此状态下决定的。在此状态下发送的 DD 报文不包含链路状态描述

续表

邻居状态	说明
Exchange	此状态下路由器相互发送包含链路状态信息摘要的 DD 报文，描述本地 LSDB 的内容
Loading	相互发送 LS Request 报文请求 LSA，发送 LS Update 通告 LSA
Full	两台路由器的 LSDB 已经同步

3. 邻居与邻接的关系

邻居（Neighbor）关系与邻接（Adjacency）关系是两个不同的概念。OSPF 路由器之间建立邻居关系后，进行 LSDB 同步，最终形成邻接关系。

不同网络类型的邻居与邻接关系见表 3-10。

表 3-10　不同网络类型的邻居与邻接关系

网络类型	是否和邻居建立邻接关系
P2P	是
Broadcast	DR 与 BDR、DRother 建立邻接关系 BDR 与 DR、DRother 建立邻接关系 DRother 之间只建立邻居关系
NBMA	
P2MP	是

提示：邻接关系建立完成，意味着 LSDB 已经完成同步，接下来 OSPF 路由器将基于 LSDB 使在广播型网络及 NBMA 网络上，非 DR/BDR 路由器之间只能建立邻居关系，不能用 SPF 算法计算路由。

4. 域内路由——Router LSA（Type-1）

类型 1 LSA：也称为路由器 LSA（Router LSA），所有的 OSPF 路由器都会产生这种 LSA，用于描述路由器上连接到某一个区域的链路或是某一接口的状态信息。该 LSA 只会在区域内扩散，而不会扩散至其他的区域。

网络内运行 OSPF 协议的路由器，只要有接口处于 UP 状态，并且 OSPF 使能了这个接口，这台路由器均会产生 Router LSA，该 LSA 描述了路由器的直连接口状况和接口 Cost；同属一个区域的接口共用一个 Router LSA 描述，当路由器有多个接口属于不同区域时，它将为每个区域单独产生一个 Router LSA，并且每个 LSA 只描述接入该区域的接口。图 3-15 所示为 Router LSA（Type-1）所描述的状态。

0 … 7	8 … 15	16 … 23 | 24 … 31
0 V E B	0	链路数量
链路 ID		
链路数据		
类型	TOS数量	度量
……		
TOS	0	TOS度量
……		

图 3-15　Router LSA（Type-1）所描述的状态

Router LSA（Type-1）所描述的状态信息说明见表 3-11。

表 3-11　Router LSA（Type-1）所描述状态信息说明

状态信息	说明
VEB	用于指示该路由器的特色角色，V 置为 1，表示该路由器为 Virtual Link 的端点；E 置为 1，表示该路由器为 ASBR；B 置为 1，表示该路由器为连接两个区域的边界路由器
链路数量	表明在该 Type-1 LSA 中包含了几条链路
链路 ID	链路的标识，不同的链路类型，对链路 ID 值的定义是不同的
链路数据	不同的链路类型对链路数据的定义是不同的
度量值	Cost 值

（1）查看 Router LSA

图 3-16 所示为一个网络拓扑结构。

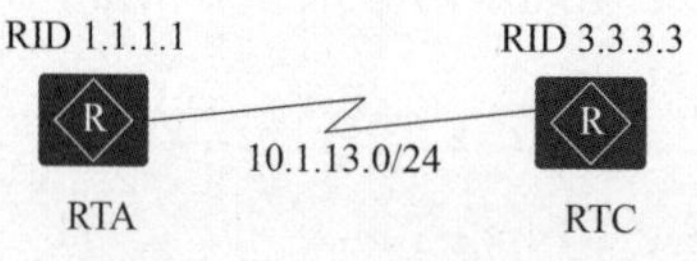

图 3-16　某网络拓扑结构

每台 OSPF 路由器使用一条 Router LSA 描述本区域内的链路状态信息。使用 display ospf lsdb 命令可以查看路由器的 LSDB；使用 display ospf lsdb router 命令可以查看 LSDB 中的 Type-1 LSA，增加关键字 originate-router，可以查看指定 OSPF 路由器产生的 Type-1 LSA，如图 3-17 所示。

提示：两个链路中，一个用于绘制拓扑（接口 S1/0/0 对端的路由器是什么？设备的接口 IP 地址是什么?），后者用于描述这段链路的网段信息（这段链路的网络地址及网络掩码）。

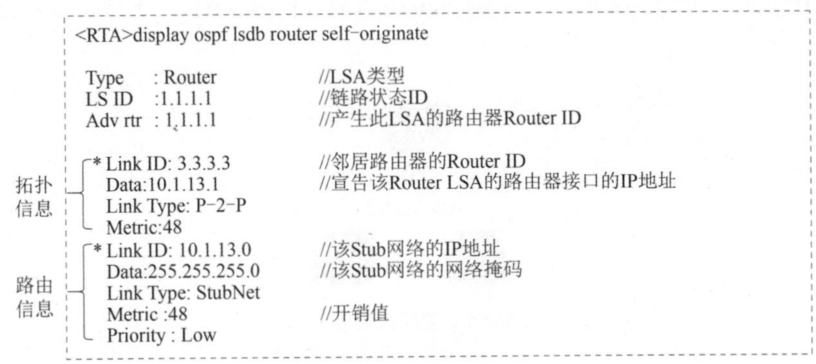

```
<RTA>display ospf lsdb router self-originate

 Type    : Router              //LSA类型
 LS ID   :1.1.1.1              //链路状态ID
 Adv rtr : 1.1.1.1             //产生此LSA的路由器Router ID

拓扑 * Link ID: 3.3.3.3        //邻居路由器的Router ID
信息   Data:10.1.13.1          //宣告该Router LSA的路由器接口的IP地址
       Link Type: P-2-P
       Metric:48
路由 * Link ID: 10.1.13.0      //该Stub网络的IP地址
信息   Data:255.255.255.0      //该Stub网络的网络掩码
       Link Type: StubNet
       Metric :48              //开销值
       Priority : Low
```

图 3-17 查看指定 OSPF 路由器产生的 Type-1 LSA

LSA 头部的 3 个字段说明见表 3-12。

表 3-12 LSA 头部 3 个字段说明

字段	说明
Type	LSA 类型，Router LSA 是一类 LSA
LS ID	链路状态 ID
Adv rtr	产生此 Router-LSA 的路由器 Router ID

一条 Router LSA 可以描述多条链路，每条链路描述信息由 Link ID、Data、Link Type 和 Metric 组成，其关键字说明见表 3-13。

表 3-13 Router LSA 链路描述信息关键字说明

关键字	说明
Type	链路类型（并非 OSPF 定义的 4 种网络类型）。 Router LSA 描述的链路类型主要有以下 3 种： ➢ Point to Point：描述一个从本路由器到邻居路由器之间的点到点链路，属于拓扑信息 ➢ TransNet：描述一个从本路由器到一个 Transit 网段（例如 MA 网段或者 NBMA 网段）的链路，属于拓扑信息 ➢ StubNet：描述一个从本路由器到一个 Stub 网段（例如 Loopback 接口）的链路，属于路由信息
Link ID	此链路的对端标识，不同链路类型的 Link ID 表示的意义也不同
Data	用于描述此链路的附加信息，不同的链路类型所描述的信息也不同
Metric	描述此链路的开销

（2）Router LSA 描述 MA 网络或 NBMA 网络

在描述 MA 或 NBMA 网络类型的 Router LSA 中，Link ID 为 DR 的接口 IP 地址，Data 为

本地接口的 IP 地址。图 3-18 所示为某网络拓扑结构，RTB、RTC、RTE 之间通过以太链路互连。

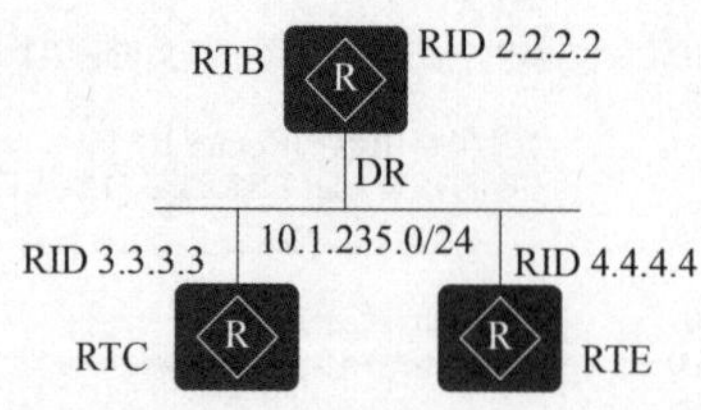

图 3-18 某网络拓扑结构

以 RTC 产生的 LSA 为例，使用命令 display ospf lsdb router self-originate 查看该设备产生的 Type-1 LSA，如图 3-19 所示。

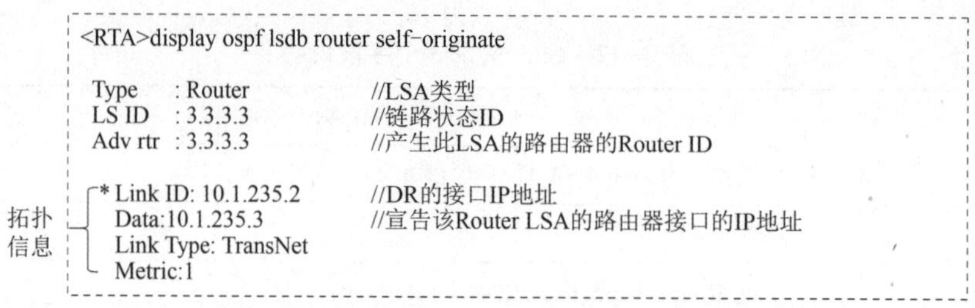

图 3-19 查看 RTC 路由器产生的 Type-1 LSA

Link ID 为 DR 的接口 IP 地址（10. 1. 235. 2），Data 为本地路由器连接此 MA 网络的接口 IP 地址（10. 1. 235. 3），Link Type 为 TransNet，Metric 表示到达 DR 的开销值。TransNet 描述的链接中仅包括与 DR 的连接关系及开销，没有网络号/掩码及共享链路上其他路由器的任何信息。

（3）链路类型

OSPF 定义了多种网络类型：P2P、P2MP、Broadcast 以及 NBMA，当一个接口激活 OSPF 后，OSPF 会根据这个接口的封装协议来判断接口运行在什么类型的网络上。另外，OSPF 在其产生的 Router LSA 中使用 Link 来描述自己的直连接口状况。OSPF 定义了多种链路类型，这些链路类型与接口的网络类型也是有关系的，但注意：OSPF 的网络类型与链路类型是不同的概念，不要混淆。

Router LSA 的 4 种链路类型说明见表 3-14。

表 3-14 Router LSA 的 4 种链路类型说明

链路类型	描述	链路 ID	链路数据
1	点对点连接到另一台路由器	邻居的 Router ID	产生该 LSA 的路由器的接口 IP 地址
2	连接到一个传输网络	DR 的接口 IP 地址	产生该 LSA 的路由器的接口 IP 地址
3	连接到一个末梢网络	网络 IP 地址	网络掩码
4	虚链路	邻居的 Router ID	产生该 LSA 的路由器的接口 IP 地址

5. 域内路由——Network LSA（Type-2）

经过 Router LSA 的泛洪，区域内的路由器已经能够大致地描述出本区域内的网络拓扑，但是，要想完整地描述区域内的网络拓扑结构及网段信息，仅有 Router LSA 是不够的。

类型 2 LSA：也称为网络 LSA（Network LSA），由 DR 产生，用来描述一个多路访问网络和与之相连的所有路由器，只会在包含 DR 所属的多路访问网络的区域中扩散，不会扩散至其他的 OSPF 区域。链路状态 ID 为 DR 接口的 IP 地址。图 3-20 所示为 Network LSA（Type-2）所描述的状态。

0　　　7 | 8　　　15 | 16　　　23 | 24　　　31
网络掩码
连接路由器
……

图 3-20　Network LSA（Type-1）所描述的状态

Network LSA（Type-2）所描述的状态说明见表 3-15。

表 3-15　Network LSA（Type-2）所描述状态信息说明

状态信息	说明
网络掩码	该 MA 网络的网络掩码
连接路由器	连接到 MA 网络的路由器的 Router ID

Network LSA（Type-2）具有如下特点。

①Network LSA 生成且只在 Broadcast 和 NBMA Network 中生成；

②只有 DR 生成 Network LSA；

③包含所有连接到该网络上的路由器的 Router ID，包括 DR 的路由器；

④Network LSA 只在本区域 Area 内洪泛，不允许跨越 ABR；

⑤链路状态 ID 是 DR 进行宣告的那个接口的 IP 地址；

⑥Network LSA 中没有 COST 字段。

（1）查看 Network LSA

图 3-21 所示为一个网络拓扑结构，使用 display ospf lsdb network 命令可以查看网络中泛洪的 Type-2 LSA。

DR 负责侦听网络中的拓扑变更信息，并将变更信息通知给其他路由器，它为网络生成 Type-2 LSA。在该 LSA 中显示出了连接在这个 MA 网络的所有 OSPF 路由器的 Router ID，其中也包括 DR 自己。BDR 会监控 DR 状态，并在 DR 发生故障时接替它的工作。

（2）Network LSA 描述 MA 网络或 NBMA 网络

MA 共享网段或 NBMA 共享网段中的网络号/掩码及路由器间的链接关系通过 Network LSA 来呈现。使用命令 display ospf lsdb network self-originate 查看设备产生的 Type-2 LSA，如图 3-22 所示。

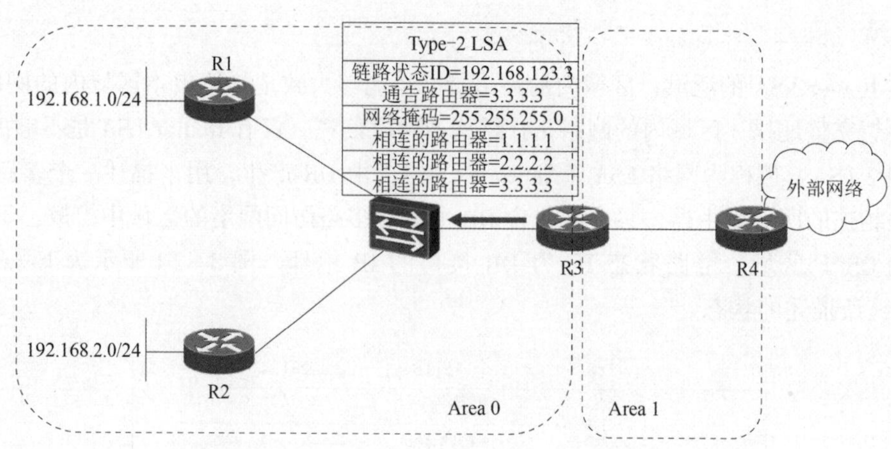

图 3-21　查看网络中泛洪的 Type-2 LSA

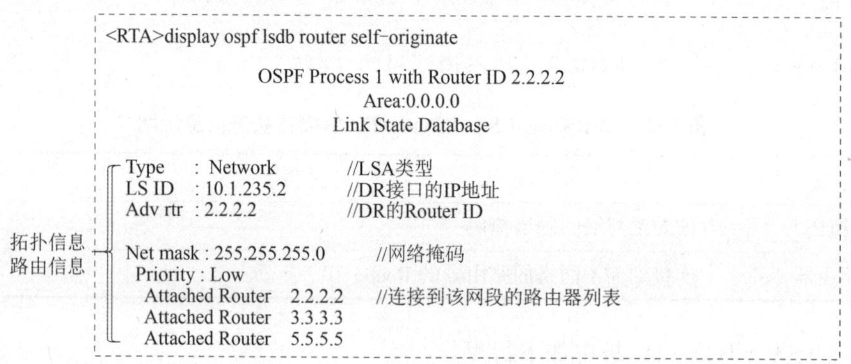

```
<RTA>display ospf lsdb router self-originate

                 OSPF Process 1 with Router ID 2.2.2.2
                          Area:0.0.0.0
                       Link State Database

         Type      : Network              //LSA类型
         LS ID     : 10.1.235.2           //DR接口的IP地址
         Adv rtr   : 2.2.2.2              //DR的Router ID
拓扑信息
路由信息  Net mask : 255.255.255.0          //网络掩码
          Priority : Low
           Attached Router    2.2.2.2     //连接到该网段的路由器列表
           Attached Router    3.3.3.3
           Attached Router    5.5.5.5
```

图 3-22　查看设备产生的 Type-2 LSA

在 Network LSA 描述信息中，关键字说明见表 3-16。

表 3-16　Network LSA 描述信息关键字说明

关键字	说明
Type	LSA 类型，Network LSA 是二类 LSA
LS ID	DR 的接口 IP 地址
Adv rtr	产生此 Network LSA 的路由器 Router ID，即 DR 的 Router ID
Net mask	该网段的网络掩码
Attached Router	连接到该网段的路由器列表，呈现了此网段的拓扑信息

基于上述字段表达的信息，LS ID 和 Net mask 做与运算，即可得出该网段的 IP 网络号。另外，从 DR 路由器到其所连接的路由器的开销为 0。

从 Attached Router 部分可以看出，2. 2. 2. 2、3. 3. 3. 3、5. 5. 5. 5 共同连接到该共享 MA 网段中，DR 路由器为 2. 2. 2. 2，网络号为 10. 1. 235. 0，掩码为 255. 255. 255. 0。

6. 域内路由表

图 3-23 所示的网络拓扑结构，5 台路由器互连并运行 OSPF 协议。

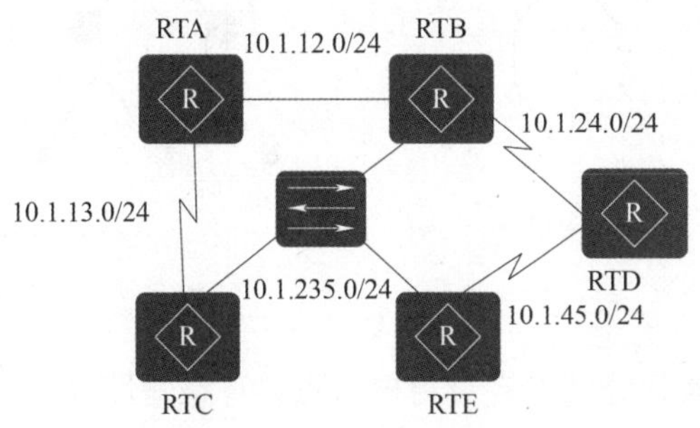

图 3-23　5 台路由器互连并运行 OSPF 协议

以路由器 RTA 为例，使用命令 display ospf lsdb 查看该路由器的 LSDB，如图 3-24 所示。

```
<RTA>display ospf lsdb

          OSPF Process 1 with Router ID 1.1.1.1
                  Link State Database
                      Area: 0.0.0.0
 Type      LinkState ID   AdvRouter   Age    Len    Sequence   Metric
 Router    4.4.4.4        4.4.4.4     1436   72     80000007   48
 Router    2.2.2.2        2.2.2.2     1305   72     80000019   1
 Router    1.1.1.1        1.1.1.1     1304   60     80000007   1
 Router    5.5.5.5        5.5.5.5     1326   60     80000017   1
 Router    3.3.3.3        3.3.3.3     1326   60     8000000F   1
 Network   10.1.235.2     2.2.2.2     1326   36     80000004   0
 Network   10.1.12.2      2.2.2.2     1305   32     80000001   0
```

图 3-24　查看路由器 RTA 的 LSDB

从结果可以看到，其中包括了 5 个路由器产生的 Router LSA，以及 2 个广播型网络中产生的 Network LSA。

7. SPF 算法

SPF 算法（最短路径优先算法）也被称为 Dijkstra 算法，是由荷兰计算机科学家狄克斯特拉于 1959 年提出的。SPF 算法将每一个路由器作为根（ROOT）来计算其到每一个目的地路由器的距离，每一个路由器根据一个统一的数据库计算出路由域的拓扑结构图，该结构图类似于一棵树，在 SPF 算法中，被称为最短路径树。在 OSPF 路由协议中，最短路径树的树干长度，即 OSPF 路由器至每一个目的地路由器的距离，称为 OSPF 的 Cost。SPF 使用开销作为度量值。

在一类 LSA 和二类 LSA 中，包括了拓扑信息和路由信息，OSPF 将依据 SPF 算法和各类 LSA 进行最短路径树的计算。SPF 算法基本步骤如下。

Phase 1：构建 SPF 树。根据 Router-LSA 和 Network-LSA 中的拓扑信息，构建 SPF 树干，如图 3-25 所示。

Phase 2：计算最优路由。基于 SPF 树干和 Router-LSA、Network- LSA 中的路由信息，计算最优路由，如图 3-26 所示。

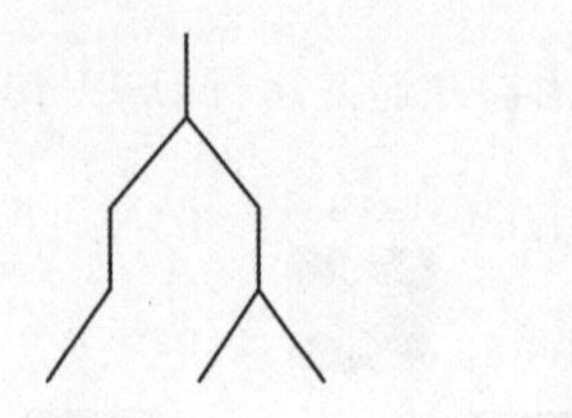

图 3-25　构建 SPF 树干

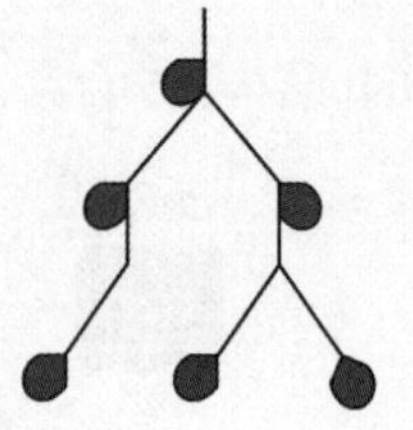

图 3-26　计算最优路由

（1）构建 SPF 树

第 1 步：OSPF 路由器将分别以自身为根节点计算最短路径树。以路由器 RTA 为例，计算最短路径树的过程说明如下。

①RTA 将自己添加到最短路径树的树根位置，然后检查自己生成的 Router-LSA，对于该 LSA 中所描述的每一个连接，如果不是一个 Stub 连接，就把该连接添加到候选列表中，分节点的候选列表为 Link ID，对应的候选总开销为本 LSA 中描述的 Metric 值和父节点到达根节点开销之和。

②根节点 RTA 的 Router-LSA 中存在 TransNet 中 Link ID 为 10. 1. 12. 2 Metric＝1 和 P-2-P 中 Link ID 为 3. 3. 3. 3 Metric＝48 的两个连接，被添加进候选列表中。

③RTA 将候选列表中候选总开销最小的节点 10. 1. 12. 2 移到最短路径树上，并从候选列表中删除，如图 3-27 所示。

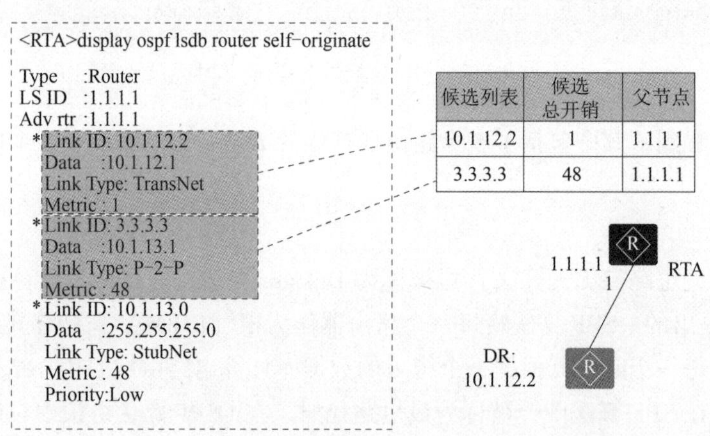

候选列表	候选总开销	父节点
10.1.12.2	1	1.1.1.1
3.3.3.3	48	1.1.1.1

图 3-27　查看路由器 A 产生的 Type-1 LSA

第 2 步：DR 被加入 SPF 中，接下来检查 LS ID 为 10. 1. 12. 2 的 Network LSA，如图 3-28 所示。如果 LSA 中所描述的分节点在最短路径树上已经存在，则忽略该分节点。

在 Attached Router 部分：

①节点 1. 1. 1. 1 被忽略，因为 1. 1. 1. 1 已经在最短路径树上。

②将节点 2. 2. 2. 2，Metric＝0，父节点到根节点的开销为 1，所以候选总开销为 1，加入候选列表。

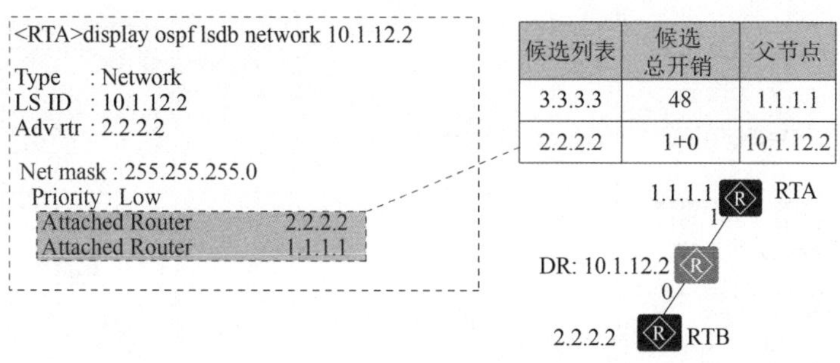

图 3-28　查看指定 LS ID 的 Network LSA

③候选节点列表中有两个候选节点，选择候选总开销最小的节点 2. 2. 2. 2 加入最短路径树并从候选列表中删除。

第 3 步：节点 2. 2. 2. 2 新添加进最短路径树上，此时继续检查 LS ID 为 2. 2. 2. 2 的 Router LSA，如图 3-29 所示。

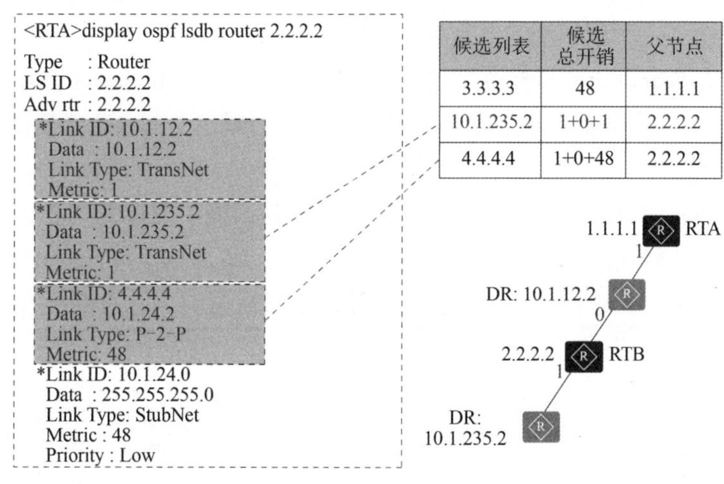

图 3-29　查看指定 LS ID 的 Router LSA

①第一个 TransNet 连接中，Link ID 为 10. 1. 12. 2，此节点已经在最短路径树上，忽略。

②第二个 TransNet 连接中，Link ID 为 10. 1. 235. 2，Metric = 1，父节点到根节点的开销为 1，候选总开销为 2，加入候选列表。

③第三个 P-2-P 连接中，Link ID 为 4. 4. 4. 4，Metric=48，父节点到根节点的开销为 1，候选总开销为 49，加入候选列表。

④候选节点列表中有三个候选节点，选择候选总开销最小的节点 10. 1. 235. 2 加入最短路径树，并从候选列表中删除。

第 4 步：DR 被加入 SPF 中，接下来检查 LS ID 为 10. 1. 235. 2 的 Network LSA，如图 3-30 所示。

在 Attached Router 部分：

①节点 2. 2. 2. 2 被忽略，因为 2. 2. 2. 2 已经在最短路径树上。

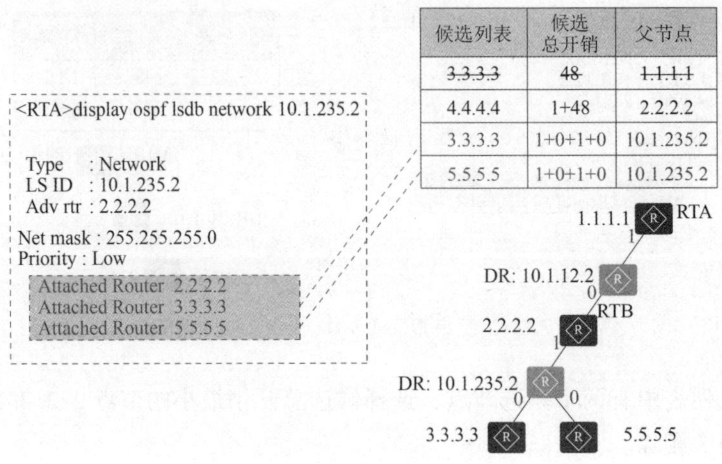

图 3-30　查看指定 LS ID 的 Network LSA

②将节点 3. 3. 3. 3，Metric=0，父节点到根节点的开销为 2，候选总开销为 2，加入候选列表（如果在候选列表中出现两个节点 ID 一样但是到根节点的开销不一样的节点，则删除到根节点的开销大的节点。所以删除节点 3. 3. 3. 3 累计开销为 48 的候选项）。

③将节点 5. 5. 5. 5，Metric=0，父节点到根节点的开销为 2，候选总开销为 2，加入候选列表。

④候选节点列表中有 3 个候选节点，选择候选总开销最小的节点 3. 3. 3. 3 和 5. 5. 5. 5 加入最短路径树，并从候选列表中删除。

第 5 步：节点 3. 3. 3. 3 和 5. 5. 5. 5 新添加进最短路径树上，此时继续检查 LS ID 分别为 3. 3. 3. 3 的 Router LSA，如图 3-31 所示。

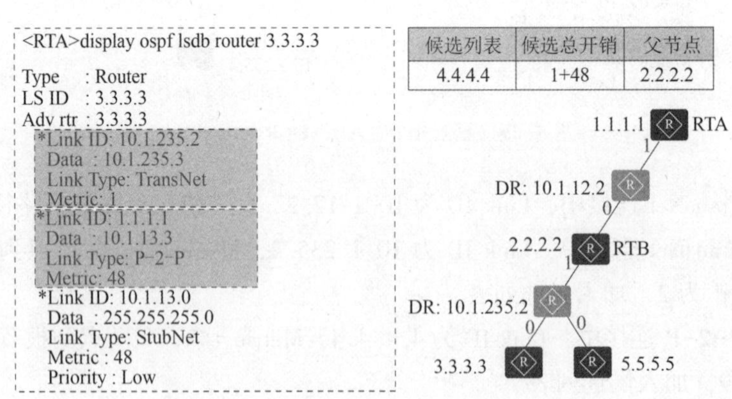

图 3-31　查看指定 LS ID 的 Router LSA

LS ID 为 3. 3. 3. 3 的 LSA：

①Link ID 为 10. 1. 235. 2 的节点已经在最短路径树上，忽略。

②Link ID 为 1. 1. 1. 1 的节点已经在最短路径树上，忽略。

第 6 步：继续检查 LS ID 分别为 5. 5. 5. 5 的 Router LSA，如图 3-32 所示。

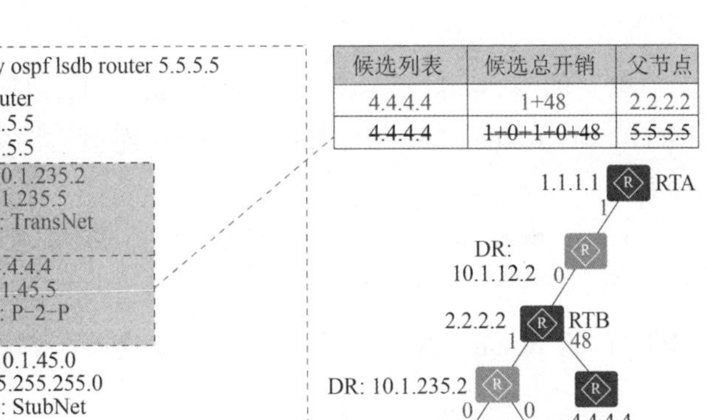

图 3-32　查看指定 LS ID 的 Router LSA

LS ID 为 5. 5. 5. 5 的 LSA：

①Link ID 为 10. 1. 235. 2 的节点已经在最短路径树上，忽略。

②Link ID 为 4. 4. 4. 4 的 P-2-P 连接，Metric=48，父节点到根节点的开销为 2，候选总开销为 50。因为节点 4. 4. 4. 4 已经在候选列表中出现，且候选总开销为 49。49<50，所以子节点 4. 4. 4. 4 的父节点选择 2. 2. 2. 2。

至此，再通过命令 display ospf lsdb router 4. 4. 4. 4 发现，LSA 中的连接所描述的相邻节点都已经添加到了 SPF 树中。

此时候选列表为空，完成 SPF 计算，其中，10. 1. 12. 2 和 10. 1. 235. 2 是虚节点（DR）。

（2）计算最优路由

第二阶段根据 Router LSA 中的 Stub、Network LSA 中的路由信息完成最优路由的计算。从根节点开始，依次添加 LSA 中的路由信息（添加顺序按照每个节点加入 SPF 树的顺序），如图 3-33 所示。

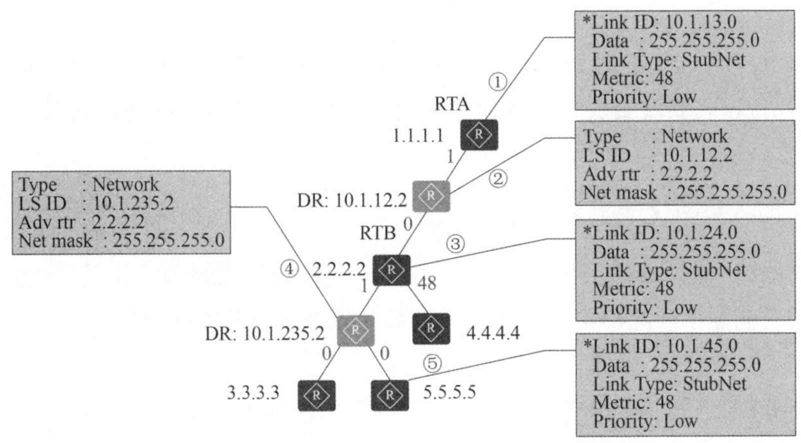

图 3-33　依次添加各节点 LSA 中的路由信息

①1. 1. 1. 1（RTA）的 Router LSA 中，共 1 个 Stub 连接，网络号/掩码 10. 1. 13. 0/24，

Metric = 48；

②10.1.12.2（DR）的 Network LSA 中，网络号/掩码 10.1.12.0/24，Metric = 1+0 = 1；

③2.2.2.2（RTB）的 Router LSA 中，共 1 个 Stub 连接，网络号/掩码 10.1.24.0/24，Metric = 1+0+48 = 49；

④10.1.235.2（DR）的 Network LSA 中，网络号/掩码 10.1.235.0/24，Metric = 1+0+1 = 2；

⑤3.3.3.3（RTC）的 Router LSA 中，共 1 个 Stub 连接，网络号/掩码 10.1.13.0/24，已在 RTA 上，忽略；

⑥5.5.5.5（RTE）的 Router LSA 中，共 1 个 Stub 连接，网络号/掩码 10.1.45.0/24，Metric = 1+0+0+1+48 = 50；

⑦4.4.4.4（RTD）的 Router LSA 中，共 2 个 Stub 连接，网络号/掩码 10.1.24.0/24，已在 RTB 上，忽略；网络号/掩码 10.1.45.0/24，已在 RTE 上，忽略。

（3）查看 OSPF 路由表

经历构建 SPF 树和计算最优路由两个阶段，RTA 生成的 OSPF 路由如图 3-34 所示。

```
<RTA>display ospf routing

         OSPF Process 1 with Router ID 1.1.1.1
                  Routing Tables

 Routing for Network
 Destination        Cost     Type       NextHop      AdvRoute       Area
 10.1.12.0/24       1        Transit    10.1.12.1    1.1.1.1        0.0.0.0
 10.1.13.0/24       48       Stub       10.1.13.1    1.1.1.1        0.0.0.0
 10.1.24.0/24       49       Stub       10.1.12.2    2.2.2.2        0.0.0.0
 10.1.45.0/24       50       Stub       10.1.12.2    5.5.5.5        0.0.0.0
 10.1.235.0/24      2        Transit    10.1.12.2    2.2.2.2        0.0.0.0

 Total Nets: 5
 Intra Area: 5  Inter Area: 0  ASE: 0  NSSA: 0
```

图 3-34　查看 OSPF 路由表

提示： 经过 OSPF 优选后的路由并不一定会安装进系统路由表，因为路由器还可以通过其他协议获得路由，通过不同方式获得的路由需要进行优先级比较。

3.1.3　单区域 OSPF 配置

当网络中的路由器数量较少的时候，可以不对其进行区域划分，让其只运行在一个区域中，即 Area 0，就是单区域路由。本节主要介绍单区域 OSPF 的配置命令。

1. OSPF 单区域基本配置

①系统视图下执行以下命令启动 OSPF 进程，配置 OSPF 路由器 Router ID，进入 OSPF 视图。

```
ospf[process-id |router-id router-id]
```

【参数】

process-id：OSPF 进程号。整数形式，取值范围是 1~65 535。默认值是 1。

router-id router-id：Router ID，点分十进制格式。

②OSPF 视图下执行以下命令设置通过公式计算接口开销所依据的带宽参考值。

```
bandwidth-reference value
```

【参数】

value：指定通过公式计算接口开销所依据的带宽参考值。整数形式，取值范围是 1～2 147 483 648，单位是 Mb/s，默认值是 100 Mb/s。

③OSPF 视图下执行以下命令禁止接口接收和发送 OSPF 报文。

```
silent-interface{all |interface-type interface-number}
```

【参数】

all：指定进程下所有的接口。

interface-type：指定接口类型。

interface-number：指定接口号。

④OSPF 视图下执行以下命令创建并进入 OSPF 区域视图。

```
area area-id
```

【参数】

area-id：指定区域的标识。其中，区域号 area-id 是 0 的称为骨干区域。可以是十进制整数或点分十进制格式。采取整数形式时，取值范围是 0～4 294 967 295。

⑤OSPF 区域视图下执行以下命令配置使能 OSPF 的接口范围，匹配到该网络范围的路由器所有接口将激活 OSPF，反掩码越精确，激活接口的范围就越小。

```
network ip-address wildcard-mask
```

【参数】

ip-address：接口所在的网段地址。点分十进制格式。

wildcard-mask：IP 地址的反码，相当于将 IP 地址的掩码反转（0 变 1，1 变 0）。例如，0. 0. 0. 255 表示掩码长度 24 位。点分十进制格式。

2. 配置 OSPF 接口

①接口视图下执行以下命令在接口上使能 OSPF。

```
ospf enable[process-id] area area-id
```

【参数】

process-id：OSPF 进程号。整数形式，取值范围是 1～65 535，默认值是 1。

area area-id：区域的标识。可以是十进制整数或 IP 地址格式。采取整数形式时，取值范围是 0～4 294 967 295。

②接口视图下执行以下命令配置接口上运行 OSPF 协议所需的开销。

```
ospf costcost
```

【参数】

cost：运行 OSPF 协议所需的开销。整数形式，取值范围是 1~65 535。默认值是 1。

③接口视图下执行以下命令设置 OSPF 接口的网络类型。

```
ospf network-type{broadcast |nbma |p2mp |p2p]}
```

【参数】

broadcast：将接口的网络类型更改为广播。

nbma：将接口的网络类型更改为 NBMA。

p2mp：将接口的网络类型更改为点到多点。

p2p：将接口的网络类型更改为点到点。

④接口视图下执行以下命令设置接口在选举 DR 时的优先级。

```
ospf dr-priority priority
```

【参数】

priority：接口在选举 DR 或 BDR 时的优先级。其值越大，优先级越高。整数形式，取值范围是 0~255。

⑤接口视图下执行以下命令设置接口发送 Hello 报文的时间间隔。

```
ospf timer hello interval
```

【参数】

interval：指定接口发送 Hello 报文的时间间隔。整数形式，取值范围是 1~65 535，单位是 s。建议 interval 取值不小于 5。

⑥接口视图下执行以下命令设置 OSPF 的邻居失效时间。

```
ospf timer dead interval
```

【参数】

interval：OSPF 邻居失效的时间。整数形式，取值范围是 1~235 926 000，单位是 s。建议配置的邻居失效时间大于 20 s。

3. 配置 OSPF 区域验证

①OSPF 区域视图下执行以下命令配置 OSPF 区域的简单验证模式。

```
authentication-mode simple[plain plain-text |[cipher] cipher-text]
```

【参数】

simple：使用简单验证模式。默认情况下，simple 验证模式是 cipher 类型。

plain：指定明文类型口令。此模式下只能键入明文，在查看配置文件时，以明文方式显示口令。

plain-text：指定明文验证字。字符串形式，可以为字母或数字，区分大小写，不支持空格。当验证模式为 simple 时，长度为 1~8；验证模式为 MD5、HMAC-MD5、HMAC-

SHA256、HMAC-SHA256时，长度为1~255。

cipher：指定密文类型口令。可以键入明文或密文，但在查看配置文件时，均以密文方式显示口令。对于MD5、HMAC-MD5、HMAC-SHA256验证模式，当此参数默认时，为cipher类型。

cipher-text：指定密文验证字。字符串形式，可以为字母或数字，区分大小写，不支持空格。当验证模式为simple时，是长度为1~8的明文或长度为24或32或48的密文；验证模式为MD5、HMAC-MD5、HMAC-SHA256时，是长度为1~255的明文或20~392的密文。

②OSPF区域视图执行以下命令配置OSPF区域的MD5、HMAC-MD5或者HMAC-SHA256验证模式。

```
authentication-mode{md5 |hmac-md5 |hmac-sha256}[key-id{plain plain-text |[ci-
pher] cipher-text}]
```

【参数】

md5：使用MD5密文验证模式。

hmac-md5：使用HMAC-MD5密文验证模式。

hmac-sha256：使用HMAC-SHA256验证模式。

key-id：接口密文验证的验证字标识符，必须与对端的验证字标识符一致。整数形式，取值范围是1~255。

③OSPF区域视图执行以下命令配置OSPF区域的Keychain验证模式。

```
authentication-modekeychain keychain-name
```

【参数】

keychain-name：指定Keychain名称。字符串形式，长度范围是1~47，不区分大小写。字符不包括问号和空格，但是当输入的字符串两端使用双引号时，可在字符串中输入空格。

4. 配置OSPF接口验证

①接口视图下执行以下命令配置OSPF接口的简单验证模式。

```
ospf authentication-mode simple[plain plain-text |[cipher] cipher-text]
```

【参数】

simple：简单验证模式。默认情况下，simple验证模式是cipher类型。

plain：指定明文类型口令。只能键入明文，在查看配置文件时，以明文方式显示口令。

plain-text：指定明文验证字。字符串格式，不支持空格，在simple模式下，长度是1~8；在MD5、HMAC-MD5、HMAC-SHA256模式下，长度是1~255。

cipher：指定密文类型口令。可以键入明文或密文，但在查看配置文件时，均以密文方式显示口令。对于MD5、HMAC-MD5、HMAC-SHA256验证模式，当此参数默认时，为cipher类型。

cipher-text：指定密文验证字。字符串格式，不支持空格，在simple模式下，长度1~8对应明文，长度24或32或48对应密文；在MD5、HMAC-MD5、HMAC-SHA256模式下，长度 1~255 对应明文，长度 20~392 对应密文。

②接口视图下执行 ospf authentication-mode{md5|hmac-md5|hmac-sha256}[key-id{plain plain-text|[cipher]cipher-text}]命令配置 OSPF 接口的 MD5、HMAC-MD5 或者 HMAC-SHA256 验证模式。

```
ospf authentication-mode{md5 |hmac-md5 |hmac-sha256}[key-id{plain plain-text |
[cipher] cipher-text}]
```

【参数】

md5：使用 MD5 验证模式。

hmac-md5：使用 HMAC-MD5 密文验证模式。

hmac-sha256：使用 HMAC-SHA256 验证模式。

key-id：接口密文验证的验证字标识符，必须与对端的验证字标识符一致。整数形式，取值范围是 1~255。

提示：接口验证方式的优先级高于区域验证方式。

5. 验证 OSPF 配置

①执行以下命令来显示 OSPF 区域边界路由器和自治系统边界路由器信息。

```
display ospf abr-asbr
```

②执行以下命令来查看 OSPF 的路由聚合信息。

```
display ospf asbr-summary
```

③执行以下命令来查看 OSPF 的概要信息。

```
display ospf brief
```

④执行以下命令来显示 OSPF 的接口信息。

```
display ospf interface
```

⑤执行以下命令来显示 OSPF 的链路状态数据库（LSDB）信息。

```
display ospf lsdb
```

⑥执行以下命令来显示 OSPF 中各区域邻居的信息。

```
display ospf peer
```

⑦执行以下命令来显示 OSPF 路由表的信息。

```
display ospf routing
```

⑧执行以下命令来显示 OSPF 的虚连接信息。

```
display ospf vlink
```

3.2 项目实施——OSPF 单区域配置与 DR 选择实现

图 3-35 所示为本项目的网络拓扑图，要求在各路由器上配置 OSPF 基本功能，查看 4 台路由器之间默认的 DR 选举情况；配置 RTA 路由器对应接口的 DR 优先级为 100，RTB 路由器对应接口的 DR 优先级为 0，RTC 路由器对应接口的 DR 优先级为 2，使得 RTA 路由器被选举为 DR，RTC 路由器被选举为 BDR，RTB 路由器永远无法成为 DR 或 BDR，而 RTD 采用默认优先级，维持原状不变。

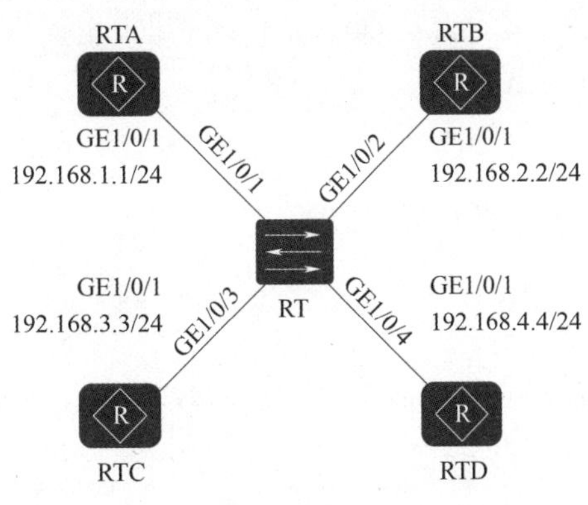

图 3-35 项目网络拓扑图

3.2.1 配置各路由器接口 IP 地址

以下为配置 RTA 路由器接口 IP 地址的代码，RTB、RTC 和 RTD 路由器的配置与 RTA 的类似。

```
[RTA] interface gigabitethernet 1/0/1
[RTA-GigabitEthernet1/0/1] ip address 192.168.1.1 24
[RTA-GigabitEthernet1/0/1]
[RTA-GigabitEthernet1/0/1] quit
```

3.2.2 配置 OSPF 基本功能

第 1 步：配置 RTA 路由器 OSPF 基本功能。

```
[RTA] ospf 1 router-id 10.1.1.1
[RTA-ospf-1] area 0
[RTA-ospf-1-area-0.0.0.0] network 192.168.1.0 0.0.0.255
[RTA-ospf-1-area-0.0.0.0] quit
[RTA-ospf-1] quit
```

第 2 步：配置 RTB 路由器 OSPF 基本功能。

```
[RTB] ospf 1 router-id 10.2.2.2
[RTB-ospf-1] area 0
[RTB-ospf-1-area-0.0.0.0] network 192.168.2.0 0.0.0.255
[RTB-ospf-1-area-0.0.0.0] quit
[RTB-ospf-1] quit
```

第 3 步：配置 RTC 路由器 OSPF 基本功能。

```
[RTC] ospf 1 router-id 10.3.3.3
[RTC-ospf-1] area 0
[RTC-ospf-1-area-0.0.0.0] network 192.168.3.0 0.0.0.255
[RTC-ospf-1-area-0.0.0.0] quit
[RTC-ospf-1] quit
```

第 4 步：配置 RTD 路由器 OSPF 基本功能。

```
[RTD] ospf 1 router-id 10.4.4.4
[RTD-ospf-1] area 0
[RTD-ospf-1-area-0.0.0.0] network 192.168.4.0 0.0.0.255
[RTD-ospf-1-area-0.0.0.0] quit
[RTD-ospf-1] quit
[RTD] quit
```

第 5 步：在 RTA 路由器上查看 OSPF 邻居的信息。

```
[RTA] display ospf peer

          OSPF Process 1 with Router ID 10.1.1.1
                 Neighbors

 Area 0.0.0.0 interface 192.168.1.1(Vlanif10)'s neighbors
 Router ID: 10.2.2.2        Address: 192.168.2.2
 State: 2-Way  Mode:Nbr is  Master  Priority: 1
DR: 192.168.4.4  BDR: 192.168.3.3  MTU: 0
   Dead timer due in 32  sec
   Retrans timer interval: 5
   Neighbor is up for 00:04:21
   Authentication Sequence:[0]

 Router ID: 10.3.3.3        Address: 192.168.3.3
 State: Full  Mode:Nbr is  Master  Priority: 1
 DR: 192.168.4.4  BDR: 192.168.3.3  MTU: 0
   Dead timer due in 37  sec
```

```
   Retrans timer interval: 5
   Neighbor is up for 00:04:06
   Authentication Sequence:[0]

Router ID: 10.4.4.4       Address: 192.168.4.4
State: Full   Mode:Nbr is  Master   Priority: 1
DR: 192.168.4.4  BDR: 192.168.3.3  MTU: 0
   Dead timer due in 37   sec
   Retrans timer interval: 5
   Neighbor is up for 00:03:53
   Authentication Sequence:[0]
```

从以上回显信息中可以看到，在默认情况下，RTD 为 DR，RTC 为 BDR。这是因为当 DR 优先级相同时，Router ID 高的被选举为 DR。

3.2.3　配置路由器接口上的 DR 优先级

第 1 步：配置 RTA 路由器接口上的 DR 优先级。

```
[RTA] interface gigabitethernet 1/0/1
[RTA-GigabitEthernet 1/0/1] ospf dr-priority 100
[RTA-GigabitEthernet 1/0/1] quit
[RTA] quit
```

第 2 步：配置 RTB 路由器接口上的 DR 优先级。

```
[RTB] interface gigabitethernet 1/0/1
[RTB-GigabitEthernet] ospf dr-priority 0
[RTB-GigabitEthernet] quit
[RTB] quit
```

第 3 步：配置 RTC 路由器接口上的 DR 优先级。

```
[RTC] interface gigabitethernet 1/0/1
[RTC-GigabitEthernet] ospf dr-priority 2
[RTC-GigabitEthernet] quit
[RTC] quit
```

第 4 步：在 RTD 路由器上查看 OSPF 邻居的信息。

```
<RTD> display ospf peer

          OSPF Process 1 with Router ID 10.4.4.4
                 Neighbors
```

```
Area 0.0.0.0 interface 192.168.4.4(Vlanif10)'s neighbors
Router ID: 10.1.1.1       Address: 192.168.1.1
State: Full  Mode:Nbr is  Slave  Priority: 100
DR: 192.168.4.4  BDR: 192.168.3.3  MTU: 0
  Dead timer due in 31  sec
  Retrans timer interval: 5
  Neighbor is up for 00:11:17
  Authentication Sequence:[0]

Router ID: 10.2.2.2       Address: 192.168.2.2
State: Full  Mode:Nbr is  Slave  Priority: 0
DR: 192.168.4.4  BDR: 192.168.3.3  MTU: 0
  Dead timer due in 35  sec
  Retrans timer interval: 5
  Neighbor is up for 00:11:19
  Authentication Sequence:[0]

Router ID: 10.3.3.3       Address: 192.168.3.3
State: Full  Mode:Nbr is  Slave  Priority: 2
DR: 192.168.4.4  BDR: 192.168.3.3  MTU: 0
  Dead timer due in 33  sec
  Retrans timer interval: 5
  Neighbor is up for 00:11:15
  Authentication Sequence:[0]
```

通过以上回显信息发现，4 台交换机之间 DR 的选举情况并没有改变。这是因为如果 DR、BDR 已经选择完毕，当一台新设备加入后，即使它的 DR 优先级值最大，也不会立即成为该网段中的 DR，只有重启 OSPF 进程之后才会重新选举 DR 和 BDR。

3.2.4 重启 OSPF 进程

在各台路由器的用户视图下同时执行命令 reset ospf 1 process，从而重启各台路由器的 OSPF 进程。同时，重启 OSPF 进程是为了让 4 台路由器都参与 DR 和 BDR 的选举过程。

3.2.5 验证配置结果

在 RTD 路由器上查看 OSPF 邻居的信息。

```
<RTD> display ospf peer


        OSPF Process 1 with Router ID 10.4.4.4
```

```
                Neighbors

  Area 0.0.0.0 interface 192.168.1.4(Vlanif10)'s neighbors
  Router ID: 10.1.1.1       Address: 192.168.1.1
  State: Full  Mode:Nbr is  Slave  Priority: 100
  DR: 192.168.1.1  BDR: 192.168.3.3  MTU: 0
    Dead timer due in 35  sec
    Retrans timer interval: 5
    Neighbor is up for 00:07:19
    Authentication Sequence:[0]

  Router ID: 10.2.2.2       Address: 192.168.2.2
  State: 2-way  Mode:Nbr is  Master  Priority: 0
  DR: 192.168.1.1  BDR: 192.168.1.3  MTU: 0
    Dead timer due in 35  sec
    Retrans timer interval: 5
    Neighbor is up for 00:07:19
    Authentication Sequence:[0]

  Router ID: 10.3.3.3       Address: 192.168.3.3
  State: Full  Mode:Nbr is  Slave  Priority: 2
  DR: 192.168.1.1  BDR: 192.168.3.3  MTU: 0
    Dead timer due in 37  sec
    Retrans timer interval: 5
    Neighbor is up for 00:07:17
    Authentication Sequence:[0]
```

从以上回显中可以看到，RTA 被选举为 DR，RTC 为 BDR。RTD 与 RTB 之间的邻居状态为 2-way，这说明两者既不是 DR，也不是 BDR，即它们之间不需要交换 LSA 信息。

3.3 巩固训练——OSPF 配置

3.3.1 实训目的

➢ 理解 OSPF 协议。
➢ 掌握 OSPF 的配置方法和过程。

3.3.2 实训拓扑

某公司区域网络内部两台相邻的路由器，需要使用 OSPF 协议来进行路由信息的传递，两台路由器都属于 OSPF 的区域 0，通过 OSPF 的配置实现两台相邻路由器之间的互连互通。图 3-36 所示为实训拓扑图。

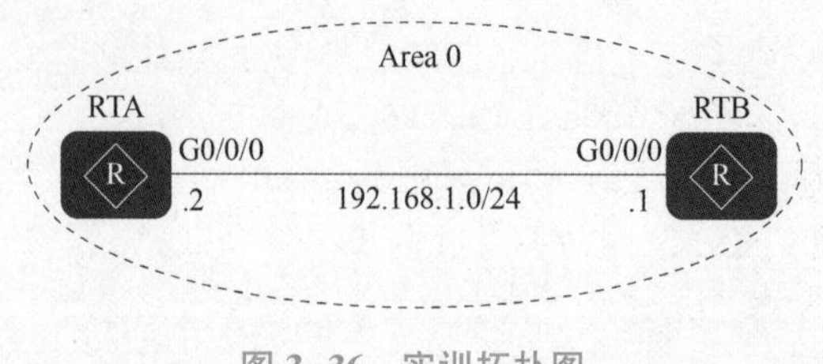

图 3-36　实训拓扑图

3.3.3　实训内容

①使能 OSPF 进程。

> **提示：**命令 ospf ［process id］ 用来使能 OSPF，在该命令中可以配置进程 ID。如果没有配置进程 ID，则使用 1 作为默认进程 ID；命令 ospf［process id］［router-id <router-id>］既可以使能 OSPF 进程，也可以用于配置 Router ID。在该命令中，router-id 代表路由器的 ID；命令 network 用于指定运行 OSPF 协议的接口，在该命令中需要指定一个反掩码。反掩码中，“0”表示此位必须严格匹配，“1”表示该地址可以为任意值。

②配置验证。命令 display ospf peer 可以用于查看邻居相关的属性，包括区域、邻居的状态、邻接协商的主从状态以及 DR 和 BDR 情况。

③OSPF 认证。OSPF 支持简单认证及加密认证功能，加密认证对潜在的攻击行为有更强的防范性。图 3-37 所示为 OSPF 认证示意图。

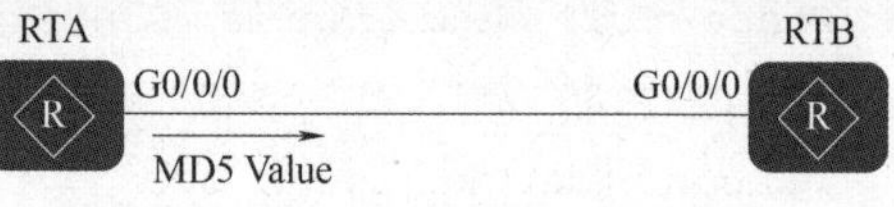

图 3-37　OSPF 认证示意图

> **提示：**华为 ARG3 系列路由器运行 OSPF 时，支持两种认证方式：区域认证和接口认证。OSPF 认证可以配置在接口或区域上，配置接口认证方式的优先级高于区域认证方式。

④配置验证，在启用认证功能之后，可以在终端上进行调试来查看认证过程。debugging ospf packet 命令用来指定调试 OSPF 报文，然后便可以查看认证过程，以确定认证配置是否成功。

项目任务 2　OSPF 多区域配置

【项目背景】

某校园网在前期的规划中，使用多区域 OSPF 实现全网互连互通。通过配置 OSPF 多区域路由实现多区域路由部署，并且希望以后能够实现整个网络的扩展。

【项目内容】

根据该校园网前期规划，可以绘制出简单的网络拓扑图，如图 3-38 所示。在各路由器的 VLANIF 接口上配置 IP 地址并配置接口所属 VLAN，实现网段内的互通；在各路由器上配置 OSPF 基本功能，并且以 RTA 路由器为 ABR 将 OSPF 网络划分为 Area 0 和 Area 1 两个区域，实现后续以 RTA 和 RTB 所在区域为骨干区域来扩展整个 OSPF 网络。

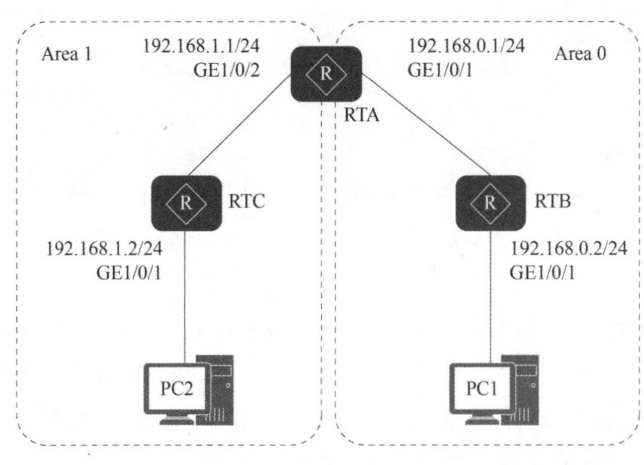

图 3-38　项目网络拓扑图

3.4　相关知识：多区域 OSPF

3.4.1　区域结构设计

OSPF 路由器维持每一条路由，需要经过频繁 OSPF 运算，这对路由器硬件资源消耗也会过大，造成网络中转发数据缓慢。

划分区域是解决 OSPF 网络中资源消耗的最好办法。通常将大的网络划分为小的区域，每个区域都使用各自 LSDB 来描述，只维护本区域的 LSDB。

1. 区域的概念

OSPF 采用划分区域的方式，将一个大网络划分为多个相互连接的小网络。每个区域内的设备只需同步所在区域内的链路状态数据库，一定程度上降低内存及 CPU 的消耗。

划分区域后，根据路由器所连接区域的情况，可划分两种路由器角色，如图 3-39 所示。

①区域内部路由器（Internal Router）：此类设备的所有接口都属于同一个 OSPF 区域。区域内部路由器维护本区域内的链路状态信息并计算区域内的最优路径。

②区域边界路由器（Area Border Router）：此类设备接口分别连接两个及两个以上的不同区域。

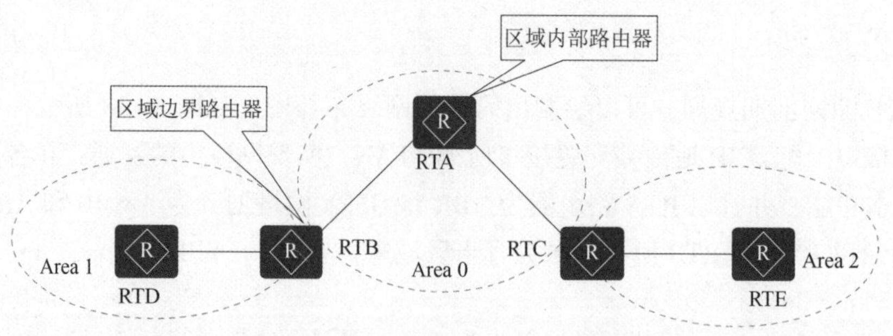

图 3-39 区域划分和两种路由器角色

2. 区域间路由通信

通过 Router LSA，Network LSA 在区域内洪泛，使区域内每个路由器的 LSDB 达到同步，计算生成标识为“O”的路由，解决区域内部的路由计算问题。那么区域间路由的计算呢？

（1）Type-3 LSA

Type-3 LSA：也称为网络汇总 LSA（Network Summary LSA），由 ABR 产生，它将一个区域内的网络通告给 OSPF 自治系统中的其他区域（Totally Stub 区域除外）。这些条目通过主干区域被扩散到其他的 ABR。Type-3 的 LSA 在区域间传递路由信息遵循水平分割原则，即从一个区域发出的 Type-3 的 LSA 不会传回到本区域。链路状态 ID 为目的网络的地址。图 3-40 所示为 Network Summary LSA（Type-3）所描述的状态。

0 … 7	8 … 15	16 … 23	24 … 31
网络掩码			
0	度量		
TOS	TOS度量		
……			

图 3-40 Network Summary LSA（Type-3）所描述的状态

Network Summary LSA（Type-3）具有如下特点。

①由 ABR 产生，在本区域外的 OSPF 域内传播（Totally Stub 与 Totally NSSA 区除外），用于解决区域间的路由传递问题；

②Type-3 的链路状态 ID 是区域间路由的目的网络地址；

③描述的不是链路状态，而是区域内所有网段的路由；

④可根据需要将路由信息聚合后再汇聚发布。

（2）区域间路由传递

区域边界路由器作为区域间通信的桥梁，同时维护所连接多个区域的链路状态数据库。ABR 将一个区域内的链路状态信息转化成路由信息，然后发布到邻居区域。

提示：链路状态信息转换成路由信息其实就是将一类和二类 LSA 转化成三类 LSA 的过程。注意，区域间的路由信息在 ABR 上是双向传递的。

图 3-41 所示为区域间路由传递示意图。以 Area 1 中 RTD 上的 192.168.1.0/24 的网络为

例，其对应的一类 LSA 在 Area 1 中同步；作为 Area 1 和 Area 0 之间 ABR 的 RTB 负责将 192. 168. 1. 0/24 的一类 LSA 转换成三类 LSA，并将此三类 LSA 发送到 Area 0。作为 Area 0 和 Area 2 之间 ABR 的 RTC，又重新生成一份三类 LSA 发送到 Area 2 中，至此，全 OSPF 区域内都收到 192. 168. 1. 0/24 的路由信息。RTE 上 192. 168. 2. 0/24 的路由信息同步过程也是这样。

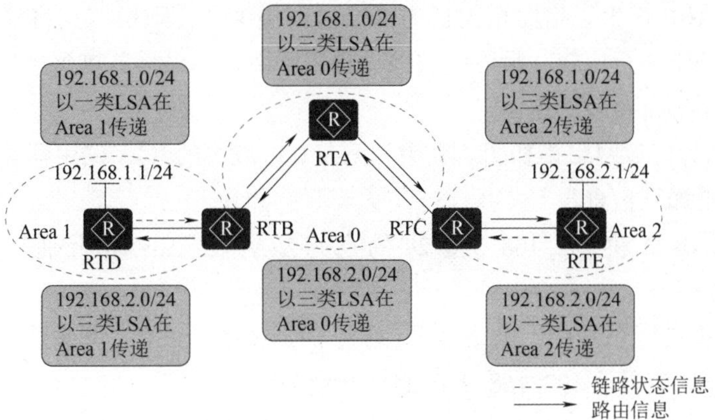

图 3-41　区域间路由传递示意图

使用命令 RTB>display ospf lsdb summary 192. 168. 1. 0 查看指定设备产生的 Network Summary LSA，如图 3-42 所示。

```
<RTB>display ospf lsdb summary 192.168.1.0
                    OSPF Process 1 with Router ID 2.2.2.2
                                Area: 0.0.0.0
                            Link State Database
 Type          : Sum-Net            //三类LSA
 LS ID         : 192.168.1.0        //目的网段地址
 Adv rtr       : 2.2.2.2            //产生此三类LSA的RouterID
 LS age        : 86
 Len           : 28
 Options       : E
 seq#          : 80000001
 chksum        : 0x7c6d
 Net mask      : 255.255.255.0      //网络掩码
 TOS 0         metric:1             //开销值
 Priority      : Low
```

图 3-42　查看指定设备产生的 Network Summary LSA

在 Network Summary LSA（三类 LSA）描述信息中，关键字说明见表 3-17。

表 3-17　Network Summary LSA 描述信息关键字说明

关键字	说明
LS ID	目的网段地址
Adv rtr	ABR 的 Router ID
Net mask	目的网段的网络掩码
Metric	ABR 到达目的网段的开销值

（3）区域间路由计算

ABR 产生的三类 LSA 将用于计算区域间路由，计算方法如下。

①根据三类 LSA 中的 Adv rtr 字段，判断出 ABR。

②根据 LS ID、Net mask、Metric 字段获得 ABR 到达目的网络号/掩码、开销。

③如果多个 ABR 产生了指向相同目的网段的三类 LSA，则根节点将根据本路由器到达目的网段的累计开销进行比较，最终生成最小开销路由。如果根节点到达目的网段的累计开销值相同，则产生等价负载的路由。

图 3-43 所示为区域网络拓扑图。其中，Area 0 区域中的 RTA 路由器在计算区域间路由的过程中可以获得如下信息。

①192. 168. 1. 0/24 和 192. 168. 2. 0/24 的三类 LSA 中，Adv rtr 分别是 RTB（2. 2. 2. 2）和 RTC（3. 3. 3. 3）。

②RTB 产生的三类 LSA 中，网络号/掩码是 192. 168. 1. 0/24，开销为 1；RTC 产生的三类 LSA 中，网络号/掩码是 192. 168. 2. 0/24，开销为 1。

③RTA 到达 192. 168. 1. 0/24，下一跳是 RTB，开销是 2；RTA 到达 192. 168. 2. 0/24，下一跳是 RTC，开销是 2。

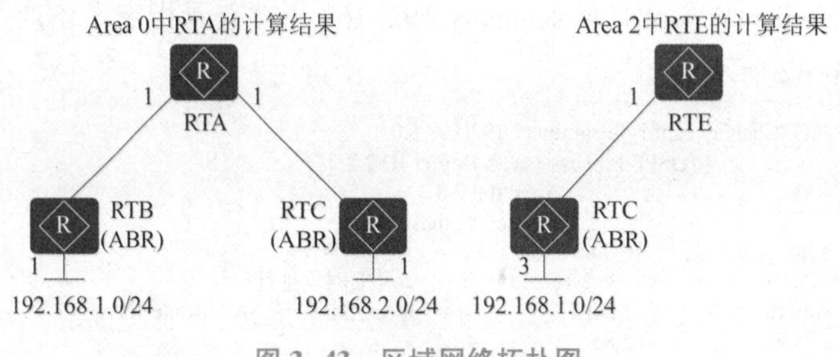

图 3-43　区域网络拓扑图

使用 display ospf lsdb summary 命令可以查看网络中泛洪的 Type-3 LSA。

图 3-44 所示为区域网络拓扑图。R3 路由器向 Area 0 内注入 Type-3 LSA，用于描述到达 Area 1 内 192. 168. 34. 0/24 网段的区域间路由，R1、R2 在收到这个 Type-3 LSA 后，就能够计算出到达 192. 168. 34. 0/24 网段的区域间路由。

3. 域间路由环路的产生与避免

（1）域间路由环路的产生

图 3-45 所示为区域网络拓扑图，RTB 将 Area 1 中的一类、二类 LSA 转换成三类 LSA，发布到区域 0 中；RTC 重新生成有关 192. 168. 1. 0/24 网络的三类 LSA 并发布到 Area 2 中；同理，RTE 也将有关 192. 168. 1. 0/24 网络的三类 LSA 发布到 Area 3 中；RTD 将 192. 168. 1. 0/24 网络的三类 LSA 发布到 Area 1 中，从而形成了路由环路。

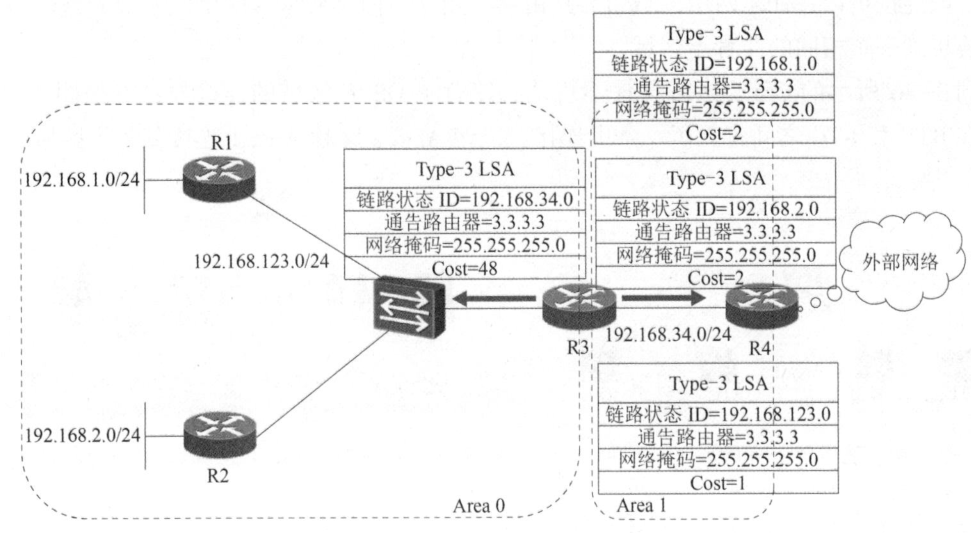

图 3-44　区域网络拓扑图

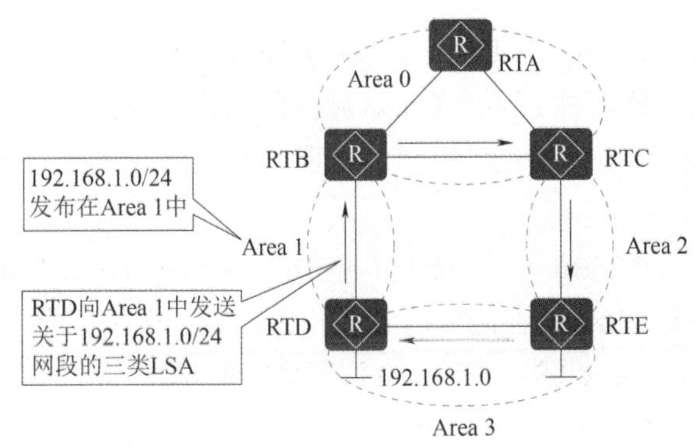

图 3-45　域间路由环路的产生

(2) 避免域间路由环路

为防止区域间的路由环路，OSPF 定义了骨干区域与非骨干区域和三类 LSA 的传递规则。OSPF 要求 ABR 设备至少有一个接口属于骨干区域。

①OSPF 划分了骨干区域和非骨干区域，所有非骨干区域均直接和骨干区域相连且骨干区域只有一个，非骨干区域之间的通信都要通过骨干区域中转，骨干区域 ID 固定为 0。

②OSPF 规定从骨干区域传来的三类 LSA 不再传回骨干区域。

提示： 新建网络按照区域间的防环规则进行部署，可以避免区域间环路问题。但是部分网络可能因早期规划问题，区域间的连接关系违背了骨干区域和非骨干区域的规则。

(3) 虚连接 vlink

骨干区域必须是连续的，但是并不要求物理上连续，可以使用虚连接使骨干区域逻辑上连续。虚连接可以在任意两个区域边界路由器上建立，但是要求这两个区域边界路由器都有端口连接到一个相同的非骨干区域。

图 3-46 所示的 OSPF 区域设计不规范，违背了 OSPF 区域的连接规则。如图 3-47 所示，在 RTB 和 RTC 之间建立了一条虚连接，以使 Area 2 穿越 Area 1 连接到骨干区域。

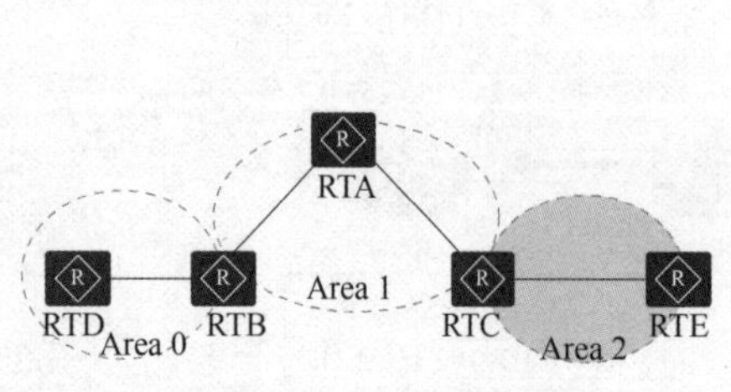

图 3-46　违背了 OSPF 区域连接规则

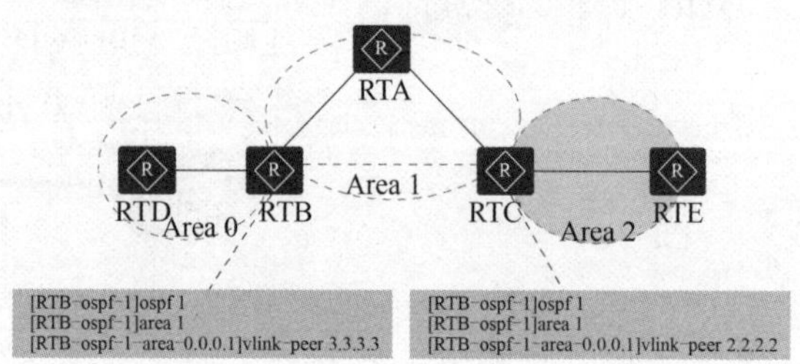

图 3-47　在 RTB 和 RTC 之间建立了一条虚连接

3.4.2　域间路由及外部路由

1. Type-4 LSA

利用 Type-1、Type-2 LSA，OSPF 路由器能够完成区域内部网络拓扑的绘制并发现区域内网段信息，因此，依赖这两种 LSA，单个区域内的路由计算是没有问题的。得益于 Type-3 LSA 的泛洪，区域间的路由传递也可以顺利实现。因此，这三类 LSA 解决了单个 OSPF 域内的路由计算问题。

Type-4 LSA：也称为 ASBR 汇总 LSA（ASBR Summary LSA），由 ABR 产生，描述到 ASBR 的路由，通告给除 ASBR 所在区域的其他相关区域。链路状态 ID 为 ASBR 路由器 ID。图 3-48 所示为 ASBR Summary LSA（Type-4）所描述的状态。

|0　　　　7|8　　　　15|16　　　　23|24　　　　31|

网络掩码	
0	度量
TOS	TOS度量
……	

图 3-48　ASBR Summary LSA（Type-4）所描述的状态

ASBR 将域外的路由（如 rip、静态路由等）引入 OSPF，OSPF 使用 Type-5 LSA 描述这些外部路由，Type-5 LSA 能够在整个 OSPF 域内泛洪（除了一些特殊的区域），这样所有的路由器都能知晓这些到达外部的路由，但是仅获知到达外部网络的路由是不够的，还需要知道引入的这些外部路由的 ASBR 所在。与 ASBR 同属一个区域路由器能够通过区域内泛洪的 Type-1、Type-2 LSA 计算出到达 ASBR 的路由，然而这两种路由只能在本区域内泛洪，其他区域的路由器需要 Type-4 LSA 获知到达该 ASBR 的路径。

ASBR Summary LSA（Type-4）具有如下特点。

①由 ABR 发布，描述 ABR 到 ASBR 的主机路由；

②它的链路状态 ID 为 ASBR 的 Router-ID，而且网络掩码字段的值为全 0；

③度量值为该 ABR 到达 ASBR 的 Cost 值；

④通告给除 ASBR 所在区域的其他相关区域（Stub 区与 NSSA 区除外）。

Type-4 LSA 的最主要作用是帮助那些与 ASBR 不在同一个区域的路由器计算出到达 ASBR 的路由。图 3-49 所示的网络拓扑图中，R3 作为 ABR 向 Area 0 内注入 Type-4 LSA。

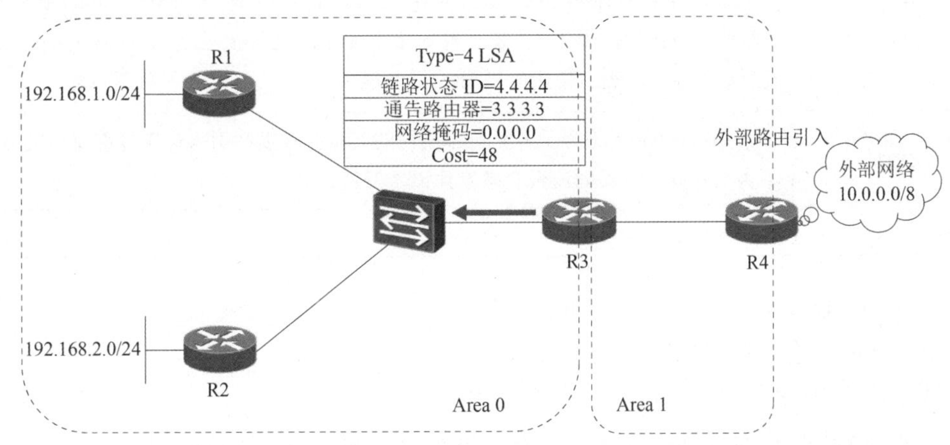

图 3-49　R3 作为 ABR 向 Area 0 内注入 Type-4 LSA

一旦在 R4 上执行 import-route 命令，R4 便会在其产生的 Type-1 LSA 中将 E 比特位设置为 1，用于宣告自己的 ASBR 身份。对于 Area 0 内的 R1、R2 而言，它们虽然可以通过 Type-5 LSA 知晓 10. 0. 0. 0/8 这个外部网络，但是却无法进行路由计算，因为它们并不知道如何到达 ASBR。R3 作为与 ASBR 同属一个区域的 ABR，会产生描述该 ASBR 的 Type-4 LSA 并在 Area 0 内泛洪，从而 Area 0 内的 R1 及 R2 便能计算出到达 10. 0. 0. 0/8 的外部路由并将其加载到路由表。

2. Type-5 LSA

当 ASBR 将外部路由引入 OSPF 时，会产生 Type-5 LSA 用于描述这些外部路由，一旦产生后，会在整个 OSPF 域内传播（除了一些特殊区域）。

Type-5 LSA：也称为 AS 外部 LSA（AS External LSA），由 ASBR 产生，含有关于自治系统外的路由信息，通告到所有的区域（除了 Stub 区域和 NSSA 区域）。链路状态 ID 为外部网络的地址。图 3-50 所示为 AS External LSA（Type-5）所描述的状态。

0		7 8	15 16	23 24	31
网络掩码					
E	0	度量			
转发地址					
外部路由标记					
……					

图 3-50　AS External LSA（Type-5）所描述的状态

AS External LSA（Type-5）所描述的状态说明见表 3-18。

表 3-18　AS External LSA（Type-5）所描述状态信息说明

状态信息	说明
网络掩码	外部路由的目的网络掩码
E 位	表示该外部路由使用的度量值类型。OSPF 定义了 Metric-Type-1 和 Metric-Type-2 两种，该比特位置为 1，表示外部路由使用的度量值类型为 Metric-Type-2；该比特位置为 0，表示使用的是 Metric-Type-1
转发地址	为 0.0.0.0 时，表示到达该外部网段的流量会被发往引入这条外部路由的 ASBR；不为 0.0.0.0 时，则流量会被发往该转发地址
外部路由标记	用于部署路由策略

AS External LSA（Type-5）具有如下特点。

①由 ASBR 产生，描述到 AS 外部的路由；

②链路状态 ID 是外部路由的目的网络地址；

③5 种 LSA 中唯一通告到所有区域（除了 Stub 区域和 NSSA 区域）的 LSA。

使用 display ospf lsdb ase 命令可以查看泛洪的 Type-5 LSA。图 3-51 所示的网络拓扑图中，R4 作为 ASBR 向 OSPF 内注入 Type-5 LSA。

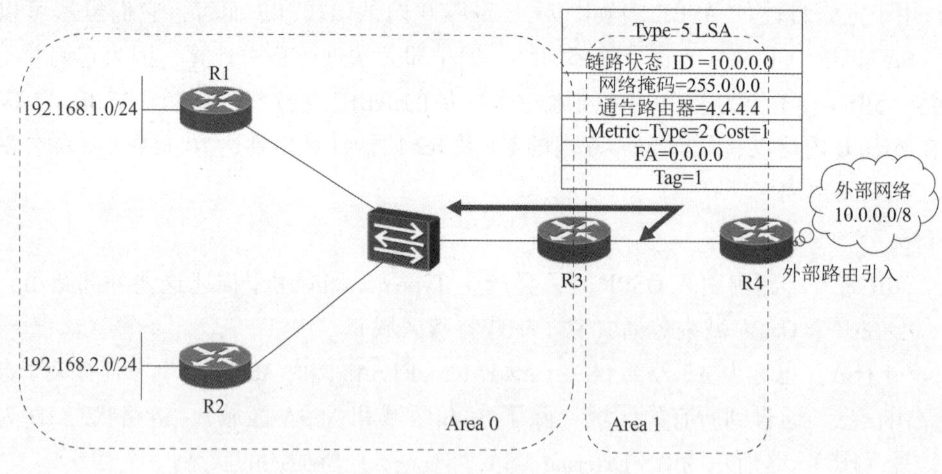

图 3-51　R4 作为 ASBR 向 OSPF 内注入 Type-5 LSA

3. 外部路由引入

图 3-52 所示为区域网络拓扑图。

外部路由引入的过程如下。

①RTA 上配置了一条静态路由，目的网络是 10.1.60.0/24，下一跳是 RTF。

②在 RTA 的 OSPF 进程下，将配置的静态路由重发布到 A 公司的 OSPF 网络中，其中引入外部路由的 OSPF 路由器叫作 ASBR（设备间互访需要路由双向可达，这里仅介绍 OSPF

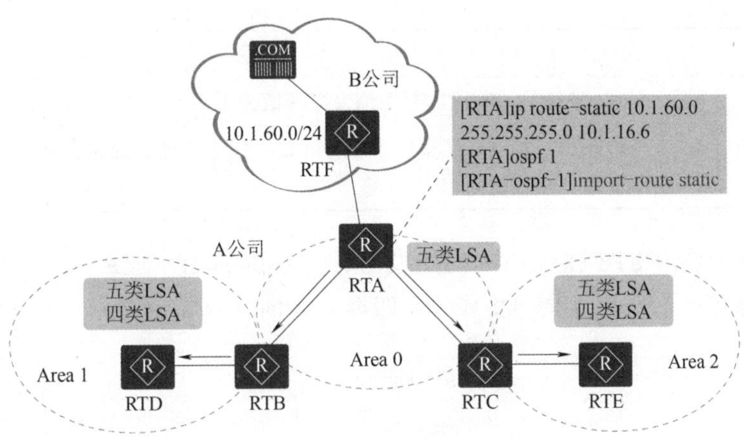

图 3-52　区域网络拓扑图

网络内获取外部路由的过程）。

③RTA 会生成一条 AS-External-LSA（五类 LSA），用于描述如何从 ASBR 到达外部目的地；RTB 和 RTC 会生成一条 ASBR-Summary-LSA（四类 LSA），用于描述如何从 ABR 到达 ASBR。

④四类 LSA 和五类 LSA 将被 OSPF 路由器用来计算外部路由。

图 3-53 所示是由 RTA 生成的五类 LSA，将被泛洪到所有 OSPF 区域。

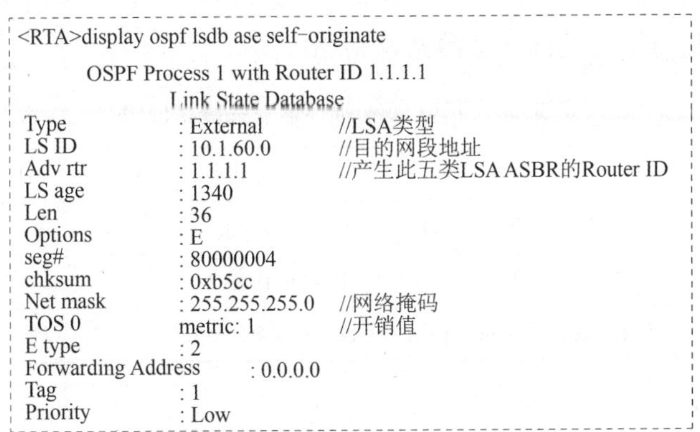

```
<RTA>display ospf lsdb ase self-originate
        OSPF Process 1 with Router ID 1.1.1.1
                Link State Database
 Type              : External          //LSA类型
 LS ID             : 10.1.60.0         //目的网段地址
 Adv rtr           : 1.1.1.1           //产生此五类LSA ASBR的Router ID
 LS age            : 1340
 Len               : 36
 Options           : E
 seg#              : 80000004
 chksum            : 0xb5cc
 Net mask          : 255.255.255.0     //网络掩码
 TOS 0             metric: 1           //开销值
 E type            : 2
 Forwarding Address      : 0.0.0.0
 Tag               : 1
 Priority          : Low
```

图 3-53　由 RTA 生成的五类 LSA

五类 LSA 描述信息中，关键字说明见表 3-19。

表 3-19　五类 LSA 描述信息关键字说明

关键字	说明
LS ID	目的网段地址
Adv rtr	ASBR 的 Router ID
Net mask	目的网段的网络掩码

续表

关键字	说明
Metric	ASBR 到达目的网段的开销值，默认值为 1
Tag	外部路由信息可以携带一个 Tag 标签，用于传递该路由的附加信息，通常用于路由策略，默认值为 1

图 3-54 所示是由 RTB 在 Area 1 内生成的 ASBR-Summary-LSA（四类 LSA）。RTB 向 Area 1 泛洪一条五类 LSA 时，同时生成一条四类 LSA 向 Area 1 泛洪。

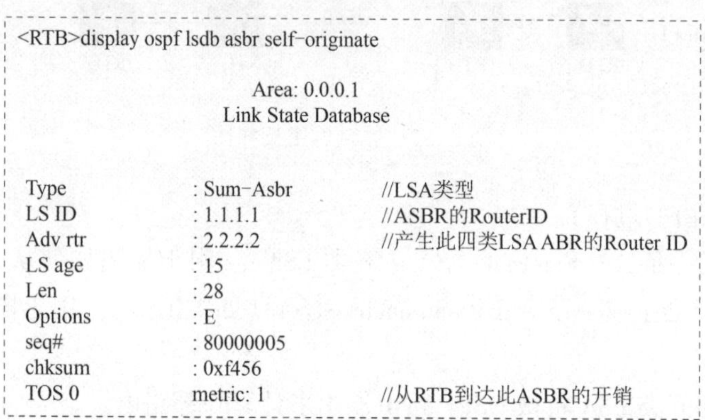

```
<RTB>display ospf lsdb asbr self-originate

                 Area: 0.0.0.1
              Link State Database


Type              : Sum-Asbr        //LSA类型
LS ID             : 1.1.1.1         //ASBR的RouterID
Adv rtr           : 2.2.2.2         //产生此四类LSA ABR的Router ID
LS age            : 15
Len               : 28
Options           : E
seq#              : 80000005
chksum            : 0xf456
TOS 0             metric: 1         //从RTB到达此ASBR的开销
```

图 3-54　由 RTB 在 Area 1 内生成的 ASBR-Summary-LSA（四类 LSA）

四类 LSA 描述信息中，关键字说明见表 3-20。

表 3-20　四类 LSA 描述信息关键字说明

关键字	说明
LS ID	该 ASBR 的 Router ID
Adv rtr	产生此四类 LSA 的 ABR 的 Router ID
Metric	从该 ABR 到达此 ASBR 的 OSPF 开销

提示：四类 LSA 只能在一个区域内泛洪，五类 LSA 每泛洪到一个区域，相应区域的 ABR 都会生成一条新的四类 LSA 来描述如何到达 ASBR。因此，描述到达同一个 ASBR 的四类 LSA 可以有多条，其 Adv rtr 是不同的，表示是由不同的 ABR 生成的。

4. 外部路由计算

以 Area 0 中 RTB 的外部路由计算为例，RTB 收到五类 LSA 后，根据 Adv rtr 字段 1.1.1.1 发现，ASBR 与自己同属一个区域（Area 0），再根据 LS ID、Net mask、Metric 字段最终生成目的网络 10.1.60.0/24 cost=1，下一跳为 RTA 的路由，如图 3-55 所示。

以 Area 1 中 RTD 的外部路由计算为例，RTD 收到五类 LSA 后，根据 Adv rtr 字段 1.1.1.1 发现，ASBR 与自己不同属一个区域，再查找 LS ID 为 1.1.1.1 的四类 LSA，发现此

四类 LSA 的 Adv rtr 为 2. 2. 2. 2。再根据五类 LSA 中的 LS ID、Net mask、Metric 字段最终生成目的网络 10. 1. 60. 0/24 cost = 1，下一跳为 RTB 的路由，如图 3-56 所示。

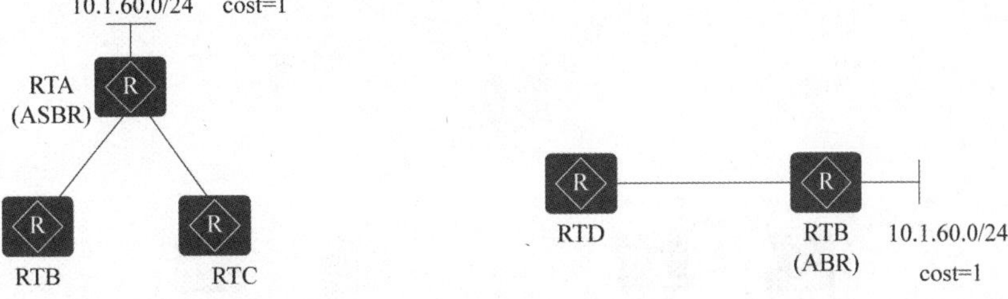

图 3-55　Area 0 中 RTB 的计算结果　　图 3-56　Area 1 中 RTD 的计算结果

RTB、RTD 最终计算出的路由条目 cost 都为 1，根据物理拓扑可知，RTD 开销值明显大于 RTB。

5. 外部路由类型

OSPF 引入外部路由，共有两种类型，见表 3-21。默认情况下，OSPF 外部路由采用的是第二类外部路由。

表 3-21　OSPF 引入外部路由的类型

Type	Cost
第一类外部路由（External Type-1）	AS 内部开销值+AS 外部开销值
第二类外部路由（External Type-2）	AS 外部开销值

第一类外部路由的 AS 外部开销值被认为和 AS 内部开销值是同一数量级的，因此第一类外部路由的开销值为 AS 内部开销值（路由器到 ASBR 的开销）与 AS 外部开销值之和；这类路由的可信程度高一些，所以计算出的外部路由的开销与自治系统内部的路由开销是相当的，并且和 OSPF 自身路由的开销具有可比性。

第二类外部路由的 AS 外部开销值被认为远大于 AS 内部开销值，因此第二类外部路由的开销值只包含 AS 外部开销，忽略 AS 内部开销（默认为第二类），这类路由的可信度比较低。

3. 4. 3　OSPF 特殊区域

OSPF 通过划分区域可以减少网络中 LSA 的数量，而可能对于那些位于自治系统边界的非骨干区域的低端路由器来说仍然无法承受，所以可以通过 OSPF 的特殊区域特性进一步减少 LSA 数量和路由表规模。

1. 传输区域和末端区域

如图 3-57 所示的区域网络拓扑图，全网可分为 Area 0、Area 1、Area 2、外部网络 4 个部分，之间相互访问的主要流量如点画线所示。

对于 OSPF 各区域，可分为以下两种类型。

①传输区域：除了承载本区域发起的流量和访问本区域的流量外，还承载了源 IP 和目的 IP 都不属于本区域的流量，即“穿越型流量”，如 Area 0。

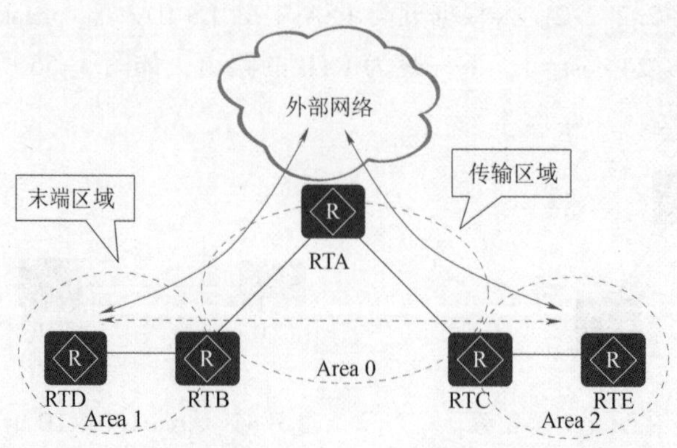

图 3-57　区域网络分为 Area 0、Area 1、Area 2、外部网络 4 个部分

②末端区域：只承载本区域发起的流量和访问本区域的流量，如 Area 1。

对于末端区域，需要考虑以下两个问题。

①保存到达其他区域明细路由的必要性：访问其他区域通过单一出口，"汇总"路由相对明细路由更为简洁。

②设备性能：网络建设与维护必须要考虑成本因素。末端区域中可选择部署性能相对较低的路由器。

> **提示**：OSPF 路由器计算区域内、区域间、外部路由都需要依靠收集网络中的大量 LSA，大量 LSA 会占用 LSDB 存储空间，所以解决问题的关键是在不影响正常路由的情况下，减少 LSA 的数量。

2. Stub 区域

图 3-58 所示为在区域网络中配置 Stub 区域。

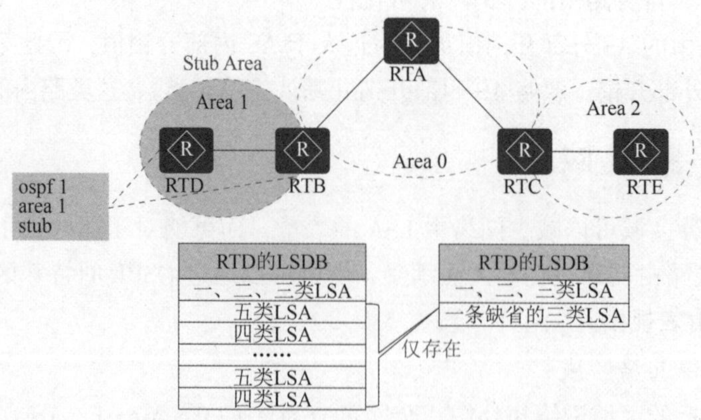

图 3-58　在区域网络中配置 Stub 区域

Stub 区域具有如下特点。

①Stub 区域的 ABR 不向 Stub 区域内传播它接收到的自治系统外部路由（对应四类、五

类 LSA)，Stub 区域中路由器的 LSDB、路由表规模都会大大减小。

②为保证 Stub 区域能够到达自治系统外部，Stub 区域的 ABR 将生成一条默认路由（对应三类 LSA)，并发布给 Stub 区域中的其他路由器。

③Stub 区域是一种可选的配置属性，但并不建议将每个区域都配置为 Stub 区域。通常来说，Stub 区域位于自治系统的末梢，是那些只有一个 ABR 的非骨干区域。

配置 Stub 区域时，需要注意下列几点。

①骨干区域不能被配置为 Stub 区域。

②如果要将一个区域配置成 Stub 区域，则该区域中的所有路由器必须都要配置成 Stub 路由器。

③Stub 区域内不能存在 ASBR，自治系统外部路由不能在本区域内传播。

④虚连接不能穿越 Stub 区域建立。

配置 Stub 区域后，所有自治系统外部路由均由一条三类的默认路由代替。除路由条目的减少外，当外部网络发生变化后，Stub 区域内的路由器是不会直接受到影响的。图 3-59 所示为 Stub 区域的 OSPF 路由表。

```
<RTD>display ospf routing

          OSPF Process 1 with Router ID 4.4.4.4
                   Routing Tables

 Routing for Network
 Destination      Cost   Type        NextHop       AdvRouter      Area
 10.1.24.0/24     1      Transit     10.1.24.4     4.4.4.4        0.0.0.1
 0.0.0.0/0        2      Inter-area  10.1.24.2     2.2.2.2        0.0.0.1
 10.1.12.0/24     2      Inter-area  10.1.24.2     2.2.2.2        0.0.0.1
 10.1.13.0/24     3      Inter-area  10.1.24.2     2.2.2.2        0.0.0.1
 10.1.35.0/24     4      Inter-area  10.1.24.2     2.2.2.2        0.0.0.1
 192.168.2.0/24   4      Inter-area  10.1.24.2     2.2.2.2        0.0.0.1
```

图 3-59 Stub 区域的 OSPF 路由表

3. Totally Stub 区域

图 3-60 所示为在区域网络中配置 Totally Stub 区域。

Totally Stub 区域具有如下特点。

①Totally Stub 区域既不允许自治系统外部路由（四类、五类 LSA）在本区域内传播，也不允许区域间路由（三类 LSA）在本区域内传播。

②Totally Stub 区域内的路由器对其他区域及自制系统外部的访问需求是通过本区域 ABR 所产生的三类 LSA 默认路由实现的。

③与 Stub 区域配置的区别在于，在 ABR 上需要追加 no-summary 参数。

Totally Stub 区域访问其他区域及自制系统外部是通过默认路由实现的。自制系统外部、其他 OSPF 区域的网络发生变化，Totally Stub 区域内的路由器是不直接受影响的。图 3-61 所示为 Totally Stub 区域的 OSPF 路由表。

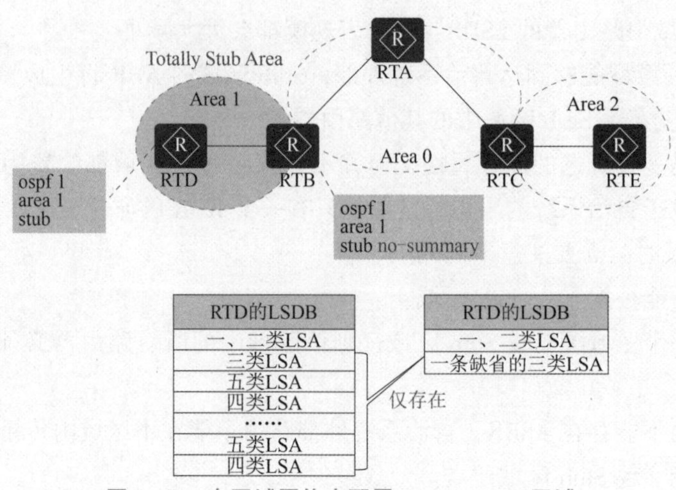

图 3-60 在区域网络中配置 Totally Stub 区域

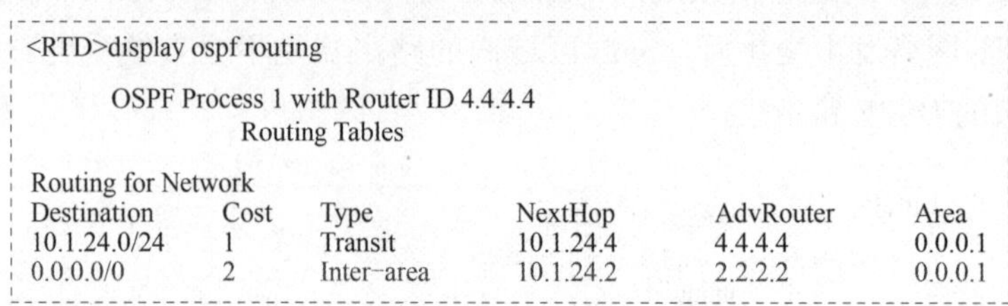

```
<RTD>display ospf routing

        OSPF Process 1 with Router ID 4.4.4.4
                Routing Tables

Routing for Network
Destination     Cost   Type          NextHop       AdvRouter     Area
10.1.24.0/24    1      Transit       10.1.24.4     4.4.4.4       0.0.0.1
0.0.0.0/0       2      Inter-area    10.1.24.2     2.2.2.2       0.0.0.1
```

图 3-61 Totally Stub 区域的 OSPF 路由表

提示：Stub、Totally Stub 解决了末端区域维护过大 LSDB 带来的问题，但对于某些特定场景，Stub、Totally Stub 并不是最佳解决方案。

4. Stub 区域、Totally Stub 区域存在的问题

图 3-62 所示的区域网络拓扑图中，RTD 和 RTA 同时连接到某一外部网络，RTA 引入外部路由到 OSPF 域，RTD 所在的 Area 1 为减小 LSDB 规模，被设置为 Stub 或 Totally Stub 区域。RTD 访问外部网络的路径是“RTD→RTB→RTA→外部网络”，相对于 RTD 直接访问外部网络而言，这是一条次优路径。

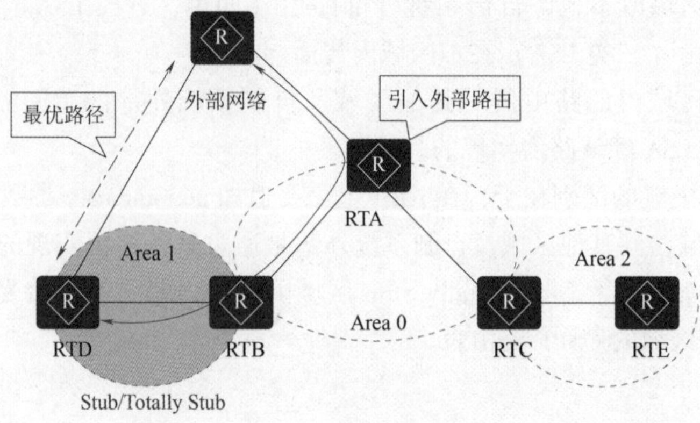

图 3-62 RTD 访问外部网络的最优路径

OSPF 规定 Stub 区域是不能引入外部路由的，这样可以避免大量外部路由对 Stub 区域设备资源的消耗。对于既需要引入外部路由又要避免外部路由带来的资源消耗的场景，Stub 和 Totally Stub 区域就不能满足需求了。

5. NSSA 区域与 Totally NSSA 区域

OSPF NSSA 区域（Not-So-Stubby Area）是在原始 OSPF 协议标准中新增的一类特殊区域类型。NSSA 区域和 Stub 区域有许多相似的地方。两者的差别在于，NSSA 区域能够将自治域外部路由引入并传播到整个 OSPF 自治域中，同时又不会学习来自 OSPF 网络其他区域的外部路由。图 3-63 所示为在区域网络中配置 NSSA 区域与 Totally NSSA 区域。

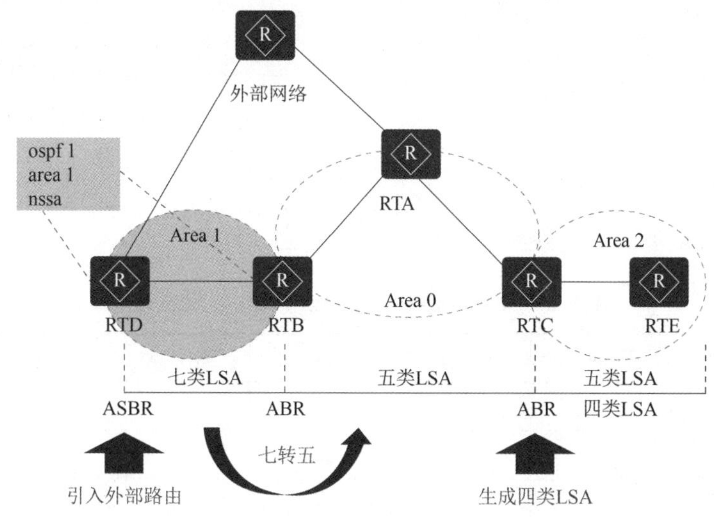

图 3-63　在区域网络中配置 NSSA 区域与 Totally NSSA 区域

NSSA LSA（七类 LSA）具有以下特点。

①七类 LSA 是为了支持 NSSA 区域而新增的一种 LSA 类型，用于描述 NSSA 区域引入的外部路由信息。

②七类 LSA 由 NSSA 区域的 ASBR 产生，其扩散范围仅限于 ASBR 所在的 NSSA 区域。

③默认路由也可以通过七类 LSA 来产生，用于指导流量流向其他自治域。

七类 LSA 转换为五类 LSA 的过程如下。

①NSSA 区域的 ABR 收到七类 LSA 时，会有选择地将其转换为五类 LSA，以便将外部路由信息通告到 OSPF 网络的其他区域。

②NSSA 区域有多个 ABR 时，进行七类 LSA 与五类 LSA 转换的是 Router ID 最大的 ABR。

Totally NSSA 和 NSSA 区别主要表现在以下两个方面。

①Totally NSSA 不允许三类 LSA 在本区域内泛洪。

②Totally NSSA 与 NSSA 区域的配置区别在于 ABR 上需要追加 no-summary 参数。

配置了 NSSA 区域的 ABR 产生一条七类 LSA 默认路由，如图 3-64 所示。

配置了 Totally NSSA 区域的 ABR 会自动产生一条三类 LSA 默认路由，如图 3-65 所示。

```
<RTB>display ospf lsdb

        OSPF Process 1 with Router ID 2.2.2.2
                Link State Database

                    Area: 0.0.0.1
Type        LinkState ID        AdvRouter
Router      4.4.4.4             4.4.4.4
Router      2.2.2.2             2.2.2.2
Network     10.1.24.4           4.4.4.4
Sum-Net     10.1.35.0           2.2.2.2
Sum-Net     10.1.13.0           2.2.2.2
Sum-Net     10.1.12.0           2.2.2.2
Sum-Net     192.168.2.0         2.2.2.2
NSSA        0.0.0.0             2.2.2.2
NSSA        10.1.47.0           4.4.4.4
NSSA        192.168.7.0         4.4.4.4
NSSA        10.1.24.0           4.4.4.4
```

图 3-64 NSSA 区域产生一条七类 LSA 默认路由

```
<RTB>display ospf lsdb

        OSPF Process 1 with Router ID 2.2.2.2
                Link State Database

                    Area: 0.0.0.1
Type        LinkState ID        AdvRouter
Router      4.4.4.4             4.4.4.4
Router      2.2.2.2             2.2.2.2
Network     10.1.24.4           4.4.4.4
Sum-Net     0.0.0.0             2.2.2.2
NSSA        0.0.0.0             2.2.2.2
NSSA        10.1.47.0           4.4.4.4
NSSA        192.168.7.0         4.4.4.4
NSSA        10.1.24.0           4.4.4.4
```

图 3-65 Totally NSSA 区域产生一条三类 LSA 默认路由

6. OSPF 区域类型

各种 OSPF 区域类型中允许出现的 LSA 见表 3-22。

表 3-22 各种 OSPF 区域类型中允许出现的 LSA

OSPF 区域类型	Type-1	Type-2	Type-3	Type-4	Type-5	Type-7
常规区域	√	√	√	√	√	×
Stub 区域	√	√	√	×	×	×
Totally Stub 区域	√	√	×	×	×	×
NSSA	√	√	√	×	×	√
Totally NSSA	√	√	×	×	×	√

7. LSA 总结

不同类型 LSA 说明见表 3-23。

表 3-23 不同类型 LSA 说明

LSA 类型	通告路由器	Link state ID	LSA 内容	传播范围
Router LSA (Type-1)	OSPF Router	产生此 LSA 的 Router ID	拓扑信息+路由信息	本区域内
Network LSA (Type-2)	DR	DR 的接口 IP 地址	拓扑信息+路由信息	本区域内
Network-summary-LSA (Type-3)	ABR	通告的网络地址	域间路由信息	非（Totally）STUB 区域
ASBR-summary-LSA (Type-4)	ABR	ASBR 的 Router ID	ASBR 的 Router ID	非（Totally）STUB 区域

续表

LSA 类型	通告路由器	Link state ID	LSA 内容	传播范围
AS-external-LSA (Type-5)	ASBR	通告的网络地址	路由进程域外部路由	非（STUB 区域）OSPF 进程域
NSSA LSA (Type-7)	ASBR	通告的网络地址	NSSA 域外部路由信息	(Totally) NSSA 区域

不同类型 LSA 的作用表现在以下几个方面。

①Router LSA（一类）：每个路由器都会产生，描述了路由器的链路状态和开销，在所属的区域内传播。

②Network LSA（二类）：由 DR 产生，描述本网段的链路状态，在所属的区域内传播。

③Network-summary-LSA（三类）：由 ABR 产生，描述区域内某个网段的路由，并通告给其他相关区域。

④ASBR-summary-LSA（四类）：由 ABR 产生，描述到 ASBR 的路由，通告给除 ASBR 所在区域的其他相关区域。

⑤AS-external-LSA（五类）：由 ASBR 产生，描述到 AS 外部的路由，通告到所有的区域（除了 Stub 区域和 NSSA 区域）。

⑥NSSA LSA（七类）：由 ASBR 产生，描述到 AS 外部的路由，仅在 NSSA 区域内传播。

在大规模部署 OSPF 网络时，可能会出现由于 OSPF 路由表规模过大而降低路由查找速度的现象，为了解决这个问题，可以配置路由聚合，减小路由表的规模。

路由聚合是指将多条连续的 IP 前缀汇总成一条路由前缀。如果被聚合的 IP 地址范围内的某条链路频繁 Up 和 Down，该变化并不会通告给被聚合的 IP 地址范围外的设备。因此，可以避免网络中的路由振荡，在一定程度上提高了网络的稳定性。

8. 区域路由汇总

在大规模部署 OSPF 网络时，可能会出现由于 OSPF 路由表规模过大而降低路由查找速度的现象，为了解决这个问题，可以配置路由汇总，减小路由表的规模。

路由汇总是指将多条连续的 IP 前缀汇总成一条路由前缀。如果被汇总的 IP 地址范围内的某条链路频繁 Up 和 Down，该变化并不会通告给被汇总的 IP 地址范围外的设备。因此，可以避免网络中的路由振荡，在一定程度上提高了网络的稳定性。

路由汇总只能汇总路由信息，所以 ABR 是可以执行路由汇总的位置之一。ABR 向其他区域发送路由信息时，以网段为单位生成三类 LSA。如果该区域中存在一些连续的网段，则可以通过命令将这些连续的网段汇总成一个网段。这样 ABR 只发送一条汇总后的三类 LSA，所有属于命令指定的汇总网段范围的 LSA 将不会再被单独发送出去。

图 3-66 所示的区域网络拓扑图中，Area 1 中存在 8 个连续网段，汇总前 RTB 将产生 8 条三类 LSA。在 RTB 上配置汇总后，RTB 仅产生 1 条三类 LSA 并泛洪到 Area 0。引入外部路由的 ASBR 也是执行路由汇总的位置之一。

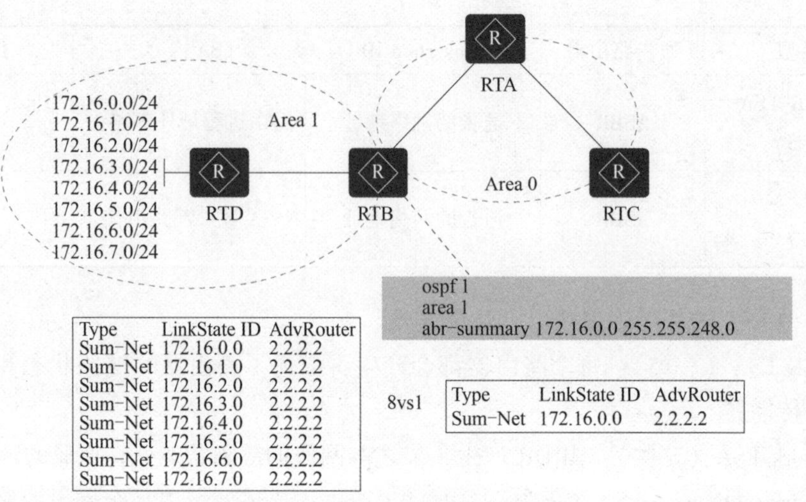

Type	LinkState ID	AdvRouter
Sum-Net	172.16.0.0	2.2.2.2
Sum-Net	172.16.1.0	2.2.2.2
Sum-Net	172.16.2.0	2.2.2.2
Sum-Net	172.16.3.0	2.2.2.2
Sum-Net	172.16.4.0	2.2.2.2
Sum-Net	172.16.5.0	2.2.2.2
Sum-Net	172.16.6.0	2.2.2.2
Sum-Net	172.16.7.0	2.2.2.2

Type	LinkState ID	AdvRouter
Sum-Net	172.16.0.0	2.2.2.2

图 3-66　区域路由汇总示意图

9. 外部路由汇总

配置 ASBR 汇总后，ASBR 将对引入的外部路由进行汇总。NSSA 区域的 ASBR 也可以对引入 NSSA 区域的外部路由进行汇总。如果设备既是 NSAA 区域的 ASBR 又是 ABR，则可在将七类 LSA 转换成五类 LSA 时对相应前缀进行汇总。

图 3-67 所示的区域网络拓扑图中，Area 0 中 RTA 将 8 个连续的外部路由引入 OSPF 域内，产生 8 条五类 LSA 并在 OSPF 进程域内泛洪。在 ASBR（RTA）配置外部路由汇总后，RTA 将仅产生 1 条五类 LSA 并泛洪至 OSPF 路由进程域内。

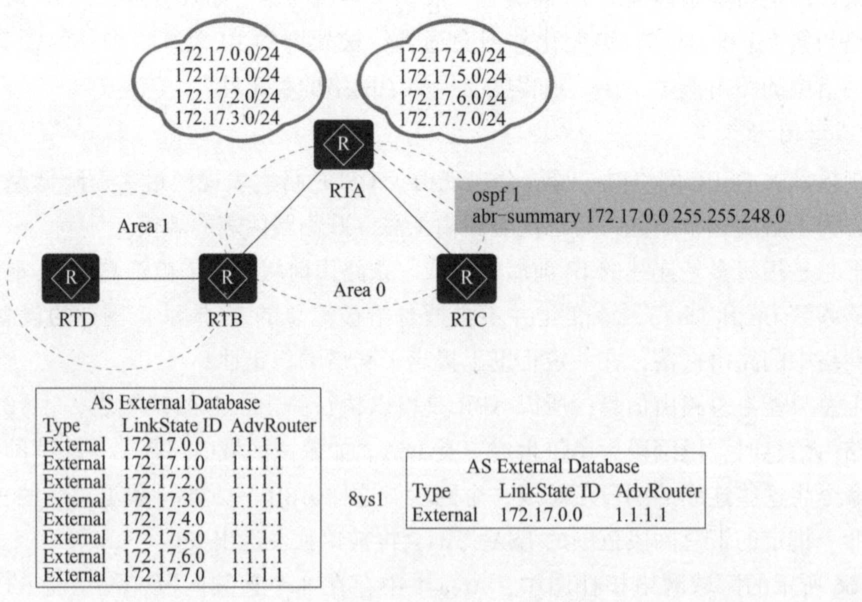

AS External Database

Type	LinkState ID	AdvRouter
External	172.17.0.0	1.1.1.1
External	172.17.1.0	1.1.1.1
External	172.17.2.0	1.1.1.1
External	172.17.3.0	1.1.1.1
External	172.17.4.0	1.1.1.1
External	172.17.5.0	1.1.1.1
External	172.17.6.0	1.1.1.1
External	172.17.7.0	1.1.1.1

AS External Database

Type	LinkState ID	AdvRouter
External	172.17.0.0	1.1.1.1

图 3-67　外部路由汇总示意图

> **提示：** 路由汇总降低了网络故障的影响范围。网络发生故障后，路由协议的收敛速度也是衡量路由协议的重要参考依据之一。

10. 定时更新与触发更新

OSPF 为每个 LSA 条目维持一个老化计时器（3 600 s），当计时器超时，此 LSA 将从 LSDB 中删除。为了保证路由计算的准确性，需要保证 LSA 的可靠性。

①定时更新：为了防止 LSA 条目达到最大生存时间而被删除，OSPF 通过定期更新（每 1 800 s 刷新一次）机制来刷新 LSA。OSPF 路由器每 1 800 s 会重新生成 LSA，并通告给其他路由器。

②触发更新：为了加快收敛速度，OSPF 设置了触发更新机制。当链路状态发生变化后，路由器立即发送更新消息，其他路由器收到更新消息后立即进行路由计算，快速完成收敛。

3.4.4 配置 OSPF 多区域

区域是从逻辑上将路由器划分为不同的组，每个组使用区域号来标识。区域是一组网段的集合。在 OSPF 中可以划分多个区域，用数字进行标识。下面将介绍配置 OSPF 多区域的相关命令。

1. 启用 OSPF

第 1 步：执行命令 system-view，进入系统视图。

第 2 步：启动 OSPF 进程，进入 OSPF 视图。

```
ospf[process-id |router-id router-id]
```

【参数】

process-id：OSPF 进程号。整数形式，取值范围是 1~65 535，默认值是 1。

router-id router-id：交换机的 ID 号，默认情况下，交换机系统会从当前接口的 IP 地址中自动选取一个最大值作为 Router ID。

第 3 步：执行以下命令，创建并进入 OSPF 区域视图。

```
area area-id
```

【参数】

area-id：指定区域的标识。其中，区域号 area-id 是 0 的称为骨干区域。可以是十进制整数或点分十进制格式。采取整数形式时，取值范围是 0~4 294 967 295。

2. 使能 OSPF

（1）在 OSPF 区域中使能 OSPF

执行以下命令，配置区域所包含的网段。

```
network ip-address wildcard-mask
```

【参数】

ip-address：接口所在的网段地址。点分十进制格式。

wildcard-mask：IP 地址的反码，相当于将 IP 地址的掩码反转（0 变 1，1 变 0）。例如，0.0.0.255 表示掩码长度 24 位。点分十进制格式。

（2）在指定接口中使能 OSPF

第 1 步：在系统视图中执行以下命令，进入接口视图。

```
interface interface-type interface-number
```

【参数】

interface-type interface-number：指定接口类型和接口编号。接口类型和接口编号之间可以输入空格，也可以不输入空格。

> **提示**：如果创建、进入或删除子接口，则 interface-number 的格式为四维编号，用点来隔开主接口编号和子接口编号。比如，接口 GE1/0/0 的 1 号子接口编号为 GE1/0/0.1。

第 2 步：执行以下命令，在接口上使能 OSPF。

```
ospf enable[process-id] area area-id
```

【参数】

process-id：OSPF 进程号。整数形式，取值范围是 1~65 535，默认值是 1。

area area-id：区域的标识。可以是十进制整数或 IP 地址格式。采取整数形式时，取值范围是 0~4 294 967 295。

3. 查看 OSPF 配置

①查看 OSPF 邻居的信息，在任意视图下执行以下命令。

```
display ospf[process-id] peer
```

【参数】

process-id：OSPF 进程号。整数形式，取值范围是 1~65 535。

②查看 OSPF 接口的信息，在任意视图下执行以下命令。

```
display ospf[process-id] interface
```

③查看 OSPF 路由表的信息，在任意视图下执行以下命令。

```
display ospf[process-id] routing
```

④查看 OSPF 的 LSDB 信息，在任意视图下执行以下命令。

```
display ospf[process-id] lsdb
```

4. OSPF 多区域基本配置

（1）OSPF 默认路由注入

OSPF 视图下执行以下命令将默认路由通告到 OSPF 路由区域。

```
default-route-advertise[always |cost cost |type type |route-policy route-policy-name]
```

【参数】

always：无论本机是否存在激活的非本 OSPF 进程的默认路由，都会产生并发布一个描述默认路由的 LSA。如果配置了 always 参数，设备不再计算来自其他设备的默认路由；如果没有配置 always 参数，本机路由表中必须有激活的非本 OSPF 进程的默认路由时才生成默认路由的 LSA。

cost cost：指定该 ASE LSA 的开销值。整数形式，取值范围是 0~16 777 214。默认值是 1。

type type：指定外部路由的类型。整数形式，取值为 1 或 2。默认值是 2。

route-policy route-policy-name：通过路由策略，实现在路由表中有匹配的非本 OSPF 进程产生的默认路由表项时，按路由策略所配置的参数发布默认路由。字符串形式，区分大小写，不支持空格，长度范围是 1~40。当输入的字符串两端使用双引号时，可在字符串中输入空格。

（2）OSPF 路由聚合

①OSPF 区域视图下执行以下命令配置 OSPF 的 ABR 路由聚合。

```
abr-summary ip-address mask[[cost cost |[advertise[generate-null0-route] |not-advertise |generate-null0-route[advertise]]]]
```

【参数】

ip-address：指定聚合路由的 IP 地址。点分十进制形式。

mask：指定聚合路由的 IP 地址的掩码。点分十进制形式。

cost cost：设置聚合路由的开销。当此参数默认时，则取所有被聚合的路由中最大的那个开销值作为聚合路由的开销。整数形式，取值范围是 0~16 777 214。

advertise | not-advertise：是否发布这条聚合路由。默认时发布聚合路由。

generate-null0-route：生成黑洞路由，用来防止路由环路。

②OSPF 视图下执行以下命令配置 OSPF 的 ASBR 路由聚合。

```
asbr-summary ip-address mask[not-advertise |tag tag |cost cost]
```

【参数】

not-advertise：设置不发布聚合路由。如果不指定该参数，则将通告聚合路由。

tag tag：指定聚合路由的标记。整数形式，取值范围是 0~4 294 967 295。默认值是 1。

cost cost：设置聚合路由的开销。当此参数默认时，对于 Type1 类外部路由，取所有被聚合路由中的最大开销值作为聚合路由的开销；对于 Type2 类外部路由，则取所有被聚合路由中的最大开销值再加上 1 作为聚合路由的开销。整数形式，取值范围是 0~16 777 214。

（3）OSPF Stub 区域配置

①OSPF 区域视图下执行以下命令配置当前区域为 Stub 区域。

```
stub[no-summary]
```

【参数】

no-summary：用来禁止 ABR 向 Stub 区域内发送类型 3 的 LSA，ABR 仅生成一条默认路由并发布给 Stub 区域中的其他路由器。

②OSPF 区域视图下执行以下命令配置发送到 Stub 区域默认路由的开销，默认值为 1。

```
default-costcost
```

【参数】

cost：OSPF 发送到 STUB 区域或 NSSA 区域的 Type3 默认路由的开销。整数形式，取值范围是 0~16 777 214。

（4）OSPF NSSA 区域配置

①OSPF 区域视图下执行以下命令配置当前区域为 NSSA 区域。

```
nssa[default-route-advertise |no-summary |no-import-route]
```

【参数】

default-route-advertise：在 ASBR 上配置产生默认的 Type7 LSA 到 NSSA 区域。

no-summary：禁止 ABR 向 NSSA 区域内发送 Summary LSA。

no-import-route：不向 NSSA 区域引入外部路由。

②OSPF 区域视图下执行以下命令配置 ABR 发送到 NSSA 区域的类型 3 的 LSA 的默认路由的开销。

```
default-costcost
```

3.5 项目实施——OSPF 多区域配置

图 3-68 所示为本项目校园网的拓扑图，要求通过配置 OSPF 多区域路由实现多区域路由部署，实现全网互连互通，并且希望以后能够实现整个网络的扩展。

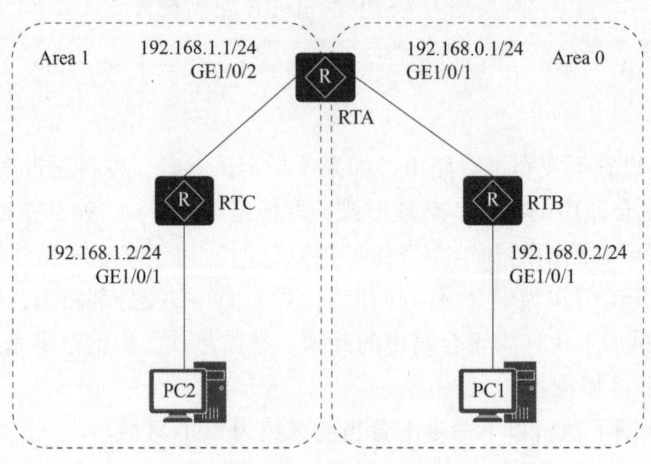

图 3-68　项目网络拓扑图

3.5.1　配置各路由器接口的 IP 地址

以下为配置 RTA 路由器接口 IP 地址的代码，RTB 和 RTC 路由器的配置与 RTA 的类似。

```
[RTA] interface gigabitethernet 1/0/1
[RTA-GigabitEthernet] ip address 192.168.0.1 24
[RTA-GigabitEthernet] quit
```

3.5.2　配置 OSPF 基本功能

第 1 步：配置 RTA 路由器 OSPF 基本功能。

```
[RTA] ospf 1 router-id 10.1.1.1
[RTA-ospf-1] area 0
[RTA-ospf-1-area-0.0.0.0] network 192.168.0.0 0.0.0.255
[RTA-ospf-1-area-0.0.0.0] quit
[RTA-ospf-1] area 1
[RTA-ospf-1-area-0.0.0.1] network 192.168.1.0 0.0.0.255
[RTA-ospf-1-area-0.0.0.1] return
```

第 2 步：配置 RTB 路由器 OSPF 基本功能。

```
[RTB] ospf 1 router-id 10.2.2.2
[RTB-ospf-1] area 0
[RTB-ospf-1-area-0.0.0.0] network 192.168.0.0 0.0.0.255
[RTB-ospf-1-area-0.0.0.0] return
```

第 3 步：配置 RTC 路由器 OSPF 基本功能。

```
[RTC] ospf 1 router-id 10.3.3.3
[RTC-ospf-1] area 1
[RTC-ospf-1-area-0.0.0.1] network 192.168.1.0 0.0.0.255
[RTC-ospf-1-area-0.0.0.1] return
```

3.5.3　验证配置结果

第 1 步：查看 RTA 的 OSPF 邻居。

```
<RTA> display ospf peer

        OSPF Process 1 with Router ID 10.1.1.1
                Neighbors

Area 0.0.0.0 interface 192.168.0.1(Vlanif10)'s neighbors
```

```
Router ID: 10.2.2.2       Address: 192.168.0.2
State: Full  Mode:Nbr is  Master  Priority: 1
   DR: 192.168.0.2  BDR: 192.168.0.1   MTU: 0
   Dead timer due in 36  sec
   Retrans timer interval: 5
   Neighbor is up for 00:15:04
   Authentication Sequence:[0]

                 Neighbors

Area 0.0.0.1 interface 192.168.1.1(Vlanif20)'s neighbors
Router ID: 10.3.3.3       Address: 192.168.1.2
State: Full  Mode:Nbr is  Master  Priority: 1
   DR: 192.168.1.2  BDR: 192.168.1.1   MTU: 0
   Dead timer due in 39  sec
   Retrans timer interval: 5
   Neighbor is up for 00:07:32
   Authentication Sequence:[0]
```

第 2 步：查看 RTC 的 OSPF 路由信息。

```
<RTC> display ospf routing

         OSPF Process 1 with Router ID 10.3.3.3
                 Routing Tables

Routing for Network
Destination      Cost  Type         NextHop        AdvRouter      Area
192.168.1.0/24    1    Transit      192.168.1.2     10.3.3.3       0.0.0.1
192.168.0.0/24    2    Inter-area   192.168.1.1     10.1.1.1       0.0.0.1

Total Nets: 2
Intra Area: 1  Inter Area: 1  ASE: 0  NSSA: 0
```

通过以上回显信息可以看出，RTC 有到 192.168.0.0/24 网段的路由，并且此路由被标识为区域间路由。

第 3 步：查看 RTB 的路由表。

```
<RTB> display ospf routing

         OSPF Process 1 with Router ID 10.2.2.2
```

```
                  Routing Tables

   Routing for Network
   Destination          Cost  Type        NextHop        AdvRouter        Area
   192.168.0.0/24       1     Transit     192.168.0.2    10.2.2.2         0.0.0.0
   192.168.1.0/24       2     Inter-area  192.168.0.1    10.1.1.1         0.0.0.0

   Total Nets: 2
   Intra Area: 1   Inter Area: 1   ASE: 0   NSSA: 0
```

通过以上回显信息可以看出，RTB 有到 192.168.1.0/24 网段的路由，并且此路由被标识为区域间路由。

第 4 步：在 RTB 上使用 ping 测试 RTB 和 RTC 的连通性。

```
<RTB> ping 192.168.1.2
  PING 192.168.1.2: 56  data bytes, press CTRL_C to break
    Reply from 192.168.1.2: bytes=56 Sequence=1 ttl=253 time=62 ms
    Reply from 192.168.1.2: bytes=56 Sequence=2 ttl=253 time=16 ms
    Reply from 192.168.1.2: bytes=56 Sequence=3 ttl=253 time=62 ms
    Reply from 192.168.1.2: bytes=56 Sequence=4 ttl=253 time=94 ms
    Reply from 192.168.1.2: bytes=56 Sequence=5 ttl=253 time=63 ms

  --- 192.168.1.2 ping statistics ---
    5 packet(s) transmitted
    5 packet(s) received
    0.00% packet loss
    round-trip min/avg/max = 16/59/94 ms
```

3.6　巩固训练——OSPF 虚连接配置

3.6.1　实训目的

➢ 理解多区域 OSPF 使用场景。

➢ 掌握多区域 OSPF 的配置方法。

➢ 理解 OSPF 区域边界路由器的工作特点。

3.6.2　实训拓扑

某集团公司将网络进行区域划分，其网络拓扑图如图 3-69 所示。RTA、RTB、RTC 和

RTD 为 4 台路由器，在各台路由器上配置 OSPF 基本功能，实现 Area 0 和 Area 1 以及 Area 2 内部路由互通。在 RTA 和 RTB 之间要建立 OSPF 虚链路，实现 Area 2 与其他区域路由互通。

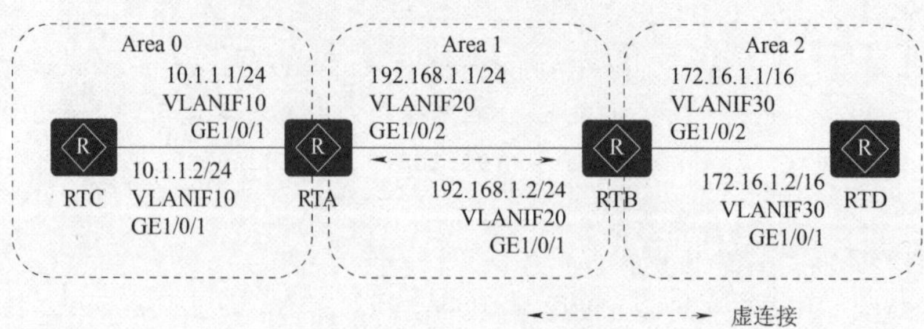

图 3-69　某集团公司拓扑图

3.6.3　实训内容

①配置各路由器接口的 IP 地址；

②配置各路由器 OSPF 的基本功能；

③配置 RTA 和 RTB 路由器虚连接；

④查看 RTA 的 OSPF 路由表，验证配置结果，在 RTA 和 RTB 之间配置虚连接之后，RTA 的 OSPF 路由表中出现了 Area 2 中的路由信息。

项目 4

动态路由技术之IS-IS

【学习目标】

1. 知识目标

➢ 理解 IS-IS 路由协议和相关术语；

➢ 了解 IS-IS 报文结构；

➢ 理解 IS-IS 路由器角色和拓扑结构；

➢ 理解 IS-IS 网络类型；

➢ 理解 IS-IS 链路状态数据库同步；

➢ 理解区域间路由的访问。

2. 技能目标

➢ 理解并掌握 IS-IS 邻接关系建立的方法；

➢ 掌握 IS-IS 配置的相关命令；

➢ 掌握 IS-IS 路由聚合与认证的配置方法。

3. 素质目标

➢ 养成科学严谨的工作态度；

➢ 体验工作的成就感，树立热爱劳动的意识。

【项目背景】

某公司原有网络中的所有路由器的路由协议要求启用 IS-IS 协议，对路由器 IS-IS 协议进行正确的配置，从而实现全网路由可达，达到客户的需求。

【项目内容】

根据该公司的需要，可以绘制出简单的网络拓扑图，如图 4-1 所示。全部 IS-IS 进程号统一为 100，其中，RTA 在 Area 49.0001 区域为 DIS，RTD 与 RTE 之间要求采用 P2P 网络类型，RTE 引入直连链路 192.168.×.×，要求 RTA 访问 Area 49.0002 走最优路径。

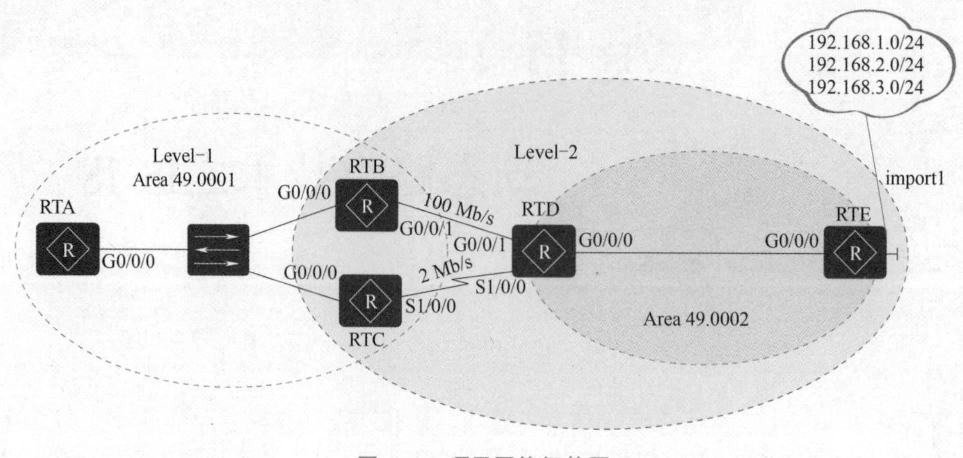

图 4-1　项目网络拓扑图

4.1　相关知识：IS-IS

4.1.1　IS-IS 基础

IS-IS（Intermediate System to Intermediate System，中间系统到中间系统）是一种基于链路状态并使用最短路径优先算法进行路由计算的一种 IGP 协议，在服务提供商网络中被广泛应用。

1. IS-IS 路由协议

IS-IS 最初是国际化标准组织 ISO 为 OSI（开放式系统互连）协议栈服务的，是为无连接网络协议 CLNP（Connection-Less Network Protocol）设计的一种动态路由协议。为了提供对 IP 的路由支持，IETF 在 RFC1195 中对 IS-IS 进行了扩充和修改，使它能够同时应用在 TCP/IP 和 OSI 环境中，修订后的 IS-IS 协议被称为集成化的 IS-IS。由于 IS-IS 的简便性及扩展性强的特点，目前在大型 ISP 的网络中被广泛地部署。

OSPF 路由协议主要用于园区网，其网络拓扑示意图如图 4-2 所示。IS-IS 路由协议主要用于骨干网，其网络拓扑示意图如图 4-3 所示。

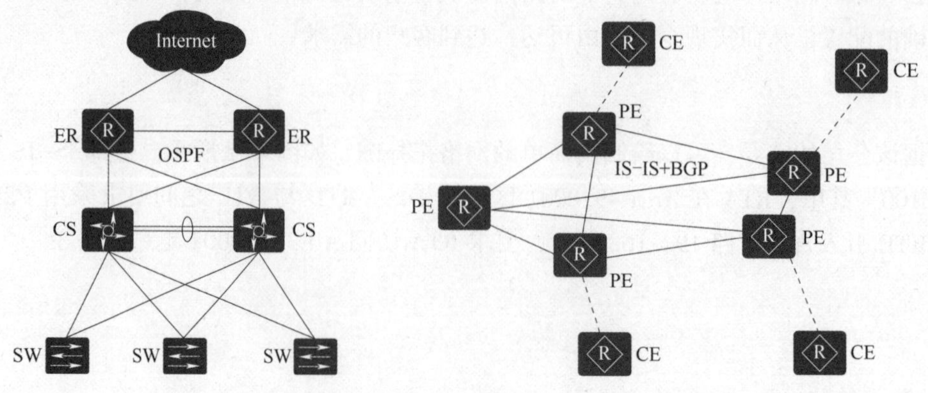

图 4-2　OSPF 协议应用于园区网示意图　　图 4-3　IS-IS 协议应用于骨干网示意图

园区网具有以下特点。

①应用型网络，主要面向企业网用户。

②路由器数量偏少，动态路由的 LSDB 库容量相对偏少，三层路由域相对偏少。

③有出口路由的概念，对内部、外部路由划分敏感。

④地域性跨度不大，带宽充足，链路状态协议开销对带宽占用比偏少。

⑤路由策略和策略路由应用频繁多变，需要精细化的路由操作。

⑥OSPF 的多路由类型（内部/外部）、多区域类型（骨干/普通/特殊）、开销规则优良（根据带宽设定）、网络类型多样（最多五种类型）的特点在园区网得到了极大的发挥。

骨干网具有以下特点。

①服务型网络，由 ISP（互联网服务提供商）组建，并为终端用户提供互连服务。

②路由调度占据绝对统治地位，路由器数量庞大。

③架构层面扁平化，要求 IGP 作为基础路由为上层 BGP 协议服务。

④LSDB 规模宏大，对链路收敛极度敏感，线路费用高昂。

⑤追求简单高效，扩展性高，满足各种客户业务需求（IPv6/IPX）。

⑥IS-IS 的快速算法（PRC 得到加强）、简便报文结构（TLV）、快速邻居关系建立、大容量路由传递（基于二层开销低）等一系列特点在骨干网有着天然的优势。

2. IS-IS 术语

图 4-4 所示为应用 IS-IS 路由协议的网络拓扑图。

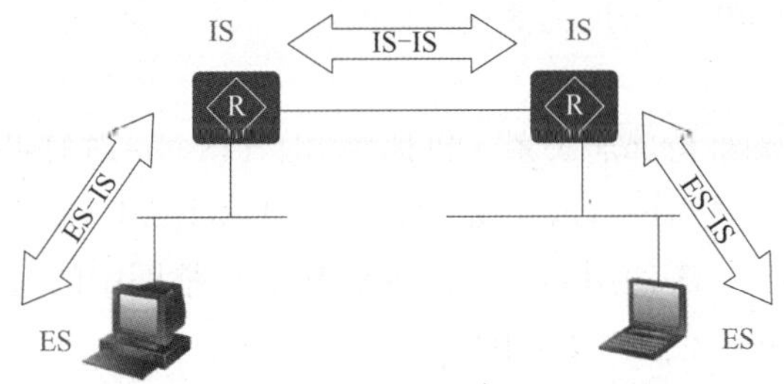

图 4-4　应用 IS-IS 路由协议的网络拓扑图

➢ ES：End System，终端系统，相当于 TCP/IP 参考模型中的主机，ES 不参与 IS-IS 路由协议的处理。

➢ IS：Intermediate System，中间系统，有数据包转发能力的网络节点，相当于 TCP/IP 参考模型中的路由器。顾名思义，IS-IS 是运行在中间系统之间的路由协议，用于在路由器之间交换路由信息并计算路由。

➢ IS-IS：中间系统到中间系统。

➢ R：Routing Domain，路由域，在一个路由域中，多个 IS 通过相同的路由协议来交换路由信息。

➢ ES-IS：终端系统到中间系统，是运行在终端系统和中间系统之间的协议，主要作用表现在以下 3 个方面。

①发现邻接节点：路由器发送中间系统 HELLO（ISH）报文，主机发送终端系统 HELLO（ESH）报文发现相连的节点；

②地址映射：在 ISH 报文和 ESH 报文中包含有网络层地址和数据链路层地址的信息；

③路由重定向：路由器发送路由重定向报文给终端系统，告知到达目的地更好的路径。

提示：国际标准化组织（ISO）制定的 OSI 七层参考模型是计算机网络的标准。OSI 协议栈为每一层都定义了很多的标准协议。其中，在网络层，在这个参考模型定义了 CLNS（Connectionless Network Service）和 CONS（Connection-oriented Network Service）两种服务，这两种协议对应的协议分别是 CLNP（Connectionless Network Protocol）和 CONP（Connection-oriented Network Protocol）面向连接的网络协议。同时，网络层还定义了另外两个协议：ES-IS（End System to Intermediate System Routing Exchange Protocol，终端系统到中间系统路由选择交换协议）和 IS-IS。

➢ 无连接网络服务：提供数据的无连接传送，在数据传输之前不需要建立连接。

➢ 无连接网络协议：OSI 参考模型中网络层的一种无连接网络协议，和 IP 有相同的特质。

3. IS-IS 报文结构

与 OSPF 报文采用 IP 封装不同，IS-IS 协议报文直接采用数据链路层封装。IS-IS 路由协议的报文类型有 3 种，分别是 Hello 报文、LSP 报文和 SNP 报文，共计 9 种具体的报文。IS-IS 报文头部字段是相同的，长度为 8 字节。

（1）Hello 报文

Hello 报文用于建立和维持邻居关系，也称为 IIH（IS-to-IS Hello PDU），在 IS-IS 中包含 3 种具体的 Hello 报文，分别是 Level-1 LAN IIH、Level-2 LAN IIH、P2P IIH。

广播网中的 Level-1 IS-IS 使用 Level-1 LAN IIH；广播网中的 Level-2 IS-IS 使用 Level-2 LAN IIH；非广播网络中则使用 P2P IIH。

这 3 种具体的 Hello 报文格式有所不同。P2P IIH 中相对于 LAN IIH 来说，多了一个表示本地链路 ID 的 Local Circuit ID 字段，缺少了表示广播网中 DIS 的优先级的 Priority 字段以及表示 DIS 和伪节点 System ID 的 LAN ID 字段。

（2）LSP 报文

链路状态报文 LSP（Link State PDU）用于交换链路状态信息。类似于 OSPF 中的 LSA，只不过 LSA 并非以独立报文的形式存在，必须使用 LSU 报文来承载，而 LSP 是一种独立的 PDU。

在 IS-IS 中包含 2 种具体的 LSP 报文，分别是 Level-1 LSP、Level-2 LSP。

Level-1 LSP 由 Level-1 IS-IS 传送，Level-2 LSP 由 Level-2 IS-IS 传送，Level-1-2 IS-IS 则可以传送以上两种 LSP。

LSP 报文中的主要字段说明见表 4-1。

表 4-1　LSP 报文中的主要字段说明

字段	说明
ATT 字段	当 Level-1-2 IS-IS 在 Level-1 区域内传送 Level-1 LSP 时，如果 Level-1 LSP 中设置了 ATT 位，则表示该区域中的 Level-1 IS-IS 可以通过此 Level-1-2 IS-IS 通往外部区域
OL（LSDB Overload）字段	过载标志位。设置了过载标志位的 LSP 虽然还会在网络中扩散，但是在计算通过过载路由器的路由时不会被采用。即对路由器设置过载位后，其他路由器在进行 SPF 计算时不会使用这台路由器进行转发，只计算该节点上的直连路由
IS Type 字段	用来指明生成此 LSP 的 IS-IS 类型是 Level-1 还是 Level-2 IS-IS（01 表示 Level-1，11 表示 Level-2）

（3）SNP 报文

序列号报文 SNP（Sequence Number PDU）通过描述全部或部分数据库中的 LSP 来同步各 LSDB（Link-State DataBase），从而维护 LSDB 的完整与同步。SNP 报文包括全序列号报文 CSNP（Complete SNP）和部分序列号报文 PSNP（Partial SNP）。

①PSNP：用于确认和请求丢失的链路状态信息，是链路状态数据库中的完整 LSP 的一个子集。功能上类似于 OSPF 协议中的 LSR 或者 LSAck 报文。

②CSNP：用于描述链路状态数据库中的完整 LSP 列表。功能上类似于 OSPF 协议中的 DD 报文。

CSNP 包括 LSDB 中所有 LSP 的摘要信息，从而可以在相邻路由器间保持 LSDB 的同步。在广播网络上，CSNP 由 DIS 定期发送（默认的发送周期为 10 s）；在点到点链路上，CSNP 只在第一次建立邻接关系时发送。

与 CSNP 不同，PSNP 只包含部分 LSP 摘要信息（而不是全部），主要用于请求 LSP，还用于在 P2P 网络中对收到的 LSP 进行确认。

4. IS-IS 路由类型及路由区域

（1）IS-IS 路由类型

IS-IS 包含 3 种类型的路由器，说明见表 4-2。

表 4-2　IS-IS 路由器的 3 种类型

路由器类型	说明
Level-1 路由器	负责区域内的路由。 Level-1 只能与属于同一区域的 Level-1 和 Level-1-2 路由器建立邻居关系，与属于不同区域的 Level-1 路由器不能形成邻居关系。只负责维护 Level-1 的链路状态数据库，该 LSDB 包含本区域内的路由信息，能根据 LSDB 中所包含的链路状态信息计算出区域内的网络拓扑及到达区域内各网段的最优路由。Level-1 路由器必须通过 Level-1-2 路由器接入 IS-IS 骨干网络，从而访问其他区域

续表

路由器类型	说明
Level-2 路由器	Level-2 路由器（IS-IS 骨干网络路由器）负责区域间的路由，它可以与相同或者不同区域的 Level-2 路由器或者不同区域的 Level-1-2 路由器形成邻居关系。Level-2 路由器只维护 Level-2 的 LSDB，该 LSDB 包含区域间的路由信息。Level-2 路由器通常拥有整个 IS-IS 域（包括该域内所有的 Level-1 区域及 Level-2 区域）的所有路由信息
Level-1-2 路由器	同时属于 Level-1 和 Level-2 的路由器称为 Level-1-2 路由器。Level-1-2 路由器维护两个 LSDB，Level-1 的 LSDB 用于区域内路由，Level-2 的 LSDB 用于区域间路由。 Level-1-2 路由器可以与同一区域的 Level-1、Level-1-2 形成 Level-1 邻居关系，也可以与其他区域的 Level-2 或 Level-1-2 路由器形成 Level-2 的邻居关系

在不同的区域间只能建立 Level-2 的邻接关系，表现在以下 3 个方面。

①Level-2 路由器可以与 Level-2 路由器建立邻接关系。

②Level-1-2 路由器可以与 Level-2 路由器建立邻接关系。

③Level-1-2 路由器可以与 Level-1-2 路由器建立邻接关系。

（2）IS-IS 路由区域

IS-IS 协议网络拓扑的骨干网络并不像 OSPF 那样是唯一的、具体的区域（Area 0），而是一系列关联的 Level-2 及 Level-1-2 路由器所构成的范围。图 4-5 所示的 IS-IS 网络拓扑结构中，R2、R3、R4、R5、R6 所连接的网络构成了 IS-IS 的骨干区域。

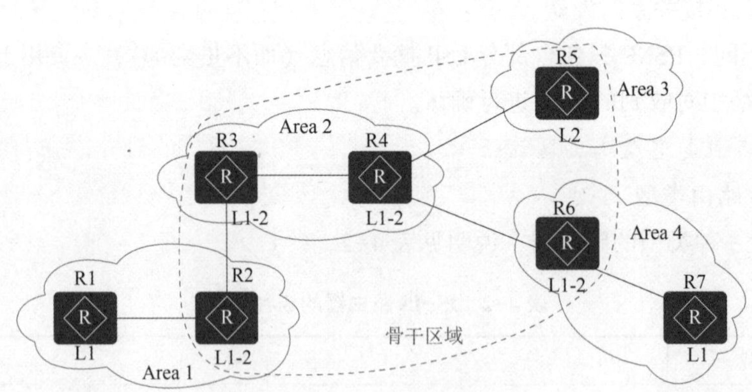

图 4-5　IS-IS 网络拓扑结构

连续的 Level-1（含 Level-1-2）路由器构成的区域称为 Level-1 区域。连续的同属一个区域的 Level-2（含 Level-1-2）路由器构成的区域称为 Level-2 区域。

通过 IS-IS 网络拓扑结构示意图，可以总结出 IS-IS 网络拓扑具有以下特点。

①为了支持大规模的路由网络，IS-IS 在自治系统内采用骨干区域与非骨干区域两级的

分层结构。

②一般来说，将 Level-1 路由器部署在非骨干区域，Level-2 路由器和 Level-1-2 路由器部署在骨干区域。每一个非骨干区域都通过 Level-1-2 路由器与骨干区域相连。

③拓扑中为一个运行 IS-IS 协议的网络，它与 OSPF 的多区域网络拓扑结构非常相似。整个骨干区域不仅包括 Level-2 的所有路由器，还包括 Level-1-2 路由器。

④Level-1-2 级别的路由器可以属于不同的区域，在 Level-1 区域，维护 Level-1 的 LSDB，在 Level-2 区域，维护 Level-2 的 LSDB。

通过网络拓扑总结示意图，可以看出 IS-IS 与 OSPF 的不同主要表现在以下几个方面。

①在 OSPF 中，每个链路只属于一个区域；而在 IS-IS 中，每个链路可以属于不同的区域。

②在 OSPF 中，直连的设备之间如果要建立邻居关系，双方互连的接口必须在相同的区域中。IS-IS 区域的设定体现在设备上，当在一台设备上配置 IS-IS 时，需要指定该设备所属的区域。

③在 IS-IS 中，单个区域没有物理的骨干与非骨干区域的概念；而在 OSPF 中，Area 0 被定义为骨干区域。

④在 IS-IS 中，Level-1 和 Level-2 级别的路由器分别采用 SPF 算法，都生成最短路径树 SPT；在 OSPF 中，只有在同一个区域内才使用 SPF 算法，区域之间的路由需要通过骨干区域来转发。

5. OSI 地址

目前 OSI 特性中可以配置两种地址：IS-IS NET 以及 CLNS NET。

IS-IS NET 是一个协议级的地址，它仅仅在 IS-IS 协议内部使用并发挥作用。

CLNS NET 是真正的 OSI 网络层地址，它是代表本机网络层接入标识的唯一合法地址。本机发送的所有 OSI 报文（IS-IS 协议报文除外）都会将 CLNS NET 作为报文的网络层源地址，例如本机发送的错误报告报文、ping 报文以及 ES-IS 协议报文等。另外，系统也是通过比较收到的 CLNP 报文的目的地址与本机配置的 CLNS NET 是否相等，来判断该报文的目的地是否是本机。

（1）NASP

NSAP：Network Service Access Point（网络服务接入点）由 IDP（初始域部分）和 DSP（域指定部分）两部分构成。

表 4-3 所列为 TCP/IP 协议栈与 OSI 协议栈的比较。

表 4-3　TCP/IP 协议栈与 OSI 协议栈对比

TCP/IP 协议栈	IP 协议	IP 地址	OSPF	Area ID+Router ID
OSI 协议栈	CLNP 协议	NSAP 地址	IS-IS	NET 标识符

在 TCP/IP 协议栈中，IP 地址用于标识网络中的设备，实现网络层寻址。在 OSI 协议栈中，NSAP 网络服务接入点被视为 CLNP 地址，是一种用于在 OSI 协议栈中定位资源的地址。

IP 地址只用于标识设备，并不标识该设备的上层协议类型或服务类型，而 NSAP 地址中除了包含用于标识设备的地址信息，还包含用于标识上层协议类型或服务类型的内容。其类似于 TCP/IP 中 IP 地址与 TCP 或 UDP 端口号的组合。

NSAP 地址由 IDP 和 DSP 两部分组成，如图 4-6 所示，IDP 和 DSP 都是可变长的，这使得 NSAP 的总长度并不固定，最短为 8 B，最长可达 20 B。

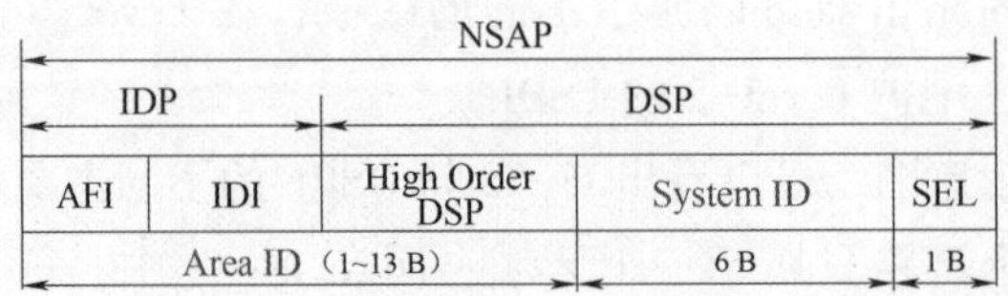

图 4-6　NSAP 地址的组成

①IDP 相当于 IP 地址中的主网络号，由 AFI 与 IDI 两部分组成。

②DSP 相当于 IP 地址中的子网号和主机地址。

NSAP 地址中关键字说明见表 4-4。

表 4-4　NSAP 地址中关键字说明

关键字	说明
AFI	表示地址分配机构和地址格式，长度为 1 B，实验环境中经常用到的 AFI 值为 49，表示本地管理，也即私有地址空间
IDI	用来标识域，长度可变
High Order DSP	长度是可变的，用于在一个域中进一步划分区域
System ID	用来在区域内唯一标识主机或路由器。在设备的实现中，它的长度固定为 48 bit（6 B）。网络部署过程中，必须保证域内设备的系统 ID 的唯一性
SEL	长度为 1 B，用于标识上层协议类型或服务类型。它的作用类似于 IP 中的"协议标识符"，不同的传输协议对应不同的 SEL
Area Address（Area ID）	由 IDP 和 DSP 中的高位部分组成，既能够标识路由域，也能够标识路由域中的区域。对于 IS-IS 而言，区域地址就是区域 ID，相当于 OSPF 中的区域编号

（2）NET

NET 是一类特殊的 NSAP（SEL＝00），在路由器上配置 IS-IS 时，只需要考虑 NET 即可，如图 4-7 所示。

49.0001.0000.0000.0001.00
Area ID　System ID　N-SEL

图 4-7　NET 是一类特殊的 NSAP

NET 具有以下特点。

①网络实体名称 NET 指用于在网络层标识一台设备，可以看作一类特殊的 NSAP

(SEL=00)，NET 的长度与 NSAP 的相同，最多为 20 字节，最少为 8 字节。在路由器上配置 IS-IS 时，只需要考虑 NET 即可，NSAP 可不必去关注。

②在配置 IS-IS 过程中，NET 最多也只能配 3 个。在配置多个 NET 时，必须保证它们的 System ID 都相同。

③在部署 IS-IS 时，必须为每一台运行 IS-IS 的设备分配 NET，否则，IS-IS 无法正常工作。

④NET 的最后为 N-SEL，对应的值必须为 0x00。与 N-SEL 相邻的 6 字节为系统 ID，其余部分是区域 ID。处于同一个区域的两台 IS-IS 设备，其 NET 中的区域 ID 必须相同，而系统 ID 则必须不同。如图 4-8 所示，NET 中有相同 Area ID 的 IS 属于同一个区域。

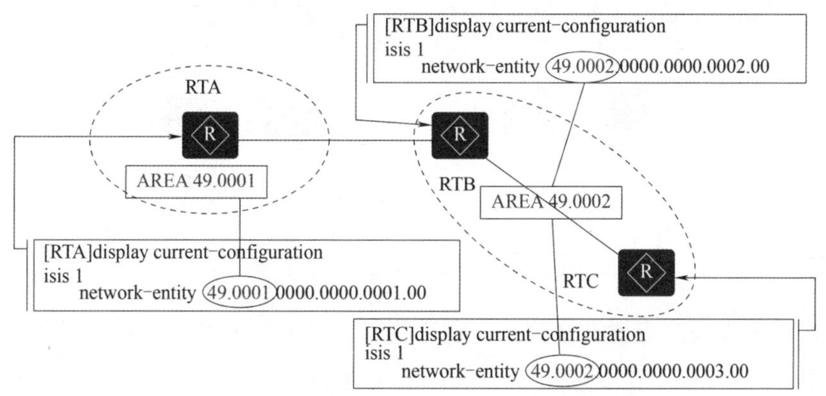

图 4-8　NET 中有相同 Area ID 的 IS 属于同一个区域

6. IS-IS 网络类型

IS-IS 只支持两种类型的网络：广播多路访问网络和点到点网络。

广播多路访问网络：如 Ethernet、Token-Ring 等。图 4-9 所示为广播多路访问网络示意图。

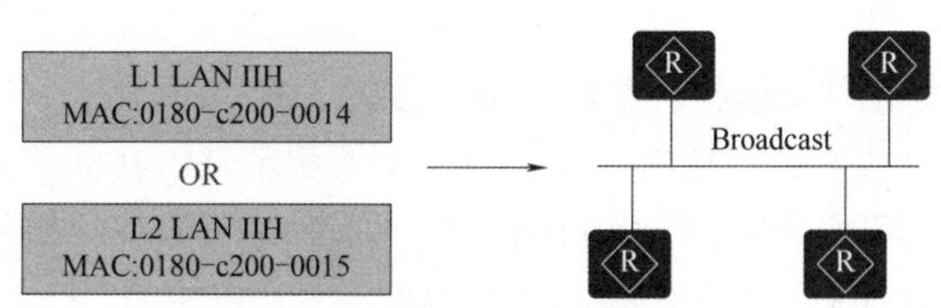

图 4-9　广播多路访问网络类型

点到点网络：如 PPP、HDLC 等。图 4-10 所示为点到点网络示意图。

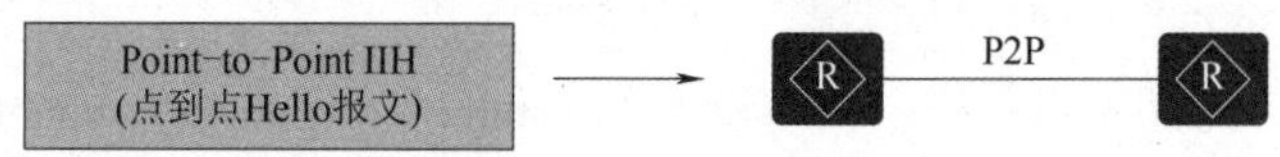

图 4-10　点到点网络类型

提示：对于 NBMA（Non-Broadcast Multi-Access）网络，需对其配置子接口，并注意子接口类型应配置为 P2P。

7. DIS 与伪节点

在广播网络中，IS-IS 需要在所有的路由器中选举一个路由器作为 DIS（Designated Intermediate System，指定中间系统）。DIS 用来创建和更新伪节点（Pseudonode），并负责生成伪节点的 LSP，用来描述该网络上有哪些网络设备。图 4-11 所示为 DIS 创建伪节点示意图。

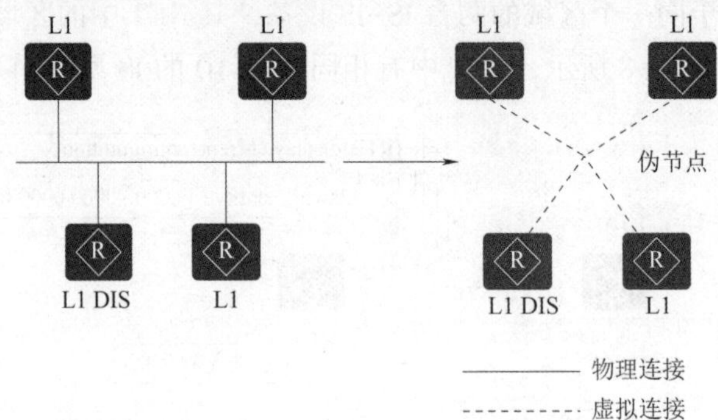

图 4-11　DIS 创建伪节点示意图

①伪节点是用来模拟广播网络的一个虚拟节点，并非真实的路由器。在 IS-IS 中，伪节点用 DIS 的 System ID 和一个字节的非 0 伪节点 ID 来标识。

②伪节点的 LSP 用于描述伪节点与 LAN 中所有设备（包括 DIS）的邻居关系，从而区域内的其他 IS-IS 设备能够根据伪节点 LSP 计算出该 LAN 的拓扑。

③为确保 LSDB 同步，DIS 会在 LAN 内周期性泛洪 CSNP（完整序号协议数据单元），CSNP 中包含该 DIS 的 LSDB 中所有 LSP 的摘要信息。默认情况下，时间间隔为 10 s，可以在 DIS 相应接口上使用 isis timer csnp 修改该默认值。

④IS-IS 在 P2P 网络无须选举 DIS。

（1）DIS 选举

使用伪节点可以简化网络拓扑，使路由器产生的 LSP 长度较小。另外，当网络发生变化时，需要产生的 LSP 数量也会较少，减少 SPF 的资源消耗。在邻居关系建立后，路由器会等待两个 Hello 报文间隔，再进行 DIS 的选举。Level-1 和 Level-2 的 DIS 是分别选举的，用户可以为不同级别的 DIS 选举设置不同的优先级。

DIS 选举规则如下。

①选举基于接口优先级（默认是 64），优先级值越大，则优先级越高。

```
isis dis-priority priority[ level-1 |level-2]
```

②如果所有接口的优先级一样，具有最大的 subnetwork point of attachment（SNPA）的路由器将当选 DIS。

在 LAN 中，SNPA 指的是 MAC 地址；在帧中继网络中，SNPA 是 local data link connection identifier（DLCI）。

③如果 SNPA 是一样的，具有最大的 system ID 的路由器将当选为 DIS。

④DIS 的选举是抢占式的。

⑤优先级为 0 的路由器也参与 DIS 的选举。在一个 LAN 中，如果一个有最高接口优先级的路由器加入进来，这个路由器将成为 DIS。它将清除掉老的伪节点 LSP 并泛洪新的 LSP。

⑥Level-1 和 Level-2 的 DIS 是分别选举的。

提示：只有在广播多路访问网络类型上才会选举 DIS，在点到点的网络类型上不需要 DIS 的选举。

（2）DIS 与 DR 比较

在广播网络，需要选举 DIS，所以，在邻居关系建立后，路由器会等待两个 Hello 报文间隔再进行 DIS 的选举。Hello 报文中包含 Priority 字段，Priority 值最大的将被选举为该广播网的 DIS。若优先级相同，接口 MAC 地址较大的被选举为 DIS。IS-IS 中 DIS 发送 Hello 时间间隔默认为 10/3 s，而其他非 DIS 路由器发送 Hello 间隔为 10 s。

DIS 与 DR 的比较见表 4-5。

表 4-5　DIS 与 DR 的比较

类比点	IS-IS 的 DIS	OSPF 的 DR
选举优先级	所有优先级都参与选举	0 优先级不参与选举
选举等待时间	2 个 Hello 报文间隔	40 s
备份	无	有（BDR）
邻接关系	所有路由器互相都是邻接关系	DRother 之间是 2-way 关系
抢占性	会抢占	不会抢占
作用	周期发送 CSNP，保障 MA 网络 LSDB 同步	主要为了减少 LSA 泛洪

（3）控制 DIS 的选举

图 4-12 所示为通过命令来控制 DIS 的选举，通过命令修改 RTB 和 RTC 的优先级，使 RTB 成为 L1 的 DIS，RTC 成为 L2 的 DIS。

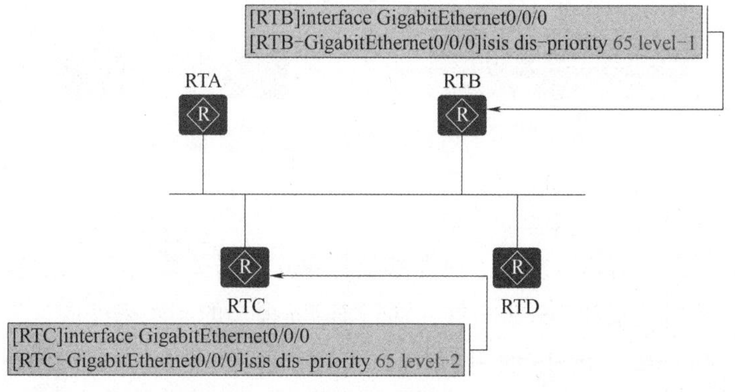

图 4-12　通过命令来控制 DIS 的选举

修改优先级的命令如下。

```
isis dis-priority priority[ level-1 |level-2]
undo isis dis-priority[ level-1 |level-2]
```

【参数】

isis dis-priority：该命令用来指定挑选对应层次 DIS（Designated Intermediate System）时接口的优先级。

undo isis dis-priority：该命令用来恢复默认优先级。

priority：指定挑选 DIS 时的优先级。整数形式，取值范围是 0～127。默认值为 64。priority 的值越大，优先级越高。

level-1：指定为 Level-1 DIS 配置优先级。如果命令中没有指定 Level-1 或 Level-2，则给 level-1 和 Level-2 配置同样的优先级。

level-2：指定为 Level-2 DIS 配置优先级。如果命令中没有指定 Level-1 或 Level-2，则给 Level-1 和 Level-2 配置同样的优先级。

4.1.2 IS-IS 工作原理

IS-IS 协议是一种链路状态路由协议，每一台路由器都会生成一个 LSP，它包含了该路由器所有使用 IS-IS 协议接口的链路状态信息。通过跟相邻设备建立 IS-IS 邻接关系，互相更新本地设备的 LSDB，可以使得 LSDB 与整个 IS-IS 网络其他设备的 LSDB 实现同步。然后，根据 LSDB 信息，运用 SPF 算法计算出 IS-IS 路由。如果此 IS-IS 路由是到目的地址的最优路由，则此路由会下发到 IP 路由表中，并指导 IP 报文的转发。

1. IS-IS 邻接关系建立

IS-IS 目前只支持点对点和广播网络类型，如图 4-13 所示。

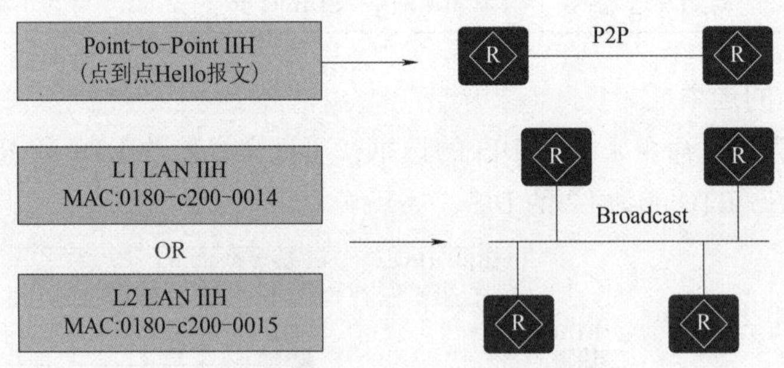

图 4-13　点对点和广播网络类型

邻居 Hello 报文具有以下特点。

①Hello 报文的作用是邻居发现，协商参数并建立邻居关系，后期充当保活报文。

②IS-IS 建立邻居关系和 OSPF 一样，通过 Hello 报文的交互来完成。

③广播网中的 Level-1 IS-IS 使用 Level-1 LAN IIH（Level-1 LAN IS-IS Hello），目的组播 MAC 为 0180-c200-0014。

④广播网中的 Level-2 IS-IS 使用 Level-2 LAN IIH（Level-2 LAN IS-IS Hello），目的组播 MAC 为 0180-c200-0015。

⑤非广播网络中则使用 P2P IIH（point to point IS-IS Hello）。但是其没有表示 DIS（虚节点）的相关字段。

⑥IIH 报文需要通过填充字段用于邻居两端协商发送报文的大小。

（1）广播链路邻居关系的建立

在广播链路上，使用 LAN IIH 报文执行三次握手建立邻居关系。

①当收到邻居发送的 Hello PDU 报文里面没有自己的 system ID 的时候，状态机进入 initialized。

②只有收到邻居发过来的 Hello PDU 有自己的 system ID 时才会 UP，排除了链路单通的风险。

③广播网络中邻居 UP 后会选举 DIS（虚节点），DIS 的功能类似于 OSPF 的 DR（指定路由器）。

图 4-14 所示为广播链路建立邻居关系示意图。

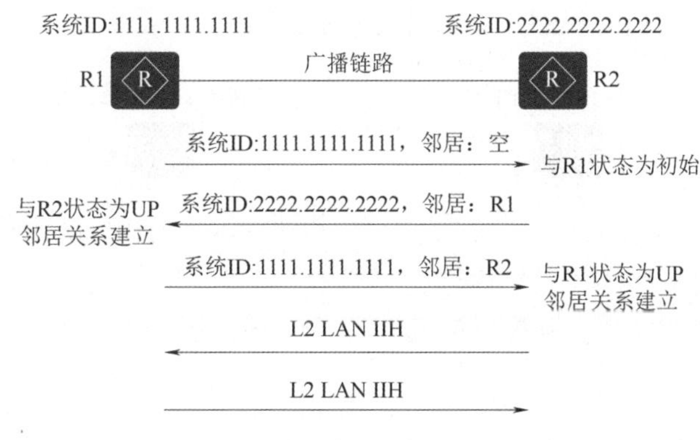

图 4-14　广播链路建立邻居关系示意图

广播链路建立邻居关系的过程说明如下。

①R1 通过组播（组播 MAC：0180. C200. 0015）发送 Level-2 LAN IIH（IS-IS Hello），此报文中无邻居标识。注意：在 ISIS 的 LAN IIH 报文中，使用 TLV 6 来携带邻居标识。

②R2 收到此报文后，将自己和 R1 的邻居状态标识为初始（Initial），然后 R2 向 R1 回复 Level-2 LAN IIH。此报文中标识 R1 为 R2 的邻居。

③R1 收到此报文后，将自己与 R2 的邻居状态标识为 UP，然后 R1 向 R2 发送一个标识 R2 为 R1 邻居的 Level-2 LAN IIH。

④R2 收到此报文后，将自己与 R1 的邻居状态标识为 UP。这样，两个路由器成功建立了邻居关系。

（2）点到点（P2P）链路邻居关系的建立——两次握手机制

在 P2P 网络中，IS-IS 邻居关系的建立过程有两种方式：两次握手机制、三次握手机制。

两次握手机制：只要路由器收到对端发来的 Hello 报文，就单方面宣布邻居为 UP 状态，建立邻居关系，邻居关系建立过程中不存在确认机制，不过容易存在单通风险。图 4-15 所示为两次握手机制建立邻居关系示意图。

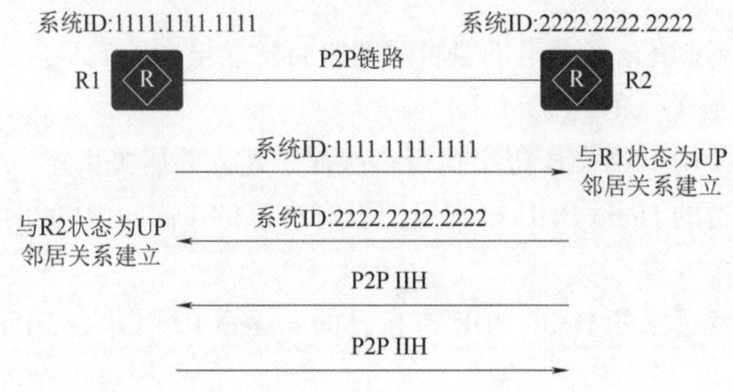

图 4-15　两次握手机制建立邻居关系示意图

（3）点到点（P2P）链路邻居关系的建立——三次握手机制

通过三次发送 P2P 的 IS-IS Hello 报文最终建立起邻居关系，类似于广播邻居关系的建立。图 4-16 所示为三次握手机制建立邻居关系示意图。

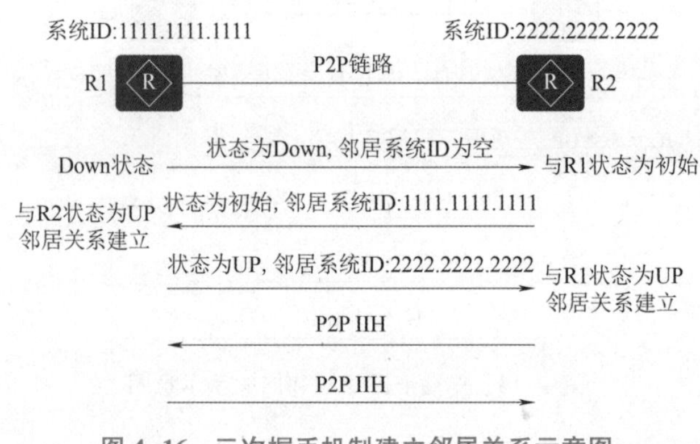

图 4-16　三次握手机制建立邻居关系示意图

> **提示：**华为路由器，IS-IS 在 P2P 类型的接口上默认采用三次握手方式建立邻接关系。

（4）IS-IS 建立邻居关系时需要遵循的原则

IS-IS 建立邻居关系时需要遵循的原则主要表现在以下几点。

①只有同一个 Level 的相邻路由器才有可能成为邻居。

②对于 Level-1 路由器来说，区域号必须一致。

③链路两端 IS-IS 接口的网络类型必须一致。

④链路两端 IS-IS 接口的地址必须处于同一网段。

⑤如果配置了认证，则认证参数必须匹配。

⑥最大区域地址数字段的值必须一致，默认值是 0，表示支持 3 个区域地址。

只有图 4-17 所示的相同区域的组合类型才能建立邻接关系；只有图 4-18 所示的不同区域的组合类型才能建立邻接关系。

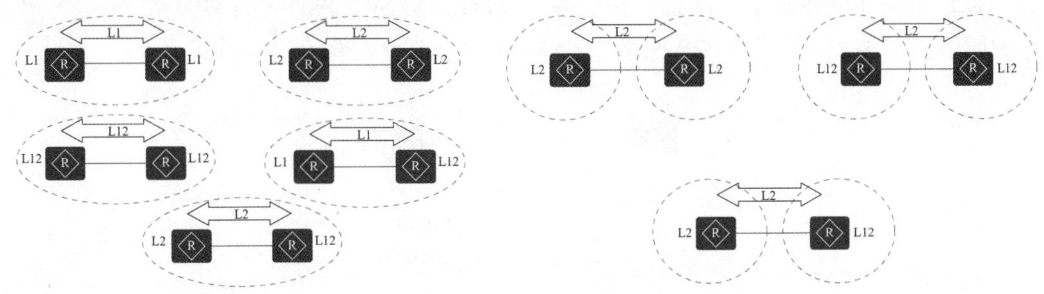

图 4-17　相同区域的组合类型建立邻接关系　　图 4-18　不同区域的组合类型建立邻接关系

2. IS-IS 链路状态数据库同步

（1）链路状态信息的载体

LSP PDU（Link State Protocol PDU）：用于交换链路状态信息，包含实节点 LSP 和伪节点 LSP（只在广播链路存在）。

LSP PDU 的特征表现如下。

①LSP 类似于 OSPF 的 LSA，承载的是链路状态信息，包含了拓扑结构和网络号。

②Level-1 LSP 由 Level-1 路由器传送。

③Level-2 LSP 由 Level-2 路由器传送。

④Level-1-2 路由器可传送以上两种 LSP。

⑤LSP 报文中包含了两个重要字段：ATT 字段和 IS-Type 字段。其中，ATT 字段用于标识该路由是 L1/L2 路由器发送的，IS-Type 用来指明生成此 LSP 的 IS-IS 类型是 Level-1 还是 Level-2。

⑥LSP 的刷新间隔为 15 min；老化时间为 20 min。但是一条 LSP 的老化除了要等待 20 min 外，还要等待 60 s 的零老化时延；LSP 重传时间为 5 s。

SNP PDU（Sequence Number PDU）：用于维护 LSDB 的完整与同步，且为摘要信息，包含 CSNP（用于同步 LSP）和 PSNP（用于请求和确认 LSP）。

SNP PDU 的特征表现如下。

①CSNP（Complete Sequence Number PDU）包括 LSDB 中所有 LSP 的摘要信息，从而可以在相邻路由器间保持 LSDB 的同步。

②PSNP（Partial Sequence Number PDU）包含部分 LSDB 中的 LSP 摘要信息，能够对 LSP 进行请求和确认。

③CSNP 类似于 OSPF 的 DD 报文传递的是 LSDB 里所有链路信息摘要。PSNP 类似于 OSPF 的 LSR 或 LSAck 报文用于请求和确认部分链路信息。

（2）链路状态信息的交互

点到点网络类型中，一旦邻接关系建立后，邻居间相互发送 LSP 报文进行 LSDB 的同步，如果收到的 LSP 在本地数据库中不存在或收到的 LSP 比本地数据库里的 LSP 更新，则把收到的 LSP 存放到本地的数据库中，再通过一个 PSNP 报文来确认收到此 LSP；如果收到的 LSP 和已有的具有相同的序列号，则直接通过一个 PSNP 报文确认收到此 LSP；如果收到的 LSP 比已有的序列号更小，则直接发送给对方自己的 LSP，然后等待对方给一个 PSNP 报文作为回答。图 4-19 所示为 P2P 网络中 CSNP 报文发送示意图。

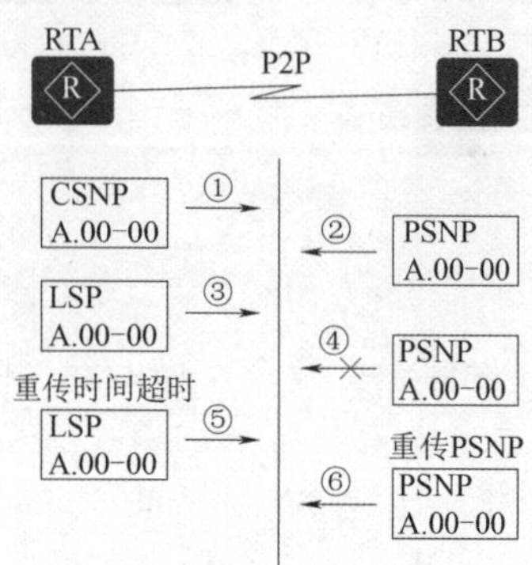

图 4-19　P2P 网络中 CSNP 报文发送示意图

P2P 网络 LSDB 同步过程如下。

①建立邻居关系之后，RTA 与 RTB 会先发送 CSNP 给对端设备。如果对端的 LSDB 与 CSNP 没有同步，则发送 PSNP 请求索取相应的 LSP。

②假定 RTB 向 RTA 索取相应的 LSP，此时向 RTA 发送 PSNP。RTA 发送 RTB 请求的 LSP 的同时启动 LSP 重传定时器，并等待 RTB 发送 PSNP 作为收到 LSP 的确认。

③如果在接口 LSP 重传定时器超时后，RTA 还没有收到 RTB 发送的 PSNP 报文作为应答，则重新发送该 LSP 直至收到 RTB 的 PSNP 报文作为确认。

在广播网络上，DIS 周期性（默认 10 s）以组播地址发送 CSNP，当中间系统接收到 CSNP 报文后，与本地链路状态数据库进行比较。如果本地数据库中没有此 LSP，则将其加入数据库，并洪泛自己的 LSP；否则，比较收到的 LSP 和本地 LSP 的序列号，若收到的 LSP 的序列号大于本地 LSP 的序列号，就使用收到的 LSP 替换本地的 LSP，并产生新的 LSP 洪泛出去；如果本地 LSP 的序列号较大，就向入端接口发送自己的 LSP；若两个 LSP 的序列号相等，则不做任何事情。图 4-20 所示为 MA 网络中 CSNP 报文发送示意图。

MA 网络中新加入的路由器与 DIS 的 LSDB 同步交互过程如下。

①假设新加入的路由器 RTC 已经与 RTB（DIS）和 RTA 建立了邻居关系。

②建立邻居关系之后，RTC 将自己的 LSP 发往组播地址（Level-1：01-80-C2-00-00-14，Level-2：01-80-C2-00-00-15），这样网络上所有的邻居都将收到该 LSP。

③该网段中的 DIS 会把收到 RTC 的 LSP 加入 LSDB 中，并等待 CSNP 报文定时器超时（DIS 每隔 10 s 发送 CSNP 报文）并发送 CSNP 报文，进行该网络内的 LSDB 同步。

④RTC 收到 DIS 发来的 CSNP 报文，对比自己的 LSDB 数据库，然后向 DIS 发送 PSNP 报文，请求自己没有的 LSP（如 RTA 和 RTB 的 LSP 就没有）。

⑤RTB 作为 DIS 收到该 PSNP 报文请求后，向 RTC 发送对应的 LSP 进行 LSDB 的同步。

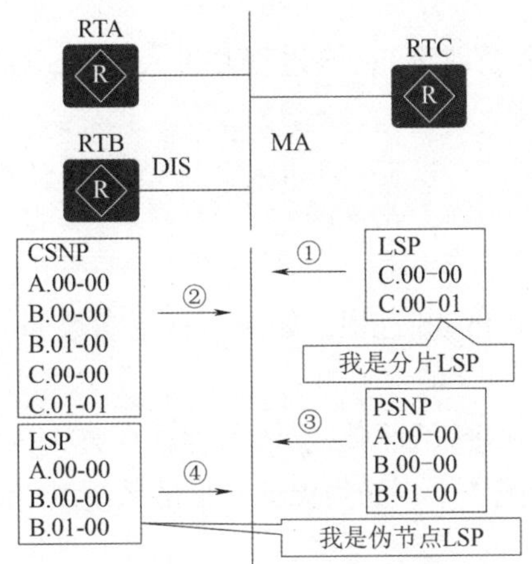

图 4-20 MA 网络中 CSNP 报文发送示意图

3. 路由计算

IS-IS 的计算特点如下。

①在本区域内，路由器第一次启动的时候执行的是 Full-SPF 算法。

②后续收到的 LSP 更新，如果是部分拓扑的变化，执行的是 ISPF 计算。

③如果只是路由信息的变化，执行的就是 PRC 计算。

④由于采用拓扑与网络分离的算法，路由收敛速度得到了加强。

SPF 计算过程如下。

①单区域 LSDB 同步完成。

②生成全网拓扑结构图。

③以本节点为根生成最短路径树。

④默认跨越每个节点开销一样。

IS-IS 路由计算的开销方式如下。

①Narrow 模式（设备默认模式开销都是 10，手工配置接口开销取值范围为 1~63）。

②Wide 模式（设备默认模式开销都是 10，手工配置接口开销取值范围是 1~16 777 215）。

③进程下加入 auto-cost enable 命令，Narrow 模式和 Wide 模式都会参考接口带宽大小计算开销值，只是参考准则有少许差异。

4.1.3 配置 IS-IS

可以按照以下几个步骤在路由器上配置 IS-IS 路由网络的基本功能。

①确定 IS-IS 网络中所需的区域数目，是使用单区域网络还是多区域网络，并对编址方案进行规划。

②在路由器上启用 IS-IS 路由协议。

③配置路由器的 NET 地址。

④在指定的接口上启用 IS-IS 协议。

1. IS-IS 基础配置

①系统视图下执行以下命令创建 IS-IS 进程并进入 IS-IS 视图，IS-IS 进程 ID 的范围为 1~65 535。

```
isis[process-id]
```

【参数】

process-id：用来指定一个 IS-IS 进程，如果不指定参数 process-id，则系统默认的进程为 1。

②IS-IS 视图下执行以下命令设置网络实体名称。在整个区域和骨干区域中，要求保持系统 ID 唯一。NET 最多只能配 3 个，必须保证它们的系统 ID 都相同。

```
network-entity net
```

【参数】

net：网络实体名称。建议将 Loopback 接口的地址转化为 NET，保证 NET 在网络中的唯一性。

③IS-IS 视图下执行以下命令设置设备的 Level 级别。默认设备的 Level 级别为 Level-1-2。

```
is-level{level-1 |level-1-2 |level-2}
```

【参数】

level-1：当 Level 级别为 Level-1 时，设备只与属于同一区域的 Level-1 和 Level-1-2 设备形成邻居关系，并且只负责维护 Level-1 的链路状态数据库 LSDB。

level-1-2：当 Level 级别为 Level-2 时，设备可以与同一区域或者不同区域的 Level-2 设备或者其他区域的 Level-1-2 设备形成邻居关系，并且只维护一个 Level-2 的 LSDB。

level-2：当 Level 级别为 Level-1-2 时，设备会为 Level-1 和 Level-2 分别建立邻居，分别维护 Level-1 和 Level-2 两级 LSDB。

④IS-IS 视图下执行以下命令设置 IS-IS 设备接收和发送路由的开销类型。默认情况下开销类型为 Narrow。

```
cost-style{ narrow |wide |wide-compatible}
```

【参数】

narrow：指定 IS-IS 设备只能接收和发送开销类型为 Narrow 的路由。Narrow 模式下路由的开销值取值范围是 1~63。

wide：指定 IS-IS 设备只能接收和发送开销类型为 Wide 的路由。Wide 模式下路由的开销值取值范围是 1~16 777 215。

wide-compatible：指定 IS-IS 设备可以接收开销类型为 Narrow 和 Wide 的路由，但却只发送开销类型为 Wide 的路由。

⑤IS-IS 视图下执行以下命令，使能识别 LSP 报文中主机名称的能力，同时，为本地路由器上 IS-IS 系统配置动态主机名，并以 LSP 报文（TLV 类型 137）的方式发布出去。

```
is-name symbolic-name
```

【参数】

symbolic-name：为本地IS-IS设备配置主机名称。在其他设备上使用IS-IS相关显示命令查看IS-IS信息时，系统ID将被symbolic-name代替。

⑥接口视图下执行以下命令设置接口的Level级别。默认情况下，级别为Level-1-2的IS-IS路由器上的接口级别为Level-1-2。

```
isis circuit-level[level-1 |level-1-2 |level-2]
```

【参数】

level-1：指定接口链路类型为Level-1，即在本接口只能建立Level-1的邻接关系。

level-1-2：指定接口链路类型为Level-1-2，即在本接口可以同时建立Level-1和Level-2邻接关系。

level-2：指定接口链路类型为Level-2，即在本接口只能建立Level-2邻接关系。

⑦接口视图下执行以下命令使能IS-IS接口。配置该命令后，IS-IS将通过该接口建立邻居和扩散LSP报文。

```
isis enable[process-id]
```

【参数】

process-id：用来指定一个IS-IS进程。

⑧接口视图下执行以下命令指定选举对应级别DIS时IS-IS接口的优先级，范围是0~127，默认值为64。

```
isis dis-priority priority[level-1 |level-2]
```

【参数】

priority：指定挑选DIS时的优先级。priority的值越大，优先级越高。

Level-1：指定为Level-1 DIS配置优先级。如果命令中没有指定Level-1或Level-2，则给Level-1和Level-2配置同样的优先级。

Level-2：指定为Level-2 DIS配置优先级。如果命令中没有指定Level-1或Level-2，则给Level-1和Level-2配置同样的优先级。

⑨接口视图下执行以下命令指定IS-IS接口发送Hello报文的间隔时间。默认情况下，IS-IS接口发送Hello报文的间隔时间是10 s。

```
isis timer hello hello-interval[level-1 |level-2]
```

【参数】

hello-interval：指定发送Hello报文的间隔时间。整数类型，取值范围是3~255，单位是s。默认值是10 s。

level-1：指定Level-1级别Hello报文的发送间隔。如果没有指定级别，则默认级别为Level-1和Level-2。

level-2：指定 Level-2 级别 Hello 报文的发送间隔。如果没有指定级别，则默认级别为 Level-1 和 Level-2。

⑩接口视图下执行以下命令配置 Hello 报文的发送间隔时间的倍数，以达到修改 IS-IS 的邻居保持时间的目的。

```
isis timer holding-multiplier number[level-1 |level-2]
```

【参数】

number：指定邻居保持时间为 Hello 报文的发送间隔时间的倍数。整数形式，取值范围是 3~1 000。默认值为 3。

level-1：指定 Level-1 邻居的邻居保持时间。如果没有指定级别，则默认为 Level-1 和 Level-2 邻居指定邻居保持时间。

level-2：指定 Level-2 邻居的邻居保持时间。如果没有指定级别，则默认为 Level-1 和 Level-2 邻居指定邻居保持时间。

2. IS-IS 接口验证

①接口视图下执行以下命令配置 IS-IS 接口的明文验证。

```
isis authentication-mode simple{plain plain-text |[cipher] plain-cipher-text}
[level-1 |level-2]
```

【参数】

simple：指定密码以纯文本方式发送。

plain plain-text：指定明文类型的认证密码，只能键入明文，在查看配置文件时，以明文方式显示口令。字符串形式，可以为字母或数字，区分大小写，不支持空格。

> **提示**：当认证模式为 simple 时，plain-text 参数的长度为 1~16；认证模式为 MD5 或 HMAC-SHA256 时，plain-text 参数的长度为 1~255。

cipher plain-cipher-text：指定密文类型的认证密码，可以键入明文或密文，在查看配置文件时，以密文方式显示口令。系统默认为 cipher 类型。字符串形式，可以为字母或数字，区分大小写，不支持空格。

> **提示**：当认证模式为 simple 时，plain-cipher-text 参数的长度为 1~16 的明文或 32 或 48 的密文；认证模式为 MD5 或 HMAC-SHA256 时，plain-cipher-text 参数的长度为 1~255 的明文或 20~392 的密文。

②接口视图下执行以下命令配置 IS-IS 接口的 MD5 验证。

```
isis authentication-mode md5{plain plain-text |[cipher] plain-cipher-text}
[level-1 |level-2]
```

【参数】

md5：指定密码通过 MD5 加密后发送。

③接口视图下执行以下命令配置 IS-IS 接口的 HMAC-SHA256 验证。

```
isis authentication-mode hmac-sha256 key-id key-id{plain plain-text |[cipher]
plain-cipher-text}[level-1 |level-2]
```

【参数】

hmac-sha256：指定密码通过 HMAC-SHA256 算法加密后参与认证。

key-id key-id：指定 HMAC-SHA256 算法的密钥 ID。整数形式，取值范围是 0~65 535。

3. IS-IS 区域和路由域验证

①IS-IS 视图下执行以下命令设置区域验证。默认系统不对产生的 Level-1 路由信息报文封装验证信息，也不会验证收到的 Level-1 路由信息报文。

```
area-authentication-mode{{simple |md5}{plain plain-text |[cipher] plain-cipher-
text} |keychain keychain-name |hmac-sha256 key-id key-id}
```

【参数】

simple：指定密码以纯文本方式发送。

md5：指定密码通过 MD5 加密后发送。

plain plain-text：指定明文类型的认证密码，只能键入明文，在查看配置文件时，以明文方式显示口令。字符串形式，可以为字母或数字，区分大小写，不支持空格。

cipher plain-cipher-text：指定密文类型的认证密码，可以键入明文或密文，在查看配置文件时，以密文方式显示口令。系统默认为 cipher 类型。字符串形式，可以为字母或数字，区分大小写，不支持空格。

keychain keychain-name：指定随时间变化的密钥链表，经 MD5 加密后发送。只有通过命令 keychain 创建了 keychain-name 之后，配置参数才会有效。符串形式，长度范围是 1~47，不区分大小写。字符不包括问号和空格，但是当输入的字符串两端使用双引号时，可在字符串中输入空格。

hmac-sha256：指定密码通过 HMAC-SHA256 算法加密后参与认证。

key-id key-id：指定 HMAC-SHA256 算法的密钥 ID。整数形式，取值范围是 0~65 535。

②IS-IS 视图下执行以下命令设置路由域验证。默认系统不对产生的 Level-2 路由信息报文封装验证信息，也不会验证收到的 Level-2 路由信息报文。

```
domain-authentication-mode{{simple |md5}{plain plain-text |[cipher] plain-
cipher-text} |keychain keychain-name |hmac-sha256 key-id key-id}
```

【参数】

simple：指定密码以纯文本方式发送。

md5：指定密码通过 MD5 加密后发送。

plain plain-text：指定明文类型的认证密码，只能键入明文，在查看配置文件时，以明文方式显示口令。字符串形式，可以为字母或数字，区分大小写，不支持空格。

cipher plain-cipher-text：指定密文类型的认证密码，可以键入明文或密文，在查看配置文件时，以密文方式显示口令。系统默认为 cipher 类型。字符串形式，可以为字母或数字，区分大小写，不支持空格。

keychain keychain-name：指定随时间变化的密钥链表，经 MD5 加密后发送。只有通过命令 keychain 创建了 keychain-name 之后，配置参数才会有效。字符串形式，长度范围是 1~47，不区分大小写。字符不包括问号和空格，但是当输入的字符串两端使用双引号时，可在字符串中输入空格。

hmac-sha256：指定密码通过 HMAC-SHA256 算法加密后参与认证。

key-id key-id：指定 HMAC-SHA256 算法的密钥 ID。整数形式，取值范围是 0~65 535。

4. 验证 IS-IS 配置

①使用以下命令来查看接口的开销值及其具体来源。

```
display isis cost interface
```

②使用以下命令来查看 IS-IS 协议的概要信息。

```
display isis brief
```

③使用以下命令来查看使能了 IS-IS 的接口信息。

```
display isis interface
```

④使用以下命令来查看 IS-IS 的链路状态数据库信息。

```
display isis lsdb
```

⑤使用以下命令来查看本地和远端 IS-IS 设备主机名到系统 ID 的映射关系表。

```
display isis name-table
```

⑥使用以下命令来查看 IS-IS 的邻居信息。

```
display isis peer
```

⑦使用以下命令来查看 IS-IS 路由信息。

```
display isis route
```

⑧使用以下命令来查看 IS-IS 进程的统计信息。

```
display isis statistics
```

4.2 项目实施——IS-IS 路由配置

图 4-21 所示为本项目的网络拓扑图，要求网络中所有路由器启用 IS-IS 路由协议并进行配置，从而实现全网路由可达。全部 IS-IS 进程号统一为 100，首先对每台路由器进行 NET 地

址规划；然后分区域进行配置，对 49.001 区域中的路由器和 49.002 区域中的路由器分别进行配置；最后对区域间路由器进行配置，最终 IS-IS 路由协议配置实现全网路由可达。

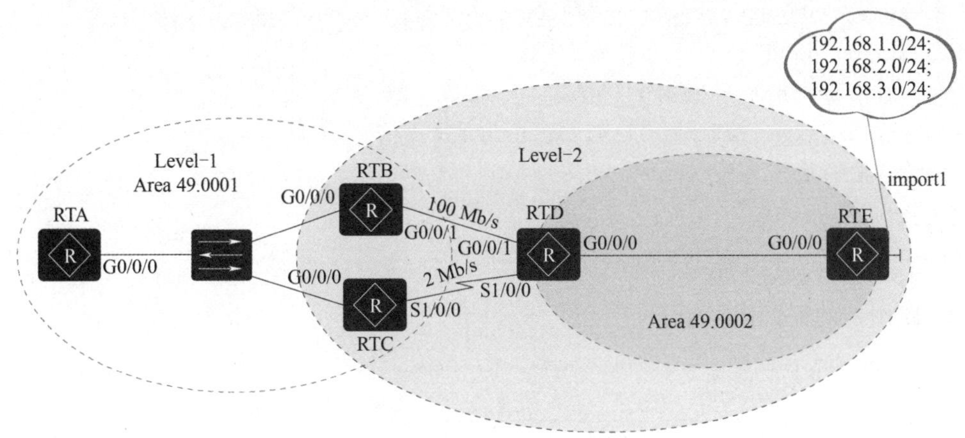

图 4-21　项目网络拓扑图

4.2.1　每台路由器的 NET 地址规划

①RTA：49.0001.0000.0000.0001.00。

②RTB：49.0001.0000.0000.0002.00。

③RTC：49.0001.0000.0000.0003.00。

④RTD：49.0002.0000.0000.0004.00。

⑤RTE：49.0002.0000.0000.0005.00。

4.2.2　区域 49.0001 的业务配置

第 1 步：配置 RTA、RTB 和 RTC 路由器进入 IS-IS 进程 100，并配置网络实体名称 NET。

第 2 步：RTA 路由器在 ISIS 进程下配置 Level 级别为 Level-1。RTB 和 RTC 路由器的 Level 默认为 Level-1-2 不用修改。

第 3 步：分别在 RTA、RTB 和 RTC 路由器接口下启用 ISIS 协议。

第 4 步：RTA 路由器的链路接口修改其 DIS 的优先级为最高，让其成为 DIS。

RTA 路由器的配置代码如下：

```
[RTA] isis 100
[RTA-isis-100] network-entity 49.0001.0000.0000.0001.00
[RTA-isis-100]is-level level-1
[RTA]int g0/0/0                              //进入接口,开启 ISIS 协议
[RTA-GigabitEthernet0/0/0]ip add 10.0.12.1 24
[RTA-GigabitEthernet0/0/0]isis enable 100
[RTA-GigabitEthernet0/0/0]isis dis-priority 120 level-1
```

RTB 路由器的配置代码如下：

```
[RTB]isis 100
[RTB-isis-100]network-entity 49.0001.0000.0000.0002.00
[RTB]int g0/0/0
[RTB-GigabitEthernet0/0/0]ip add 10.0.12.2 24
[RTB-GigabitEthernet0/0/0]isis enable 100
[RTB-GigabitEthernet0/0/0]int g0/0/1
[RTB-GigabitEthernet0/0/1]ip add 10.0.24.1 24
[RTB-GigabitEthernet0/0/1]isis enable 100
```

RTC 路由器的配置代码如下：

```
[RTC]isis 100
[RTC-isis-100]network-entity 49.0001.0000.0000.0003.00
[RTC]int g0/0/0
[RTC-GigabitEthernet0/0/0]ip add 10.0.12.3 24
[RTC-GigabitEthernet0/0/0]isis enable 100
[RTC-GigabitEthernet0/0/0]int s1/0/0
[RTC-Serial1/0/0]ip add 10.0.34.1 24
[RTC-Serial1/0/0]isis enable 100
```

4.2.3 区域 49.0002 的业务配置

第 1 步：配置 RTD 和 RTE 路由器进入 IS-IS 进程 100，并配置网络实体名称 NET。
第 2 步：RTD 和 RTE 在 ISIS 进程下配置路由器的 Level 级别为 Level-2。
第 3 步：配置 RTD 和 RTE 在接口下启用 ISIS 协议。
第 4 步：配置 RTD 和 RTE 在接口下修改网络类型为 P2P。
RTD 路由器的配置代码如下：

```
[RTD]isis 100
[RTD-isis-100]network-entity 49.0002.0000.0000.0004.00
[RTD-isis-100]is-level level-2
[RTD-isis-100]int g0/0/0
[RTD-GigabitEthernet0/0/0]ip add 10.0.45.1 24
[RTD-GigabitEthernet0/0/0]isis enable 100
[RTD-GigabitEthernet0/0/0]is circuit-type p2p
[RTD-GigabitEthernet0/0/0]int g0/0/1
[RTD-GigabitEthernet0/0/1]ip add 10.0.24.2 24
[RTD-GigabitEthernet0/0/1]isis enable 100
[RTD-GigabitEthernet0/0/1]int s1/0/0
```

```
[RTD-Serial1/0/0]ip add 10.0.34.2 24
[RTD-Serial1/0/0]isis enable 100
```

RTE 路由器的配置代码如下：

```
[RTE]isis 100
[RTE-isis-100]network-entity 49.0002.0000.0000.0005.00
[RTE-isis-100]is-level level-2
[RTE-isis-100]int g0/0/0
[RTE-GigabitEthernet0/0/0]ip add 10.0.45.2 24
[RTE-GigabitEthernet0/0/0]isis enable 100
[RTE-GigabitEthernet0/0/0]isis circuit-type p2p
```

4.2.4　区域间配置

第 1 步：分别在 RTB、RTC 路由器的 ISIS 进程中配置好网络实体名称 NET。
第 2 步：分别在 RTB、RTC 的链路接口中启用 ISIS 协议。
第 3 步：在 RTE 路由器上配置引入直连链路。
RTB 路由器的配置代码如下：

```
[RTB]isis 100
[RTB-isis-100]network-entity 49.0001.0000.0000.0002.00
[RTB-isis-100]import-route isis level-2 into level-1
[RTB-isis-100]int g0/0/1
[RTB-GigabitEthernet0/0/1]isis enable 100
```

RTC 路由器的配置代码如下：

```
[RTC]isis 100
[RTC-isis-100]network-entity 49.0001.0000.0000.0003.00
[RTC-isis-100]import-route isis level-2 into level-1
[RTC-isis-100]int s0/0/1
[RTC-Serial1/0/0]isis enable 100
```

RTE 路由器的配置代码如下：

```
[RTE]int loo0
[RTE-LoopBack0]ip add 192.168.1.1 24
[RTE-LoopBack0]isis enable 100
[RTE-LoopBack0]int loo1
[RTE-LoopBack1]ip add 192.168.2.1 24
[RTE-LoopBack1]isis enable 100
[RTE-LoopBack1]int loo2
```

```
[RTE-LoopBack2]ip add 192.168.3.1 24
[RTE-LoopBack2]isis enable 100
[RTE]isis 100
[RTE-isis-100]import-route direct
```

4.2.5 路由渗透

如果一个 Level-1 区域有两个以上 Level-1-2 路由器，则区域内 Level-1 路由器访问其他区域会选择最近的 Level-1-2 路由器，但是计算的开销值只计算本区域内的，如果最近的 Level-1-2 路由器在 Level-2 区域到达目的网络的开销相对比较大，实际会造成业务次优路径。在这种场景下需要做路由渗透操作，把 Level-2 区域的明细路由（包括开销）引入 Level-1 区域，由 Level-1 路由器自行计算选择最优的路径访问跨区域网络。

本实例要求走最优的路径到达区域 49.0002，由于 RTB 连接 RTD 的链路带宽相对比较大，最好让数据流走 RTB。可分别在 RTB 和 RTC 的 ISIS 进程下引入 Level-2 的路由到 Level-1。由 RTA 的 LSDB 掌握 Level-2 所有的明细路由，就可以选择最优的路径到达区域 49.0002。

4.2.6 验证

在 RTA 上查看 ISIS 路由：

```
[RTA]display isis route

                   Route information for ISIS(100)
                   -------------------------------

                 ISIS(100) Level-1 Forwarding Table
                 ----------------------------------

IPV4 Destination     IntCost ExtCost ExitInterface NextHop Flags
-------------------------------------------------------------------------------
0.0.0.0/0            10      NULL    GE0/0/0       10.1.123.2   A/-/-/-
192.168.2.0/24       10      20      GE0/0/0       10.1.123.2   A/-/-/U
192.168.1.0/24       10      20      GE0/0/0       10.1.123.2   A/-/-/U
10.1.123.0/24        10      NULL    GE0/0/0       Direct       D/-/L/-
192.168.3.0/24       10      20      GE0/0/0       10.1.123.2   A/-/-/U
24.1.1.0/24          20      NULL    GE0/0/0       10.1.123.2   A/-/-/-
34.1.1.0/24          20      NULL    GE0/0/0       10.1.123.3   A/-/-/-
45.1.1.0/24          30      NULL    GE0/0/0       10.1.123.2   A/-/-/U
    Flags: D-Direct, A-Added to URT, L-Advertised in LSPs, S-IGP Shortcut,
                          U-Up/Down Bit Set
```

4.3　巩固训练——IS-IS 路由聚合配置

4.3.1　实训目的

➢ 掌握路由器 IS-IS 路由协议的配置方法。
➢ 理解路由聚合并掌握路由聚合的方法。

4.3.2　实训拓扑

某公司现网有 3 台交换机通过 IS-IS 路由协议实现互连，网络拓扑图如图 4-22 所示。RTA 为 Level-2 设备，RTB 为 Level-1-2 设备，RTC 为 Level-1 设备。但是由于 IS-IS 网络的路由条目过多，造成 RTA 系统资源负载过重，现要求降低 RTA 的系统资源的消耗。

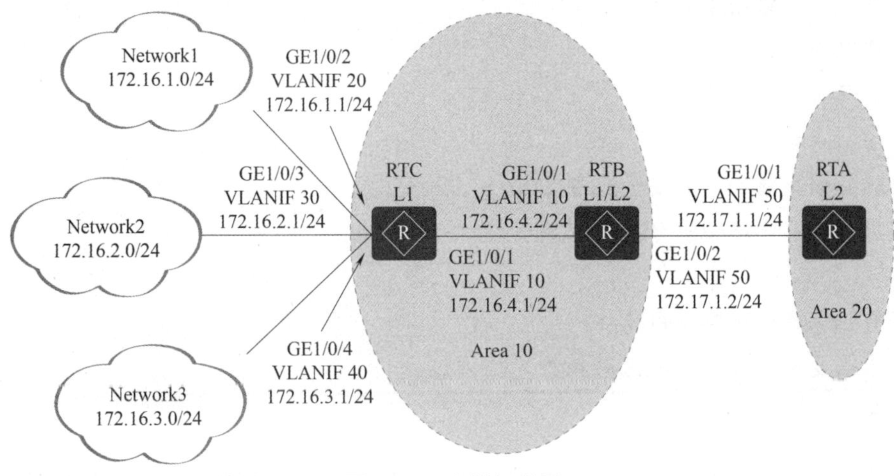

图 4-22　实训拓扑图

配置各路由器的接口 IP 地址以及 IS-IS 路由协议，实现网络互连。

在 RTB 上配置路由聚合，使得在不影响数据转发的前提下减小 RTA 中路由表规模，从而降低 RTA 系统资源的消耗。

4.3.3　实训内容

①配置各接口所属的 VLAN。

②配置各 VLANIF 接口的 IP 地址。

③分别在 RTA、RTB 和 RTC 路由器上配置 IS-IS 基本功能。

④查看 RTA 的 IS-IS 路由表信息。

⑤在 RTB 上配置路由聚合，再 RTB 将 172. 16. 1. 0/24、172. 16. 2. 0/24、172. 16. 3. 0. /24、172. 16. 4. 0/24 聚合成 172. 16. 0. 0/16。

⑥验证配置结果，查看 RTA 的路由表，可以看到 172. 16. 1. 0/24、172. 16. 2. 0/24、172. 16. 3. 0/24 和 172. 16. 4. 0/24 聚合成了 172. 16. 0. 0/16 一条路由。

项目5

路由重分发

【学习目标】

1. 知识目标

➢ 了解什么是路由重分发；

➢ 了解路由重分发场景；

➢ 理解路由重分发原则。

2. 技能目标

➢ 理解并掌握路由重分发的配置方法；

➢ 掌握双点双向路由重分发的配置。

3. 素质目标

➢ 具有社会责任感和使命感；

➢ 培养热爱工作、爱岗敬业的精神。

【项目背景】

某公司网络中现包含3台路由设备，其中两台路由设备使用的是OSPF网络协议，另一个路由设备使用的是IS-IS网络协议，现要实现OSPF与IS-IS的路由重分发，实现不同网络协议之间的网络互通。

【项目内容】

绘制出简单的网络拓扑图，如图5-1所示。RTB与RTA之间通过OSPF协议交换路由信息，与RTC之间通过IS-IS协议交换路由信息。希望在RTB上将IS-IS网络中路由引入

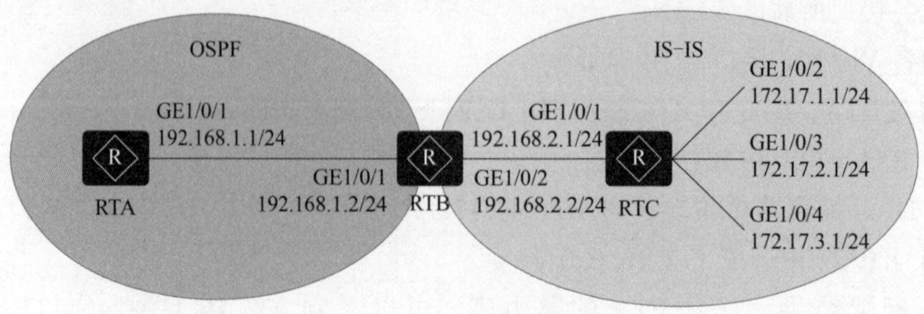

图5-1 项目网络拓扑图

OSPF 网络后，OSPF 网络中路由 172. 17. 1. 0/24 的选路优先级较低；路由 172. 17. 2. 0/24 具有标识，方便以后运用路由策略。

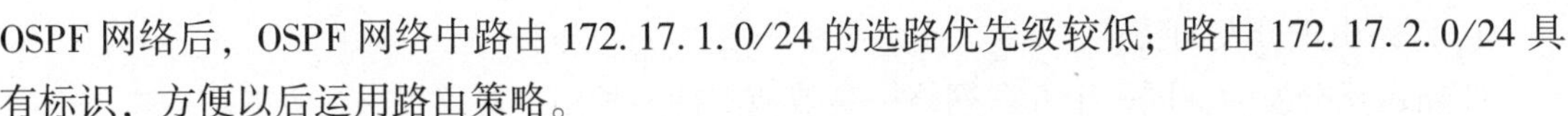

5.1 相关知识：路由重分发

5.1.1 路由重分发概述

在大型的网络建设中，由于网络建设和规划的周期不同，在同一网络内使用到多种路由协议，不同的路由协议由于学习路由的机制不同，造成网络之间不能到互连互通。

为了实现多种路由协同工作，在区域的边界路由器上使用路由重分发（Route Redistribution）技术，将其学习到的一种路由协议的路由，通过另一种路由协议重新分发出去，实现所有网络之间的互连互通。

1. 了解路由重分发

在路由协议的边界设备上，将某种路由协议的路由信息引入另一种路由协议中，这个操作被称为路由重分发或路由引入（Route Import）。

由于采用的路由算法不同，不同的路由协议可以发现不同的路由。当网络规模比较大，且使用多种路由协议时，不同的路由协议间通常需要发布其他路由协议发现的路由。一般情况下，不同路由协议之间不能共享各自的路由信息，当需要使用其他途径学习到的路由信息时，需要配置路由重分发。

其他途径包括以下 3 种。

①直连网络。

②静态路由。

③其他路由协议。

（1）为什么部署路由重分发

在一般情况下，部署一种路由协议就够了，但是，在以下情况下，需要部署路由重分发。

①部署不同路由协议的机构合并。

例如，A 公司部署 OSPF，B 公司部署 IS-IS，现在 A 公司和 B 公司合并成一个 C 公司，这时原来 A 公司的网络要和原来 B 公司的网络互相访问，就需要配置路由重分发。

②不同的网络使用不同的协议，并且这些网络需要共享路由信息。

一个很大的网络可能由很多小网络组成，这些小网络的复杂度是不一样的，有些网络很小，为了管理简单，所以部署了 RIP，有些网络的链路类型很复杂，所以部署 OSPF（OSPF 比 IS-IS 支持的网络类型多），而其他网络部署 IS-IS。为了这些小网络之间的相互访问，就需要配置路由重分发。

③网络协议的限制。

例如，使用拨号链路连接两个 IS-IS 网络，而在拨号链路上是不适合运行 IS-IS 协议的。需要配置静态路由，然后把静态路由引入 IS-IS。

（2）路由重分发的特点

①路由重分发为在同一个互联网络中高效地支持多种路由协议提供了可能。

②执行路由重分发的路由器称为边界路由器，因为它们位于两个或多个自治系统的边界上。

③任何路由协议彼此间都可以引入其他路由协议的路由以及直连路由和静态路由。

④一种路由协议在引入其他路由协议时，只引入路由协议在路由表中存在的路由。

⑤路由重分发时，必须要考虑路由度量，在进行引入时，必须指定外部引入的路由的初始度量值。路由重分发默认的初始度量值见表 5-1。

表 5-1　路由重分发默认的初始度量值

路由协议	默认初始度量值	默认路由优先级	修改初始度量值命令
OSPF	1，路由类型为 2	10，ASE 为 150	default cost
IS-IS	0，路由类型为 Level-2	15	default cost
BGP	IGP 的度量值	255	default med

2. 路由重分发场景

（1）将直连路由引入动态路由协议

引入直连路由之前，如图 5-2 所示。

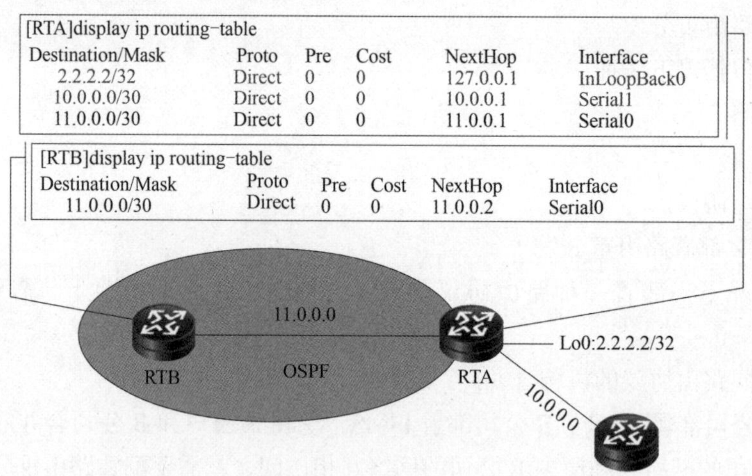

图 5-2　引入直连路由之前

引入直连路由之后，如图 5-3 所示。

（2）将静态路由引入动态路由协议

引入静态路由之前，如图 5-4 所示。

引入静态路由之后，如图 5-5 所示。

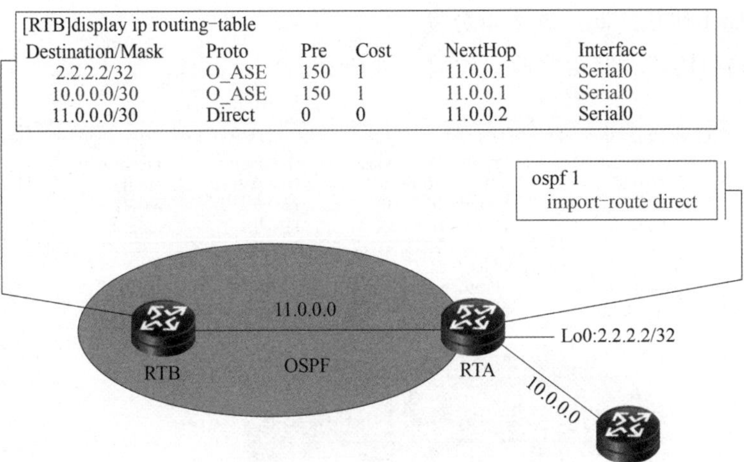

图 5-3　引入直连路由之后

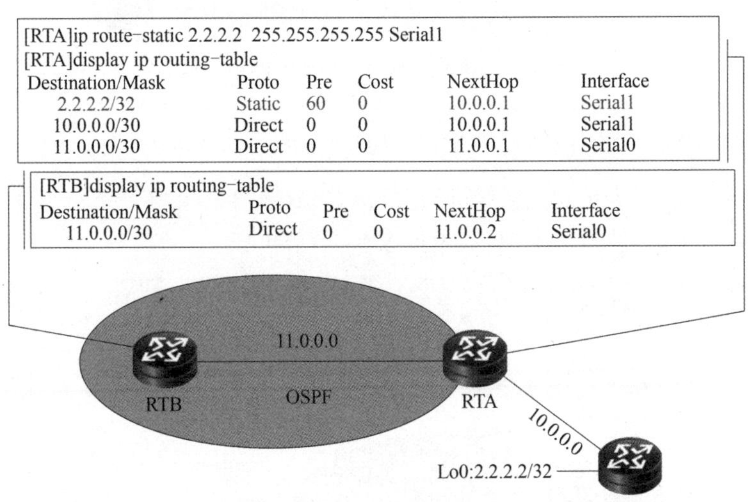

图 5-4　引入静态路由之前

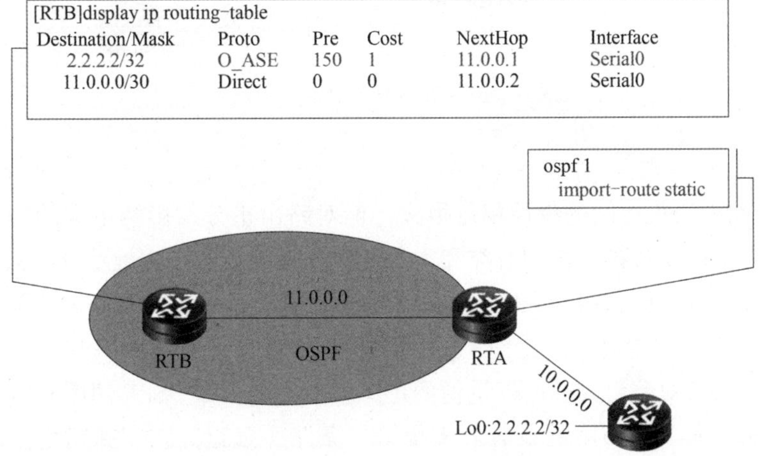

图 5-5　引入静态路由之后

（3）动态路由协议之间的路由重分发

引入其他路由协议的路由之前，如图 5-6 所示。

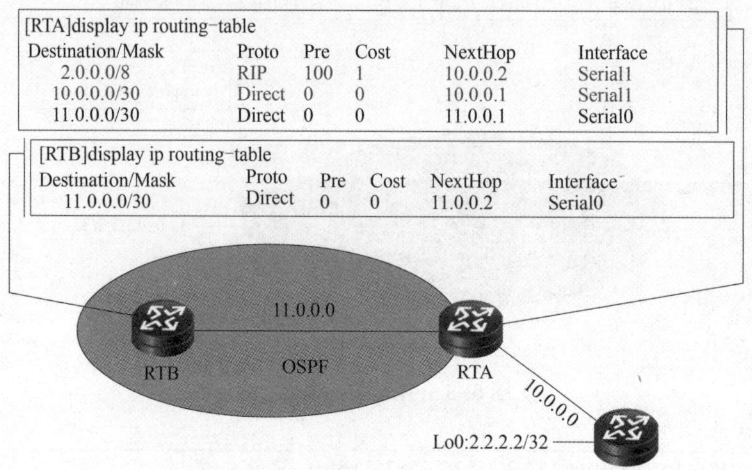

图 5-6　引入其他路由协议的路由之前

引入其他路由协议的路由之后，如图 5-7 所示。

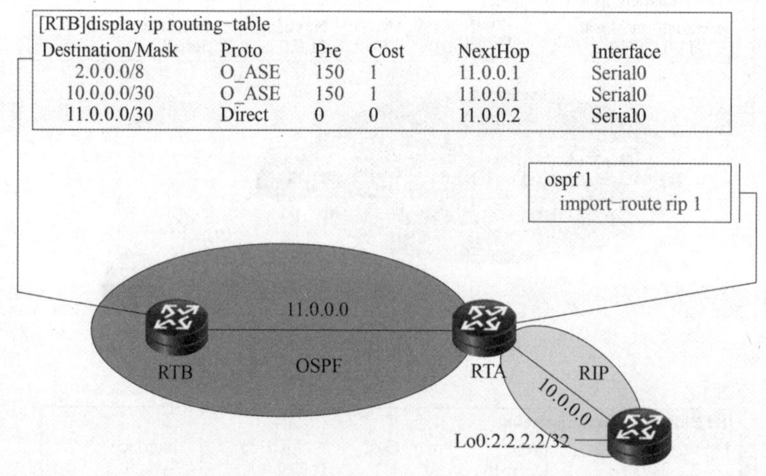

图 5-7　引入其他路由协议的路由之后

3. 路由重分发原则

不同的 IP 路由协议之间的特性相差很大，但对路由重分发影响最大的协议特性是度量和管理距离差异，以及每种协议的有类和无类子网处理能力。在实施重分发路由时，如果忽略了对这些差异性的考虑，将导致路由重分发失败，甚至形成路由环路和黑洞。

（1）度量

每一种路由协议对路由 Metric 度量值的定义方法不同，如 OSPF 使用 Cost（开销）来衡量一条路由优劣；而 RIP 使用跳数 Hop 来衡量一条路由远近。在实施路由重分发时，如果向 OSFP 中重分发 RIP 路由，需要把 RIP 路由 Hop（跳数）修改为 OSPF 中的 Cost（开销），如图 5-8 所示。

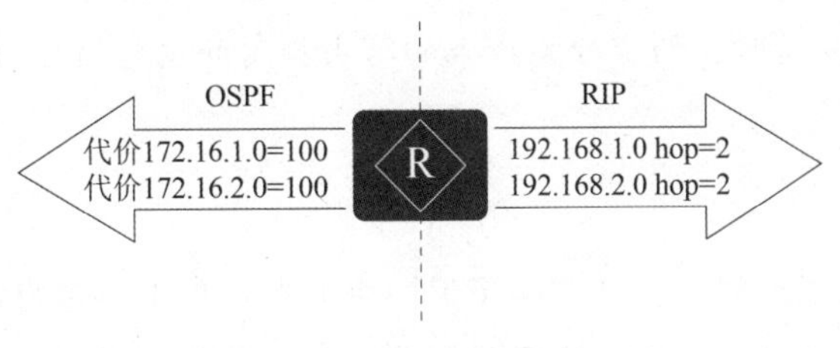

图 5-8 理解度量值

在实现不同路由重分发的情况下，接收重分发来的路由协议，必须将本地路由度量值与重分发进来路由联系起来。当一种路由协议重分发到另一种路由协议时，重分发进来的路由携带的度量（Metric）值会如何变化呢？如图 5-9 所示，RIP 被重分发进入 OSPF，同时 OSPF 也被重分发进入 RIP。

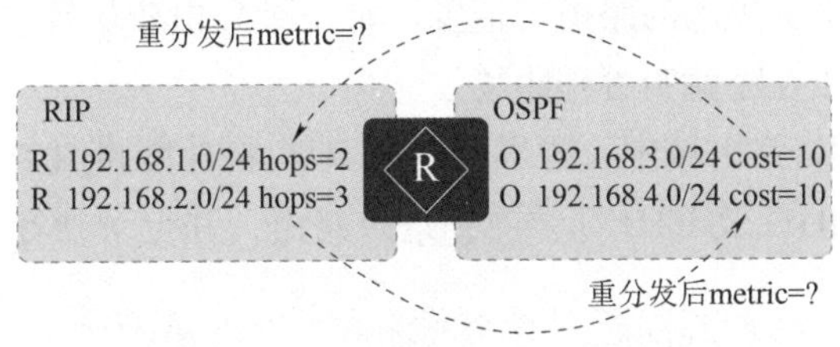

图 5-9 路由度量值重新修改

其中，OSPF 路由不理解 RIP 度量值（Hop，跳数）；同样，RIP 也不理解 OSPF 度量值（Cost，开销）。因此，实施路由重分发的路由器，必须为接收到的路由条目指派合适的度量值。

在配置路由重分发时，配置路由重分发的度量值采用以下 2 种方式。

方式 1：在执行路由重分发时，手工指定路由重分发后的 Metric 值。

方式 2：在路由协议之间实施重分发时，使用该路由协议默认的种子度量值。所谓种子度量值，指将一条从外部路由选择协议重分发到本地路由选择协议中时，使用默认的 Metric 值。每种路由默认种子度量值见表 5-2。

表 5-2 默认种子度量值

将路由重分发到该协议中	默认种子度量值
RIP	无穷大
OSPF	BGP 路由为 1，其他路由为 20
EIGIP	无穷大
IS-IS	0
BGP	BGP 度量值被设置为 IGP 度量值

提示：在不同的路由协议进程中，可以使用 default-metric 配置路由重分发度量值。这种在路由重分发时，给重分发进来的路由指定的度量值称为默认度量值或种子度量值。

（2）管理距离

不同路由之间度量的差异性，还产生了另一个问题：如果一台自治域的边界路由器上运行多种路由选择协议，并从每种协议中都学习到一条到达相同目标网络的路由。到达同一个目标网络有多条路由，那么，应该选择哪一条最佳路由记录到路由表呢？

每一种路由选择协议都使用自己的度量方案来定义最优路径，如代价、跳数，这就是路由的管理距离。正如为不同的路由分配不同的度量就可以确定首选路径一样，要确定首选路由源，还需要向路由源分配管理距离。通常把管理距离看作可信度的一种量度，管理距离越小，协议的可信度越高。

管理距离是指一种路由协议的路由可信度。每一种路由协议按可靠性从高到低依次分配一个信任等级，这个信任等级就叫管理距离。

如图 5-10 所示，RIP 路由域中，边界路由器 RTE 将外部路由 192.168.1.0/24 引入 RIP 路由中，域边界路由器 RTC 及 RTD 都学习到这条路由，并记录到各自路由表中。

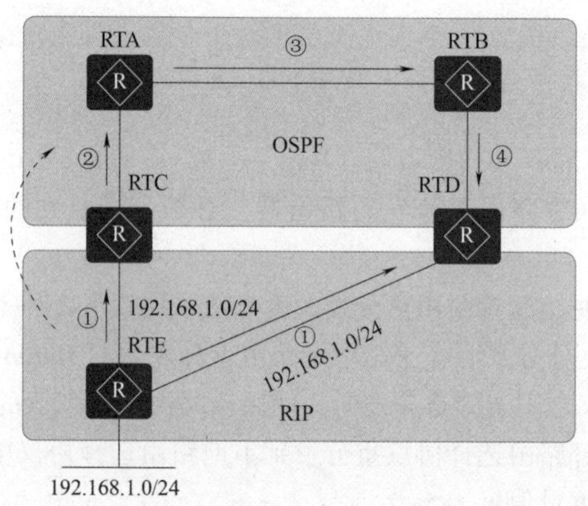

图 5-10　路由重分发中管理距离设置

为了让 OSPF 域中的路由器也能学习到重分发进来 RIP 域路由条目，在边界路由器 RTC 及 RTD 上分别配置 RIP 和 OSPF 路由重分发技术。理想的情况是，安装在 OSPF 域内的路由器能同时从域边界路由器 RTC 及 RTD 上学习到引入 OSPF 网络中的路由。但实际情况却不尽如人意，在冗余网络中，重分发通常会发生各种问题。

（3）从无类路由向有类路由重分发

有类路由选择协议在路由重分发的过程中，不能通告其携带的子网掩码信息。

图 5-11 所示的网络场景中，自治域边界路由器上有 4 个接口，分别连接多个目标网络为 10.1.0.0/16 的子网。其中，两个接口子网掩码为 27 位，两个接口子网掩码为 30 位。

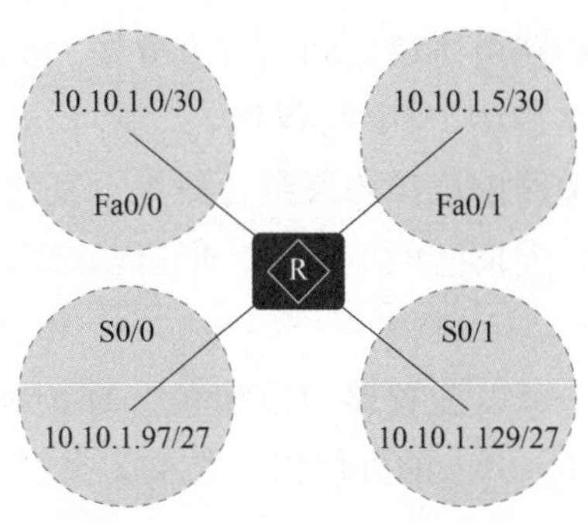

图 5-11 运行有类路由协议

如果在该路由器上运行有类路由协议 RIP，早期版本 RIP 路由是有类路由协议，不能从 27 位子网掩码推算出 30 位子网掩码，也不能从 30 位子网掩码推出 27 位子网掩码，因此无法解决子网掩码冲突问题。

该路由器通过 RIP 路由协议从接口上通告子网，仅包括 10. 1. 1. 0 子网中的信息。只有那些子网掩码与接口掩码相同的子网，才会从此接口通告。最后选举结果是：如果接口 Fa0/0 和 Fa0/1 上连接运行 RIP 路由协议的邻居路由器，将不知道子网掩码为 27 位子网；接口 S0 和 S1 连接运行 RIP 路由协议的邻居路由器，不知道子网掩码为 30 位子网，造成路由重分发失败。

仅在子网掩码相同接口之间通告路由这一特性，在从无类路由选择协议向有类路由选择协议重分发时才会出现。

在图 5-12 所示的多园区网络规划中，左侧是新园区网络规划，使用 OSPF 无类路由协议，支持 VLSM 机制；右侧是旧的网络规划，使用 RIP 有类路由协议。由于自治域的边界路由器 RTA 上启用的 RIP 进程使用 24 位子网掩码，因此，导致使用 OSPF 路由规划的新园区网络中的 10. 1. 5. 0/26 和 10. 1. 6. 0/28 两个子网段掩码信息不一致，所以无法把子网信息通过路由重分发技术通告到 RIP 路由域中。

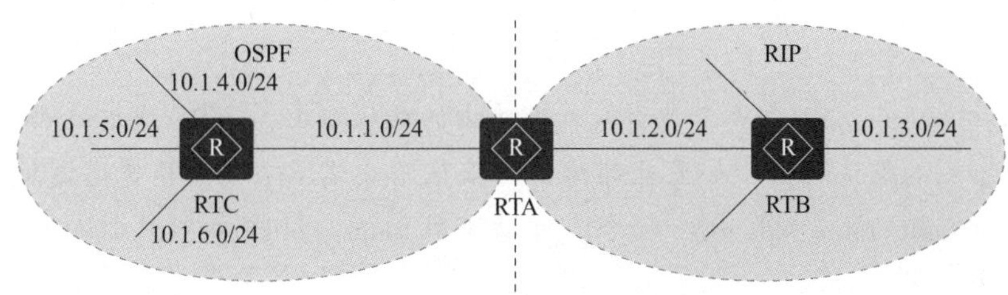

图 5-12 OSPF 与 RIP 重分发

为解决无类路由和有类路由互相重分发这一问题，在配置路由重分发时，需要使用关键字 Subnets。

5. 1. 2 配置路由重分发

在实施路由重分发之前，需要考虑以下几点。

①只能在支持相同协议栈的路由协议之间进行重分发。例如，可以在 RIP 和 OSPF 之间执行路由重分发，因为它们都支持 TCP/IP 协议栈。

②配置路由重分发的方法随路由选择协议组合而异。有的路由协议之间会自动进行重分发，有些路由协议要求配置重分发期间的度量值，但有些路由选择协议没有这种要求。

1. OSPF 路由重分发

当 OSPF 引入外部路由时，可以配置路由度量值、标记和类型等。默认情况下，OSPF 引入外部路由的默认度量值为 1，引入的外部路由类型为类型 2，设置默认标记值为 1。

OSPF 路由重分发命令如下。

```
import-route{{bgp[permit-ibgp]|direct|static|isis[process-id-isis]|ospf
[process-id-ospf]}[cost cost|type type|tag tag|route-policy route-policy-name]}
```

【参数】

bgp：引入的源路由协议为 BGP 路由协议。

permit-ibgp：指定公网实例中 RIPng 进程引入的源路由协议为 IBGP。

direct：引入的源路由协议为 Direct 协议。

static：引入的源路由协议为 Static 协议。

isis：引入的源路由协议为 IS-IS 协议。

process-id-isis：进程标识符。整数形式，取值范围为 1~65 535，默认值是 1。

ospf：引入的源路由协议为 OSPF 协议。

process-id-ospf：进程标识符。整数形式，取值范围为 1~65 535，默认值是 1。

cost cost：指定路由开销值。整数形式，取值范围是 0~16 777 214。

type type：指定外部路由的类型。整数形式，取值为 1 或 2。

tag tag：指定外部 LSA 中的标记。整数形式，取值范围是 0~4 294 967 295。

route-policy route-policy-name：配置只能引入符合指定路由策略的路由。字符串形式，区分大小写，不支持空格，长度范围为 1~40。当输入的字符串两端使用双引号时，可在字符串中输入空格。

提示：import-route 命令不能引入外部路由的默认路由，OSPF 通过路由表更新学习到外部路由的默认路由，如果外部路由的默认路由需要在 OSPF 普通区域中发布，需要执行 default-route-advertise 命令。可以使用 route-policy 参数只引入其他路由域的部分路由。

OSPF 路由重分发配置举例：OSFP 进程中引入 IS-IS 进程 1 的路由，指定 OSPF 外部路由类型为类型 1，路由标记为 2020，开销值为 10。

```
[R1-ospf-1]import-route isis 1 type 1 tag 2020 cost 10
```

将默认路由通告到 OSPF 路由区域的代码如下。

```
default-route-advertise
```

(1) 引入直连路由到 OSPF

在如图 5-13 所示的网络拓扑图中，R3 并未在 G0/0/1 接口上激活 OSPF，此时整个网络并不知晓到达 192.168.3.0/24 的路由，可以在 R3 路由器上执行路由重分发，将该直连路由引入 OSPF。

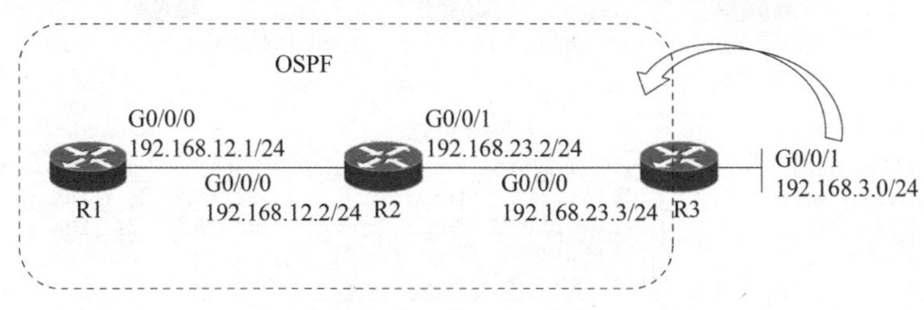

图 5-13 将直连路由引入 OSPF 示意图

配置命令如下。

```
[R3]ospf 1
[R3-ospf-1]import-route direct
```

import-route direct 命令将本设备路由表中的所有直连路由引入 OSPF。

当 R3 的 G0/0/1 接口故障时，其路由表中关于该接口的直连路由会失效，那么它将立即意识到此前引入 OSPF 中的 192.168.3.0 路由需要撤销，于是它向 OSPF 网络泛洪一个新的 Type-5 LSA，以便将此前通告的，用于描述该路由的 Type-5 LSA 老化。最终，R1 及 R2 将会把该路由从自己的路由表中移除。

(2) 引入静态路由到 OSPF

在如图 5-14 所示的网络拓扑图中，可以在 R2 路由器上执行路由重分发，将静态路由引入 OSPF。

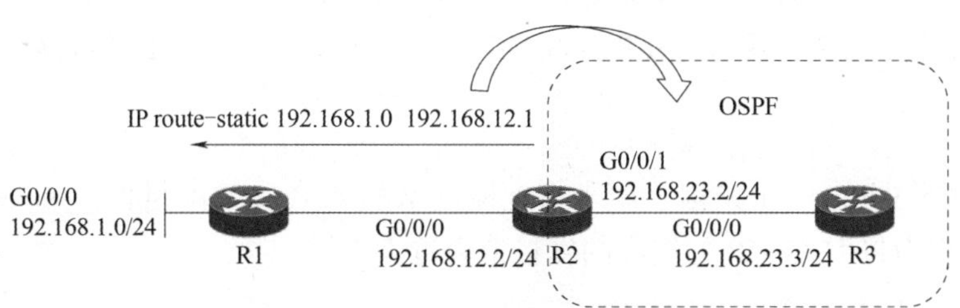

图 5-14 将静态路由引入 OSPF 示意图

配置命令如下。

```
[R2]ospf 1
[R2-ospf-1]import-route static
[R2-ospf-1]area 0
[R2-ospf-1-area-0.0.0.0] network 192.168.23.0 0.0.0.255
```

(3) RIP 与 OSPF 之间的路由引入

在如图 5-15 所示的网络拓扑图中，可以在 R2 路由器上执行路由重分发，实现 RIP 与

OSPF 之间的路由引入。

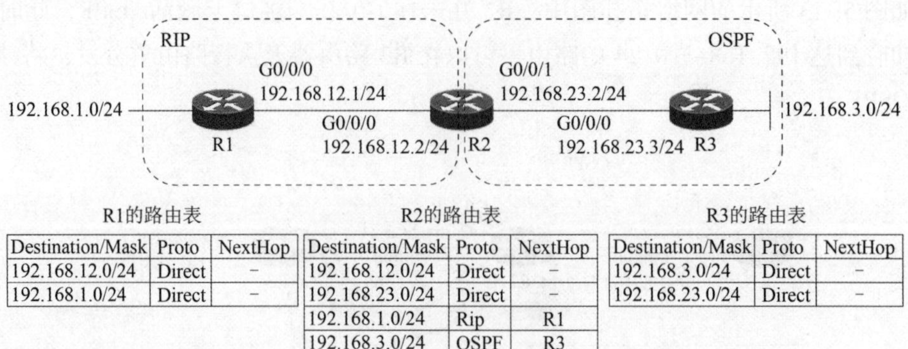

R1的路由表

Destination/Mask	Proto	NextHop
192.168.12.0/24	Direct	-
192.168.1.0/24	Direct	-

R2的路由表

Destination/Mask	Proto	NextHop
192.168.12.0/24	Direct	-
192.168.23.0/24	Direct	-
192.168.1.0/24	Rip	R1
192.168.3.0/24	OSPF	R3

R3的路由表

Destination/Mask	Proto	NextHop
192.168.3.0/24	Direct	-
192.168.23.0/24	Direct	-

图 5-15　RIP 与 OSPF 之间的路由引入示意图

提示：在 RIP、OSPF、IS-IS 及 BGP 等几乎所有的主流动态路由协议中，import-route 命令被用于执行路由重分发。

配置目标是要将 R2 路由表中的 OSPF 路由引入 RIP，因此，该命令需要在 RIP 配置视图下执行。

```
[R2]rip 1
[R2-rip-1]import-route ospf 1 Cost2
```

提示：需要注意的是，路由重分发的过程是将设备路由表中的某种路由信息引入另一种路由协议中。还需要注意路由的度量值，不同的路由协议对度量值的定义是不同的，OSPF 将开销作为路由的度量值，而 RIP 则定义了跳数作为其路由度量值。因此，当一条路由被路由器从 OSPF 引入 RIP 时，路由器生成的 RIP 路由的度量值需要被重新定义。

配置命令中关联的 Cost 关键字用来指定路由被引入之后的度量值。import-route ospf 1 后增加 Cost 2 意为将引入 RIP 的路由的度量值设置为 2 跳。

提示：如果要将其他路由协议的路由引入 RIP，并且在执行 import-route 命令时没有指定 cost 关键字及其参数，默认时，被引入 RIP 的外部路由的 Cost 值为 0，路由器将该外部路由通告给其他路由器时，会将跳数设置为 1。

完成将 OSPF 路由引入 RIP，此时，在 R1 路由表中将出现 OSPF 路由的相关信息，如图 5-16 所示。

配置目标是将 R2 路由表中的 RIP 路由引入 OSPF，因此该命令需要在 OSPF 配置视图下执行。

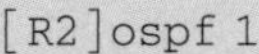

```
[R2]ospf 1
[R2-ospf-1]import-route rip 1 Cost 10 type 1
```

Type1 指定被引入 OSPF 的外部路由度量值类型为 Metric-Type-1，如果未配置该关键字，则被引入的外部路由的度量值类型默认为 Metric-Type-2，如果命令中未配置 cost 关键字，则被引入的外部路由的度量值默认为 1。

完成将 RIP 路由引入 OSPF，此时，在 R3 路由表中将出现 RIP 路由的相关信息，如图 5-17 所示。

R1的路由表

Destination/Mask	Proto	NextHop
192.168.12.0/24	Direct	-
192.168.1.0/24	Direct	-
192.168.3.0/24	Rip	R2
192.168.23.0/24	Rip	R2

图 5-16　R1 路由表中出现 OSPF 路由的相关信息

R3的路由表

Destination/Mask	Proto	NextHop
192.168.3.0/24	Direct	-
192.168.23.0/24	Direct	-
192.168.12.0/24	OSPF	R2
192.168.1.0/24	OSPF	R2

图 5-17　R3 路由表中出现 RIP 路由的相关信息

2. IS-IS 路由重分发

当网络中部署了 IS-IS 和其他路由协议时，为了实现 IS-IS 路由域内的流量可以到达 IS-IS 路由域外，可以在边界设备上向 IS-IS 域发布默认路由或者在边界设备上将其他路由域的路由引入 IS-IS 中。

IS-IS 路由重分发命令如下。

```
import-route {{ isis |ospf}[process-id] |static |direct |bgp[permit-ibgp]}[cost-type {external |internal} |cost cost |tag tag |route-policy route-policy-name |[level-1 |level-2 |level-1-2]]
```

配置 import-route direct 会将直连接口所在的网段路由也引入 IS-IS 路由表。可以使用 route-policy 参数只引入其他路由域的部分路由。如果不指定引入的级别，默认引入路由到 Level-2 路由表中。

IS-IS 路由重分发配置举例：配置 IS-IS 引入 OSPF 进程 1 的路由，并设置引入路由的开销值为 20，路由标记为 2020，并指定引入路由到 Level-2 的路由表中。

```
[R1-isis-1]import-route ospf 1 cost 20 tag 2020 level-2
```

3. BGP 路由重分发

BGP 引入路由时，支持 Import 和 Network 两种方式。

①Import 方式是按协议类型，将 OSPF、IS-IS 等协议的路由引入 BGP 路由表中。为了保证引入的 IGP 路由的有效性，Import 方式还可以引入静态路由和直连路由。

②Network 方式是逐条将 IP 路由表中已经存在的路由引入 BGP 路由表中，比 Import 方式更精确。

提示：如果没有配置 default-route imported 命令，则使用 import-route 命令引入其他协议的路由时，不能引入默认路由。

BGP 路由重分发命令如下。

```
import-route protocol[process-id][med med |route-policy route-policy-name]
```

BGP 路由重分发配置举例：配置 BGP 引入 OSPF 进程 1 的路由，并设置引入路由的开销值为 100。

```
[R1-bgp]import-route ospf 1 med 100
```

5.2 项目实施——双点双向路由重分发

图 5-18 所示为本项目的网络拓扑图。需要在 RTB 路由器上配置路由策略，将 172.17.1.0/24 的路由的开销设置为 100，在 OSPF 引入 IS-IS 路由时应用路由策略，实现 OSPF 网络中路由 172.17.1.0/24 的选路优先级较低。在 RTB 路由器上配置路由策略，将 172.17.2.0/24 的路由的 Tag 属性设置为 20。在 OSPF 引入 IS-IS 路由时应用路由策略，实现路由 172.17.2.0/24 具有标识，方便以后运用路由策略。

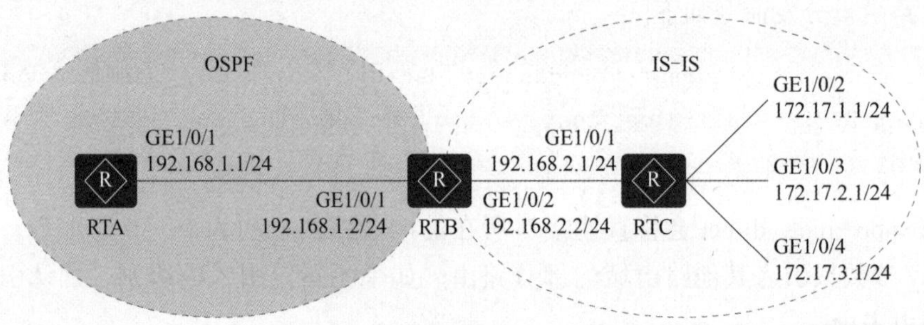

图 5-18 项目网络拓扑图

5.2.1 配置各路由器接口的 IP 地址

以下为配置 RTA 路由器接口 IP 地址的代码，RTB 和 RTC 路由器的配置与 RTA 类似。

```
[RTA] interface gigabitethernet 1/0/1
[RTA-GigabitEthernet] ip address 192.168.1.1 24
[RTA-Vlanif10] quit
```

5.2.2 配置 IS-IS 路由协议

第 1 步：配置 RTC 路由器的 IS-IS 路由协议。

```
[RTC] isis
[RTC-isis-1] is-level level-2
[RTC-isis-1] network-entity 10.0000.0000.0001.00
[RTC-isis-1] quit
[RTC] interface vlanif 20
[RTC-Vlanif20] isis enable
[RTC-Vlanif20] quit
[RTC] interface vlanif 30
[RTC-Vlanif30] isis enable
[RTC-Vlanif30] quit
[RTC] interface vlanif 40
[RTC-Vlanif40] isis enable
[RTC-Vlanif40] quit
[RTC] interface vlanif 50
[RTC-Vlanif50] isis enable
[RTC-Vlanif50] quit
```

第 2 步：配置 RTB 路由器的 IS-IS 路由协议。

```
[RTB] isis
[RTB-isis-1] is-level level-2
[RTB-isis-1] network-entity 10.0000.0000.0002.00
[RTB-isis-1] quit
[RTB] interface vlanif 20
[RTB-Vlanif20] isis enable
[RTB-Vlanif20] quit
```

5.2.3　配置 OSPF 路由协议及路由引入

第 1 步：配置 RTA 路由器，启动 OSPF。

```
[RTA] ospf
[RTA-ospf-1] area 0
[RTA-ospf-1-area-0.0.0.0] network 192.168.1.0 0.0.0.255
[RTA-ospf-1-area-0.0.0.0] quit
[RTA-ospf-1] quit
```

第 2 步：配置 RTB 路由器，启动 OSPF，并引入 IS-IS 路由。

```
[RTB] ospf
[RTB-ospf-1] area 0
[RTB-ospf-1-area-0.0.0.0] network 192.168.1.0 0.0.0.255
```

```
[RTB-ospf-1-area-0.0.0.0] quit
[RTB-ospf-1] import-route isis 1
[RTB-ospf-1] quit
```

第 3 步：查看 RTA 路由器的 OSPF 路由表，可以看到引入的路由。

```
[RTA] display ospf routing

          OSPF Process 1 with Router ID 192.168.1.1
                  Routing Tables

Routing for Network
Destination          Cost  Type        NextHop         AdvRouter       Area
192.168.1.0/24       1     Transit     192.168.1.1     192.168.1.1     0.0.0.0

Routing for ASEs
Destination        Cost         Type     Tag          NextHop          AdvRouter
172.17.1.0/24        1          Type2     1          192.168.1.2      192.168.1.2
172.17.2.0/24        1          Type2     1          192.168.1.2      192.168.1.2
172.17.3.0/24        1          Type2     1          192.168.1.2      192.168.1.2
192.168.2.0/24       1          Type2     1          192.168.1.2      192.168.1.2

Total Nets: 5
Intra Area: 1  Inter Area: 0  ASE: 4  NSSA: 0
```

5.2.4 配置过滤列表

第 1 步：在 RTB 路由器上配置编号为 2002 的 ACL，允许 172.17.2.0/24 通过。

```
[RTB] acl number 2002
[RTB-acl-basic-2002] rule permit source 172.17.2.0 0.0.0.255
[RTB-acl-basic-2002] quit
```

第 2 步：在 RTB 路由器上配置名为 prefix-a 的地址前缀列表，允许 172.17.1.0/24 通过。

```
[RTB] ip ip-prefix prefix-a index 10 permit 172.17.1.0 24
```

5.2.5 配置 Route-Policy

```
[RTB] route-policy isis 2 ospf permit node 10
[RTB-route-policy] if-match ip-prefix prefix-a
```

```
[RTB-route-policy] apply cost 100
[RTB-route-policy] quit
[RTB] route-policy isis 2 ospf permit node 20
[RTB-route-policy] if-match acl 2002
[RTB-route-policy] apply tag 20
[RTB-route-policy] quit
[RTB] route-policy isis 2 ospf permit node 30
[RTB-route-policy] quit
```

5.2.6　在路由引入时应用 Route-Policy

第 1 步：配置 RTB 路由器，设置在路由引入时应用 Route-Policy。

```
[RTB] ospf
[RTB-ospf-1] import-route isis 1 route-policy isis 2 ospf
[RTB-ospf-1] quit
```

第 2 步：查看 RTA 的 OSPF 路由表。

```
[RTA] display ospf routing

         OSPF Process 1 with Router ID 192.168.1.1
                 Routing Tables

Routing for Network
Destination        Cost   Type       NextHop        AdvRouter      Area
192.168.1.0/24     1      Transit    192.168.1.1    192.168.1.1    0.0.0.0

Routing for ASEs
Destination        Cost      Type     Tag       NextHop         AdvRouter
172.17.1.0/24      100       Type2    1         192.168.1.2     192.168.1.2
172.17.2.0/24      1         Type2    20        192.168.1.2     192.168.1.2
172.17.3.0/24      1         Type2    1         192.168.1.2     192.168.1.2
192.168.2.0/24     1         Type2    1         192.168.1.2     192.168.1.2

Total Nets: 5
Intra Area: 1   Inter Area: 0   ASE: 4   NSSA: 0
```

从回显信息可以看到，目的地址为 172. 17. 1. 0/24 的路由的开销为 100，目的地址为 172. 17. 2. 0/24 的路由的标记域（Tag）为 20，而其他路由的属性未发生变化。

5.3 巩固训练——静态及直连路由重分发

5.3.1 实训目的

➢ 理解为什么要路由重分发。

➢ 掌握路由重分发的实现方法。

5.3.2 实训拓扑

某公司的网络里面启用了多种路由协议，为了实现整个网络可以互相通信，共享资料，那么就需要将其他路由协议的路由引入 OSPF 路由协议网络中。图 5-19 所示为实训拓扑图。

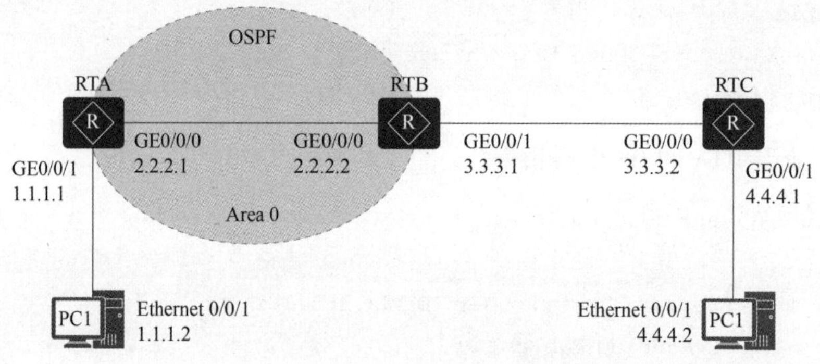

图 5-19 实训拓扑图

5.3.3 实训内容

①分别为 RTA、RTB 和 RTC 这 3 台路由器配置 IP 地址；

②分别在 RTA 和 RTB 路由器上配置 OSPF 协议；

③分别在 RTB 和 RTC 路由器上配置静态路由；

④配置 RTB 路由器，分别将静态路由和直连路由引入 OSPF 网络；

⑤查看 RTA 路由器的路由表，验证静态路由和直连路由引入是否成功。

项目 6

路由策略和策略路由

【学习目标】

1. 知识目标

➢ 了解 ACL 和地址前缀列表；

➢ 了解路由策略；

➢ 理解路由策略工具 Filter-Policy 和 Route-Policy；

➢ 了解策略路由；

➢ 理解配置策略路由的方法；

➢ 理解应用策略路由的方式。

2. 技能目标

➢ 理解并掌握路由策略配置实现方法；

➢ 理解并掌握策略路由配置实现方法。

3. 素质目标

➢ 具有刻苦努力的精神；

➢ 培养热爱学习、积极向上的精神。

项目任务 1　路由策略的实施

【项目背景】

某公司网络出口区域，使用多台路由器进行互相连接，通过全部启用 OSPF 协议实现全网的互连互通。出于安全需求，现在希望在 OSPF 网络区域中只能访问指定的某几个网段的网络，并且指定的路由器只能访问指定某一个网段的网络，这就需要对路由器配置相应的路由策略，对接收和发布的路由进行过滤处理。

【项目内容】

根据该公司的需要，可以绘制出简单的网络拓扑图，如图 6-1 所示。运行 OSPF 协议的网络中，RTA 路由器从 Internet 网络接收路由，并为 OSPF 网络提供 Internet 路由。公司希望 OSPF 网络中只能访问 172. 16. 17. 0/24、172. 16. 18. 0/24 和 172. 16. 19. 0/24 这 3 个网段中的网络，其中，RTC 路由器连接的网络只能访问 172. 16. 18. 0/24 网段中的网络。

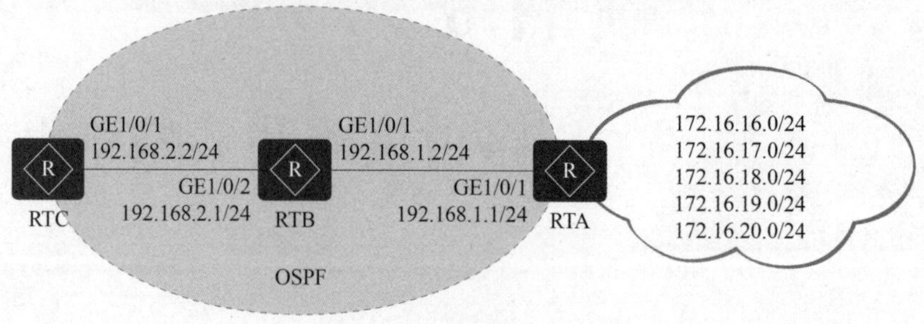

图 6-1 项目网络拓扑图

6.1 相关知识：路由策略

6.1.1 ACL 和前缀列表

要对接收的路由、发布的路由或引入的路由进行过滤，或者设置相关的路由属性，首先需要筛选出想要的路由，通过 ACL 或者地址前缀列表都可以实现，但这两种方式有所不同，下面分别进行介绍。

1. 控制列表

访问控制列表（ACL）既可以用来匹配数据包，也可以用来匹配路由信息。访问控制列表是由 permit | deny 语句组成的一系列有顺序的规则，这些规则根据源地址、目的地址、端口号等来描述。

按照访问控制列表的用途，可以分为以下两种。

①基本的访问控制列表（basic acl），可以用来匹配源 IP 地址。

```
Router(config)#access-list access-list-number {permit |deny} source[souce-wildcard]
```

【参数】

access-list-number：访问控制列表号，标准 ACL 取值是 1~99。

permit | deny：deny 表示如果满足条件，数据包则被丢弃；permit 表示如果满足条件，数据包则被允许通过该接口。

source：数据包的源地址，可以是主机地址，也可以是网络地址。

souce-wildcard：通配符掩码，也叫作反码，即子网掩码去反值。如：正常子网掩码 255. 255. 255. 0，取反则是 0. 0. 0. 255。

②高级的访问控制列表（advanced acl），可以用来匹配源 IP 地址、目的 IP 地址、源端口号、目的端口号、协议号等。

```
Router(config)#access-list access-list-number{permit |deny} protocol{source souce-wildcard destination destination-wildcard}[operator operan]
```

【参数】

access-list-number：访问控制列表号，扩展 ACL 取值是 100~199。

permit | deny：deny 表示如果满足条件，数据包则被丢弃；permit 表示如果满足条件，数据包则被允许通过该接口。

protocol：用来指定协议的类型，如 IP、TCP、UDP、ICMP 等。

source、destination：源和目的，分别用来标示源地址和目的地址。

souce-wildcard、destination-wildcard：子网反码，souce-wildcard 是源反码，destination-wildcard 是目标反码。

operator operan：lt（小于）、gt（大于）、eq（等于）、neq（不等于）一个端口号。

访问控制列表的用途是依靠数字的范围来指定的。

①2 000~2 999：基本的访问控制列表。

②3 000~3 999：高级的访问控制列表。

提示：一个 ACL 可以由多条“deny | permit”语句组成，每一条语句描述一条规则，这些规则可能存在重复或矛盾的地方（一条规则可以包含另一条规则，但两条规则不可能完全相同）。

（1）访问控制列表示例 1（图 6-2）

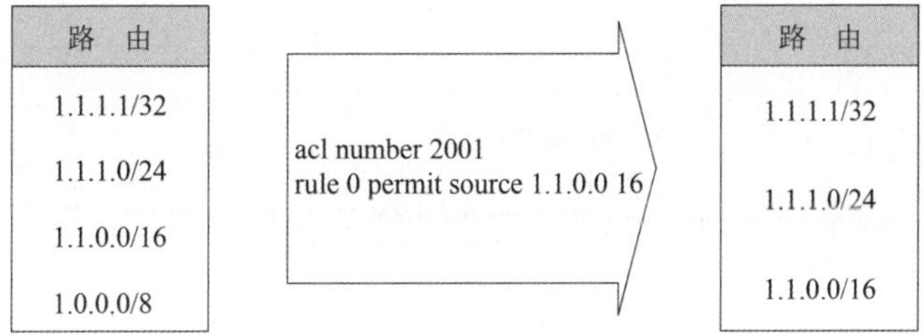

图 6-2　访问控制列表示例 1

这个 ACL 的匹配条件是“1. 1. 0. 0 16”，意思是只要路由的前两个字节是“1. 1”就能满足匹配条件，后两个字节不影响匹配的结果。因此，“1. 1. 1. 1/32”“1. 1. 1. 0/24”和“1. 1. 0. 0/16”都满足匹配条件。

（2）访问控制列表示例 2（图 6-3）

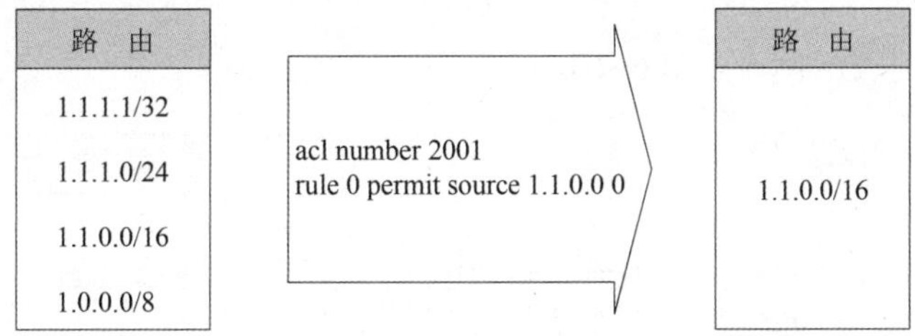

图 6-3　访问控制列表示例 2

这个 ACL 的匹配条件是“1. 1. 0. 0 0”，其中，反掩码是“0”，这意味着路由条目的 32 位必须是“1. 1. 0. 0”，因此只有“1. 1. 0. 0/16”这个路由条目满足匹配条件。

（3）访问控制列表示例 3（图 6-4）

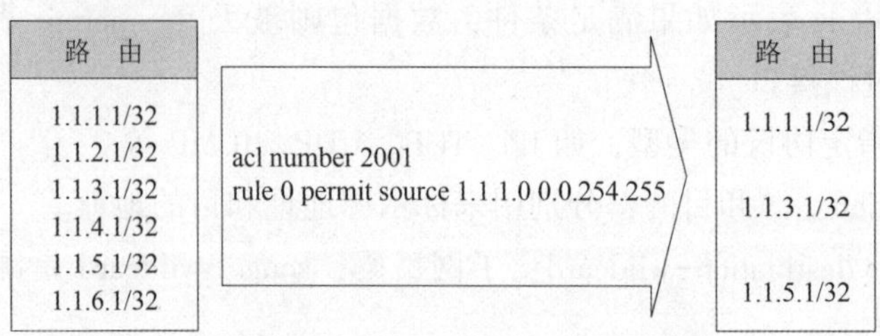

图 6-4 访问控制列表示例 3

这个示例中的匹配条件是“1. 1. 1. 0 0. 0. 254. 255”，其中，反掩码的二进制表示形式为“00000000. 00000000. 11111110. 11111111”。注意，反掩码中，0 表示严格匹配，1 表示不关心。所以，这个匹配条件表明，前两个字节必须严格匹配，第三个字节的前 7 位不关心，第 8 位必须严格匹配，第四个字节不关心。将“1. 1. 1. 0”跟反掩码相比较，可以得出结论：这个匹配条件匹配的路由的前两个字节必须是“1. 1”，第 3 个字节的最后一个位必须是 1（表明这个字节是奇数）。所以，示例中满足这个条件的路由有“1. 1. 1. 1/32，1. 1. 3. 1/32，1. 1. 5. 1/32”，其他的路由条目都不满足第三个字节是奇数的条件。

（4）访问控制列表示例 4（图 6-5）

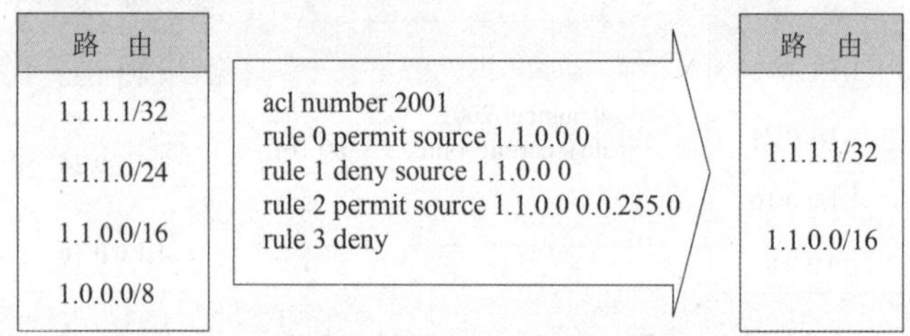

图 6-5 访问控制列表示例 4

在一个 ACL 中可以同时定义多个过滤条件，在这个示例中，给 ACL 2001 定义了 4 个过滤条件。“1. 1. 1. 1/32”匹配“rule 0”；“1. 1. 1. 0/24”匹配“rule 1”，因此被过滤掉了；“1. 1. 0. 0/16”满足“rule 2”；“1. 0. 0. 0/8”不满足前三个匹配条件，因此被最后的“rule 3”给过滤掉了。

（5）访问控制列表示例 5（图 6-6）

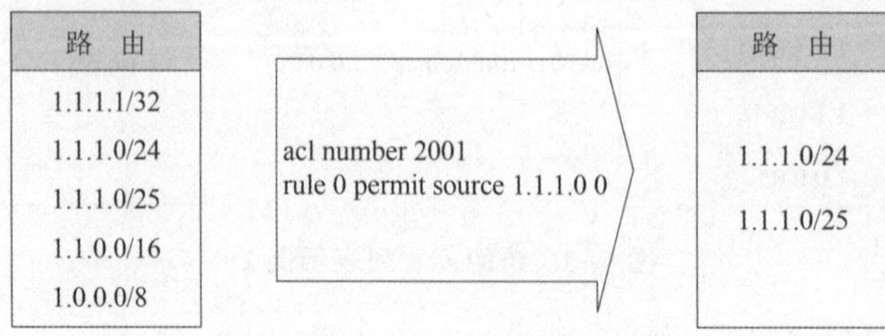

图 6-6 访问控制列表示例 5

使用 ACL 可以很好地匹配路由的前缀部分，但是对于前缀相同，掩码不同的路由，怎么区分呢？这时可以使用前缀列表。

2. 地址前缀列表

地址前缀列表即 IP-Prefix List。可以通过地址前缀列表，将与所定义的前缀过滤列表相匹配的路由，根据定义的匹配模式进行过滤，以满足使用者的需要。IP-Prefix List 能够同时匹配 IP 地址前缀及掩码长度，IP-Prefix List 不能用于 IP 报文的过滤，只能用于路由信息的过滤。

命令格式如下。

```
ip ip-prefix ip-prefix-name[index index-number]{permit |deny} ipv4-address mask-length[match-network][greater-equal greater-equal-value][less-equal less-equal-value]
```

【参数】

ip-prefix-name：指定地址前缀列表的名称。

index：IP-Prefix List 中的每一条 IP-Prefix 都有一个序列号 index，匹配的时候将根据序列号从小到大进行匹配。如果不配置 IP-Prefix 的 index，那么对应的 index 在上次配置的同名 IP-Prefix 的 index 的基础上，以步长为 10 进行增长。如果配置的 IP-Prefix 的名字及 index 都和已经配置了的 IP-Prefix List 的相同，只是匹配的内容不同，则该 IP-Prefix List 将覆盖原有的 IP-Prefix List。

index index-number：指定本匹配项在地址前缀列表中的序号。ipv4-address 前缀过滤列表由 IP 地址和掩码组成，IP 地址可以是网段地址或者主机地址，掩码长度的配置范围为 0~32。

permit：指定地址前缀列表的匹配模式为允许。在该模式下，如果过滤的 IP 地址在定义的范围内，则通过过滤进行相应的设置；否则，必须进行下一节点测试。

deny：指定地址前缀列表的匹配模式为拒绝。在该模式下，如果过滤的 IP 地址在定义的范围内，该 IP 地址不能通过过滤，从而不能进入下一节点的测试；否则，将进行下一节点测试。

ipv4-address mask-length：指定 IP 地址和掩码长度。

match-network：指定匹配网络地址。match-network 参数只有在 ipv4-address 为 0. 0. 0. 0 时才可以配置，主要用来匹配指定网络地址的路由。例如：ip ip-prefix prefix1 permit 0. 0. 0. 0 8 可以匹配掩码长度为 8 的所有路由；而 ip ip-prefix prefix1 permit 0. 0. 0. 0 8 match-network 可以匹配 0. 0. 0. 1~0. 255. 255. 255 范围内的所有路由。

greater-equal greater-equal-value：指定掩码长度匹配范围的下限。

less-equal less-equal-value：指定掩码长度匹配范围的上限。

提示：当所有前缀过滤列表均未匹配时，默认情况下，存在最后一条默认匹配模式为 deny。当引用的前缀过滤列表不存在时，则默认匹配模式为 permit。

前缀过滤列表可以进行精确匹配或者在一定掩码长度范围内匹配，并通过配置关键字 greater-equal 和 less-equal 来指定待匹配的前缀掩码长度范围。如果没有配置关键字 greater-equal 或 less-equal，前缀过滤列表会进行精确匹配，即只匹配掩码长度为与前缀过滤列表掩码长度相同的 IP 地址路由；如果只配置了关键字 greater-equal，则待匹配的掩码长度范围为从 greater-equal 指定值到 32 位的长度；如果只匹配了关键字 less-equal，则待匹配的掩码长度范围为从指定的掩码到关键字 less-equal 的指定值。

如果需要删除指定的地址前缀列表配置，可以使用如下命令。

```
undo ip ip-prefix ip-prefix-name[ index index-number]
```

（1）地址前缀列表示例 1（图 6-7）

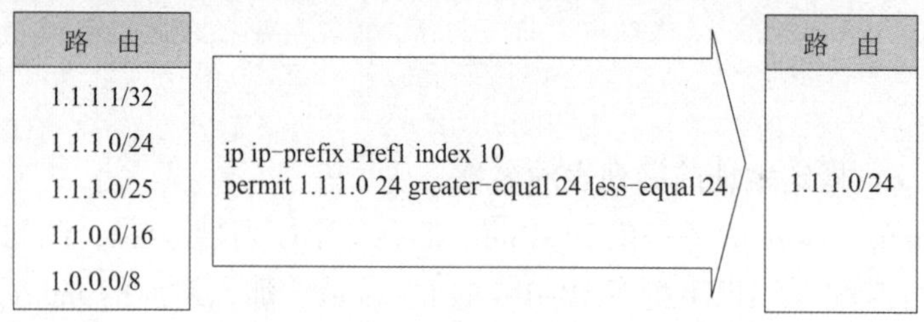

图 6-7　地址前缀列表示例 1

在该地址前缀列表命令代码中，“index 10”定义了两个匹配条件：一个是“1. 1. 1. 0 24”；另一个是“greater-equal 24 less-equal 24”。“1. 1. 1. 0 24”表示路由的前缀部分的前 3 个字节必须是“1. 1. 1”；“greater-equal 24 less-equal 24”表示路由的掩码长度必须是 24 位。所以，只有“1. 1. 1. 0/24”这一个路由满足匹配条件。

提示：需要注意的是，前缀列表可以同时定义多个 index。

（2）地址前缀列表示例 2（图 6-8）

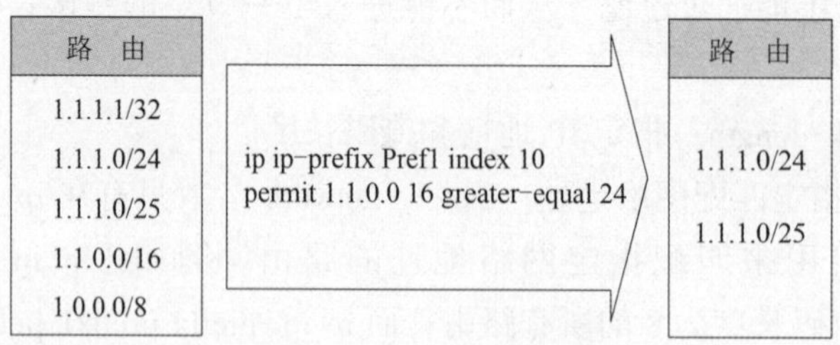

图 6-8　地址前缀列表示例 2

在该前缀列表命令代码中，“index 10”定义了两个匹配条件：一个是“1. 1. 0. 0 16”；另一个是“greater-equal 24”，同时隐含“less-equal 32”。所以，只有“1. 1. 1. 0/24”和“1. 1. 1. 0/25”这两个路由满足匹配条件。

3. ACL 与前缀列表的不同

ACL 与前缀列表的不同主要表现在以下几个方面。

①访问控制列表既可以用来匹配数据包，也可以用来匹配路由信息。

②ACL 可以很好匹配路由的前缀部分，但是对于前缀相同而掩码不同的路由无法匹配；IP-Prefix List 过滤 IP 前缀，能同时匹配前缀号和前缀长度。

③前缀列表的性能比访问控制列表的高。

④ACL 用于匹配路由信息或者数据包的地址，过滤不符合条件的路由信息或数据包；前缀列表不能用于数据包的过滤。

> **提示**：当需要执行路由策略或者策略路由的时候，一般先要把特定的路由信息或者数据包过滤出来。可以根据过滤的对象不同采用不同的过滤工具。所以要首先清楚要匹配的对象是什么，是路由还是数据，然后才能选择适当的工具。

6.1.2 路由策略

在企业网络的设备通信中，常面临一些非法流量访问的安全性及流量路径不优等问题，故为保证数据访问的安全性、提高链路带宽利用率，就需要对网络中的流量行为进行控制，如控制网络流量可达性、调整网络流量路径等。而当面对更加复杂、精细的流量控制需求时，就需要灵活地使用一些工具来实现。

1. 路由策略概述

路由策略是一套用于对路由信息进行过滤、属性设置等操作的方法，通过对路由的控制，可以影响数据流量转发。实际上，路由策略并非单一的技术或者协议，而是一个技术专题或方法论，里面包含着多种工具和方法。

对流量行为的控制需求主要表现在以下两个方面。

控制网络流量可达性。如图 6-9 所示，为满足业务需求和保证数据访问安全性，要求市场部不能访问财务部、研发部，公司总部不能访问研发部。

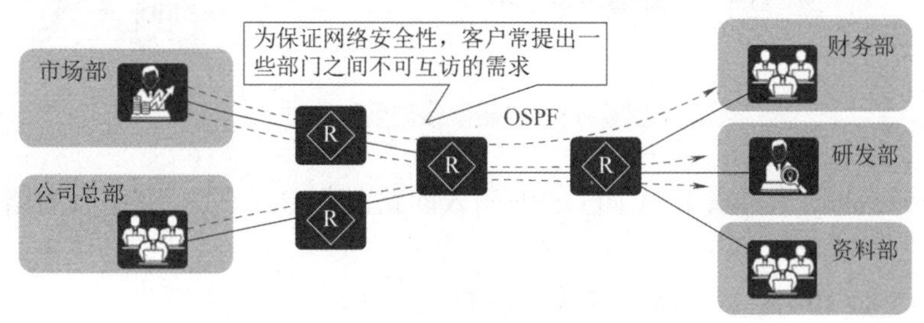

图 6-9　控制网络流量可达性

调整网络流量路径。如图 6-10 所示，根据 OSPF 协议计算生成的路由，市场部和财务部访问公司总部都选择通过一条开销最小的路径，即使该路径发生拥塞也如此，而另外一条路径的链路带宽则一直处于空闲状态，这样就造成了带宽浪费的问题。

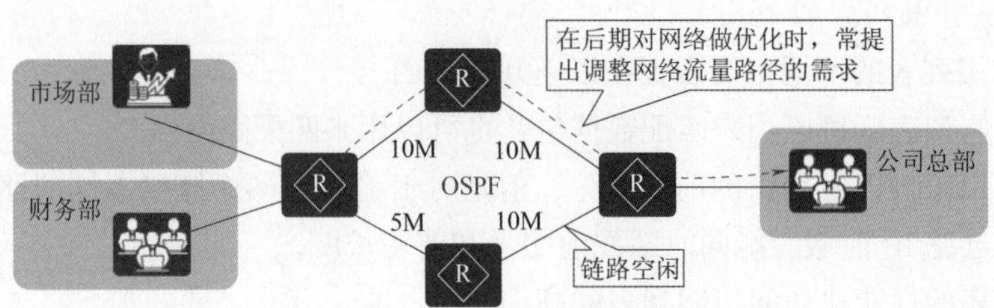

图 6-10 调整网络流量路径

路由策略（Routing Policy）的作用是当路由器在发布、接收和引入路由信息时，可根据实际组网需要实施一些策略，以便对路由信息进行过滤或改变路由信息的属性。

路由策略的作用主要表现在以下几个方面。

①过滤路由信息的手段。

②发布路由信息时只发送部分信息。只发布满足条件的路由信息。

③接收路由信息时只接收部分信息。只接收必要、合法的路由信息，以控制路由表的容量，提高网络的安全性。

④进行路由引入时引入满足特定条件的信息支持等值路由。一种路由协议在引入其他路由协议时，只引入一部分满足条件的路由信息，并对所引入的路由信息的某些属性进行设置，以使其满足本协议的要求。

⑤设置路由协议引入的路由属性。为通过路由策略过滤的路由设置相应的属性。

2. 路由策略工具

在图 6-11 所示的网络拓扑图中，该如何控制网络流量可达性？

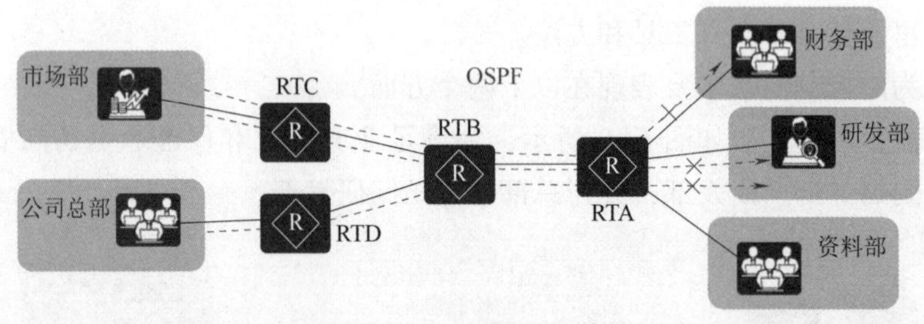

图 6-11 控制网络流量可达性

利用 Filter-Policy 工具对 RTA 向 OSPF 引入的路由和 RTC 写入路由表的路由进行过滤，操作如下。

①使用 ACL 或 IP-Prefix List 工具来匹配目标流量；

②在协议视图下，利用 Filter-Policy 向目标流量发布策略。

（1）Filter-Policy 工具介绍

Filter-Policy 工具可通过引用 ACL 或地址前缀列表，对接收、发布和引入的路由进行过滤。Filter-Policy 能够对接收或发布的路由进行过滤，可应用于 RIP、ISIS、OSPF、BGP 等协议。

对协议接收的路由进行过滤的语句如下。

```
filter-policy{acl-number|ip-prefix ip-prefix-name} import
```

【参数】

acl-number：指定基本 ACL 的编号。整数形式，取值范围为 2 000~2 999。

ip-prefix ip-prefix-name：指定 IPv4 地址前缀列表名。字符串形式，不支持空格，区分大小写，长度范围是 1~64，以英文字母开始。

对协议发布的路由进行过滤的语句如下。

```
filter-policy{ acl-number|ip-prefix ip-prefix-name} export
```

> **提示：** 在使用 Filter-Policy 对发送的路由进行过滤时，可以关联入/出接口，从而实现基于接口的路由过滤，一个接口只能配置一个 Filter-Policy，如果不指定接口，则被视为全局策略，也就是该过滤器对所有接口生效。

（2）Filter-Policy 工具特点

对于距离矢量协议和链路状态协议，Filter-Policy 工具的操作过程是不同的，主要表现在以下几个方面。

①距离矢量协议是基于路由表生成路由的，因此过滤器会影响从邻居接收的路由和向邻居发布的路由。

②链路状态路由协议是基于链路状态数据库来生成路由的，且路由信息隐藏在链路状态 LSA 中，但 Filter-Policy 不能对发布和接收的 LSA 进行过滤，故 Filter-Policy 不影响链路状态通告或链路状态数据库的完整性以及协议路由表，而只会影响本地路由表，且只有通过过滤的路由才被添加到路由表中，没有通过过滤的路由不会被添加进路由表。

③不同协议应用 filter-policy export 命令对待发布路由的影响范围不同。对于距离矢量协议，会对引入的路由信息、本协议发现的路由信息进行过滤；对于链路状态协议，只对引入的路由信息进行过滤。

3. 路由策略工具

在图 6-12 所示的网络拓扑图中，该如何控制网络流量可达性？

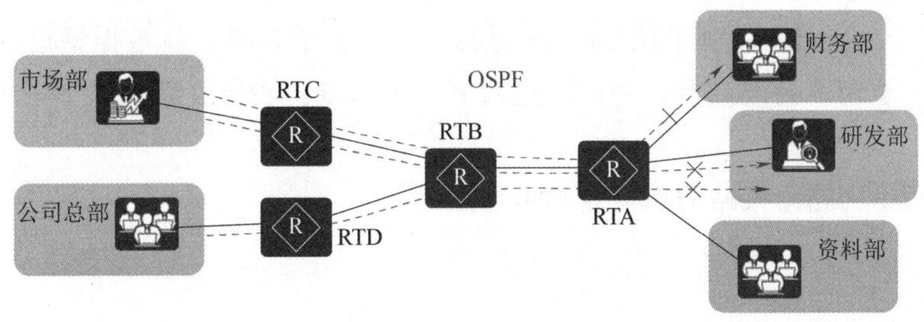

图 6-12　控制网络流量可达性

可利用 Route-Policy 工具，在 RTA 引入直连路由时对路由进行过滤，操作如下。

①使用 ACL 或 IP-Prefix List 工具来匹配目标流量；

②在协议视图下，利用 Route-Policy 对引入的路由条目进行控制。

Route-Policy 是一种功能非常强大的路由策略工具，它可以灵活地与 ACL、IP-Prefix List、As-Path-Filter 等其他工具配合使用。

```
route-policy route-policy-name{permit |deny} node node
if-match {acl/cost/interface/ip next-hop/ip-prefix}
apply {cost/ip-address next-hop/tag}
```

Route-Policy 语句命令说明见表 6-1。

表 6-1　Route-Policy 语句命令说明

命令	说明
route-policy	route-policy 由若干个 node 构成，每个 node 都有相应的 permit 模式或 deny 模式，node 之间是“或”的关系。每个 node 下可以有若干个 if-mach 和 apply 子句，if-match 之间是“与”的关系
if-match	if-match 命令用来定义路由策略，即匹配规则。常用的匹配条件包括 ACL、前缀列表、路由标记、路由类型以及接口等
apply	apply 命令用来为路由策略指定动作。在一个节点中，如果没有配置 apply 子句，则该节点仅起过滤路由的作用。如果配置一个或多个 apply 子句，则通过节点匹配的路由将执行所有 apply 子句。常用的动作包括设置路由的开销值、设置路由的开销类型、设置路由的下一跳地址、设置路由协议的优先级、设置路由的标记和设置 BGP 路由的属性等

①允许模式：当路由项满足该 node 的所有 if-match 子句时，就被允许通过该 node 的过滤并执行该 node 的 apply 子句，且不再进入下一个 node；如果路由项没有满足该 node 的所有 if-match 子句，则会进入下一个 node 继续进行过滤。

②拒绝模式：当路由项满足该 node 的所有 if-match 子句时，就被拒绝通过该 node 的过滤，这时 apply 子句不会被执行，并且不进入下一个 node；否则，就进入下一个 node 继续进行过滤。

图 6-13 所示为路由策略的执行规则示意图。

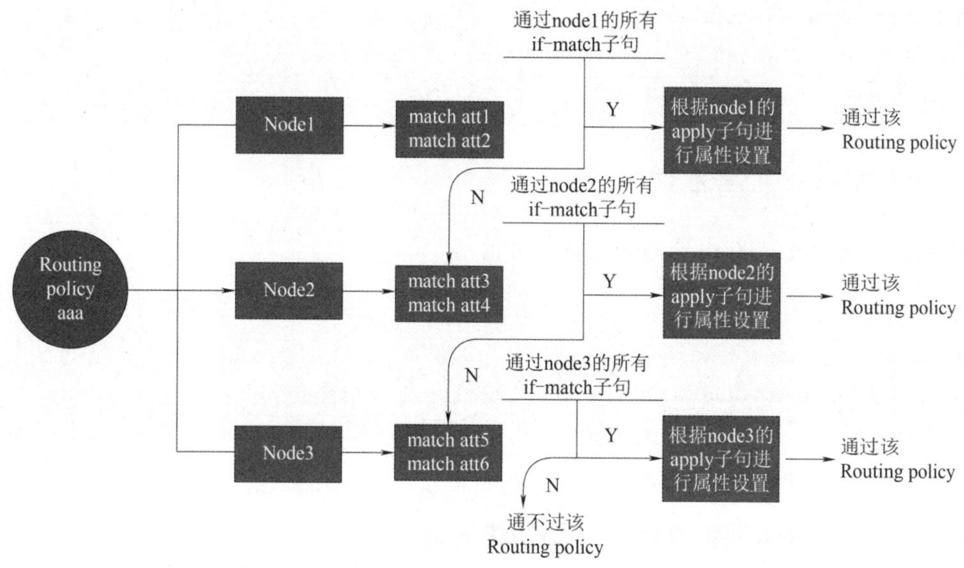

图 6-13 路由策略的执行规则示意图

6.2 项目实施——路由策略配置实现

图 6-14 所示为本项目的网络拓扑图，需要在 RTA 路由器上配置路由策略，在路由发布时运用路由策略，使 RTA 路由器仅提供路由 172.16.17.0/24、172.16.18.0/24、172.16.19.0/24 给 RTB 路由器，实现 OSPF 网络中只能访问 172.16.17.0/24、172.16.18.0/24 和 172.16.19.0/24 这 3 个网段的网络。在 RTC 路由器上配置路由策略，在路由引入时运用路由策略，使 RTC 路由器仅接收路由 172.16.18.0/24，实现 RTC 路由器连接的网络只能访问 172.16.18.0/24 网段的网络。

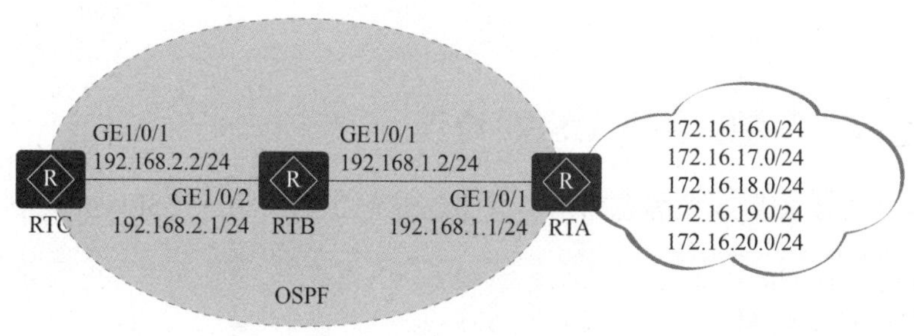

图 6-14 项目网络拓扑图

6.2.1 配置各路由器接口的 IP 地址

以下为配置 RTA 路由器接口 IP 地址的代码，RTB 和 RTC 路由器的配置与 RTA 的类似。

```
[RTA] interface gigabitethernet 1/0/1
[RTA-GigabitEthernet] ip address 192.168.1.1 24
[RTA-GigabitEthernet] quit
```

6.2.2 配置 OSPF 基本功能

第 1 步：配置 RTA 路由器 OSPF 基本功能。

```
[RTA] ospf
[RTA-ospf-1] area 0
[RTA-ospf-1-area-0.0.0.0] network 192.168.1.0 0.0.0.255
[RTA-ospf-1-area-0.0.0.0] quit
[RTA-ospf-1] quit
```

第 2 步：配置 RTB 路由器 OSPF 基本功能。

```
[RTB] ospf
[RTB-ospf-1] area 0
[RTB-ospf-1-area-0.0.0.0] network 192.168.1.0 0.0.0.255
[RTB-ospf-1-area-0.0.0.0] network 192.168.2.0 0.0.0.255
[RTB-ospf-1-area-0.0.0.0] quit
[RTB-ospf-1] quit
```

第 3 步：配置 RTC 路由器 OSPF 基本功能。

```
[RTC] ospf
[RTC-ospf-1] area 0
[RTC-ospf-1-area-0.0.0.0] network 192.168.2.0 0.0.0.255
[RTC-ospf-1-area-0.0.0.0] quit
[RTC-ospf-1] quit
```

6.2.3 配置静态路由并引入 OSPF 协议

在 RTA 路由器上配置 5 条静态路由，并将这些静态路由引入 OSPF 协议中。

```
[RTA] ip route-static 172.16.16.0 24 NULL 0
[RTA] ip route-static 172.16.17.0 24 NULL 0
[RTA] ip route-static 172.16.18.0 24 NULL 0
[RTA] ip route-static 172.16.19.0 24 NULL 0
[RTA] ip route-static 172.16.20.0 24 NULL 0
[RTA] ospf
[RTA-ospf-1] import-route static
[RTA-ospf-1] quit
```

在 RTB 路由器上查看 IP 路由表，可以看到 OSPF 引入的 5 条静态路由。

```
[RTB] display ip routing-table
Route Flags: R - relay, D - download to fib, T - to vpn-instance
------------------------------------------------------------
Routing Tables: Public
        Destinations : 11        Routes : 11

Destination/Mask    Proto  Pre  Cost     Flags NextHop         Interface

     127.0.0.0/8    Direct 0    0          D  127.0.0.1       InLoopBack0
     127.0.0.1/32   Direct 0    0          D  127.0.0.1       InLoopBack0
   172.16.16.0/24   O_ASE  150  1          D  192.168.1.1     Vlanif10
   172.16.17.0/24   O_ASE  150  1          D  192.168.1.1     Vlanif10
   172.16.18.0/24   O_ASE  150  1          D  192.168.1.1     Vlanif10
   172.16.19.0/24   O_ASE  150  1          D  192.168.1.1     Vlanif10
   172.16.20.0/24   O_ASE  150  1          D  192.168.1.1     Vlanif10
   192.168.1.0/24   Direct 0    0          D  192.168.1.2     Vlanif10
   192.168.1.2/32   Direct 0    0          D  127.0.0.1       Vlanif10
   192.168.2.0/24   Direct 0    0          D  192.168.2.1     Vlanif20
   192.168.2.1/32   Direct 0    0          D  127.0.0.1       Vlanif20
```

6.2.4　配置路由发布策略

第 1 步：配置 RTA 路由器地址前缀列表 a2b。

```
[RTA] ip ip-prefix a2b index 10 permit 172.16.17.0 24
[RTA] ip ip-prefix a2b index 20 permit 172.16.18.0 24
[RTA] ip ip-prefix a2b index 30 permit 172.16.19.0 24
```

第 2 步：配置 RTA 路由器的发布策略，引用地址前缀列表 a2b 进行过滤。

```
[RTA] ospf
[RTA-ospf-1] filter-policy ip-prefix a2b export static
```

第 3 步：查看 RTB 路由器的 IP 路由表，可以看到 RTB 路由器仅接收到列表 a2b 中定义的 3 条理由。

```
[RTB] display ip routing-table
Route Flags: R - relay, D - download to fib, T - to vpn-instance
------------------------------------------------------------
Routing Tables: Public
```

```
        Destinations : 9        Routes : 9

Destination/Mask    Proto  Pre  Cost     Flags  NextHop       Interface

     127.0.0.0/8   Direct    0    0        D  127.0.0.1       InLoopBack0
     127.0.0.1/32  Direct    0    0        D  127.0.0.1       InLoopBack0
   172.16.17.0/24  O_ASE    150   1        D  192.168.1.1     Vlanif10
   172.16.18.0/24  O_ASE    150   1        D  192.168.1.1     Vlanif10
   172.16.19.0/24  O_ASE    150   1        D  192.168.1.1     Vlanif10
   192.168.1.0/24  Direct    0    0        D  192.168.1.2     Vlanif10
   192.168.1.2/32  Direct    0    0        D  127.0.0.1       Vlanif10
   192.168.2.0/24  Direct    0    0        D  192.168.2.1     Vlanif20
   192.168.2.1/32  Direct    0    0        D  127.0.0.1       Vlanif20
```

6.2.5 配置路由接收策略

第 1 步：配置 RTC 路由器地址前缀列表 in。

```
[RTC] ip ip-prefix in index 10 permit 172.16.18.0 24
```

第 2 步：配置 RTC 路由器的接收策略，引用地址前缀列表 in 进行过滤。

```
[RTC] ospf
[RTC-ospf-1] filter-policy ip-prefix in import
[RTC-ospf-1] quit
```

第 3 步：查看 RTC 路由器的 IP 路由表，可以看到 RTC 路由器的 IP 路由表中，仅接收了列表 in 中定义的 1 条理由。

```
[RTC] display ip routing-table
Route Flags: R - relay, D - download to fib, T - to vpn-instance
------------------------------------------------------------
Routing Tables: Public
        Destinations : 5        Routes : 5

Destination/Mask    Proto   Pre  Cost     Flags NextHop       Interface

     127.0.0.0/8    Direct   0    0         D  127.0.0.1       InLoopBack0
     127.0.0.1/32   Direct   0    0         D  127.0.0.1       InLoopBack0
   172.16.18.0/24   O_ASE   150   1         D  192.168.2.1     Vlanif20
   192.168.2.0/24   Direct   0    0         D  192.168.2.2     Vlanif20
   192.168.2.2/32   Direct   0    0         D  127.0.0.1       Vlanif20
```

6.3 巩固训练——在路由引入时应用路由策略

6.3.1 实训目的

- 理解路由策略。
- 掌握路由策略的配置实现方法。

6.3.2 实训拓扑

图6-15所示为实训拓扑图。RTA和RTB路由器都运行RIP协议，这两个路由器之间可以实现通信。在RTA路由器上引入三条静态路由，在引入静态路由时应用路由策略，使3条静态路由中的20.1.1.1/32和40.1.1.1/32网段的路由是可见的，30.1.1.1/32网段的路由则被屏蔽。

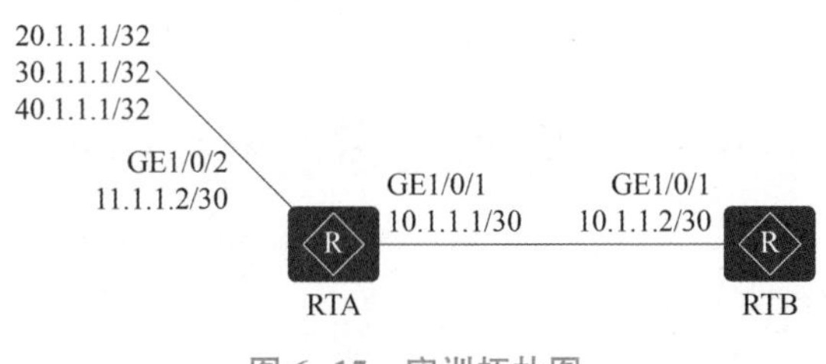

图6-15　实训拓扑图

6.3.3 实训内容

①在RTA路由器上配置接口GigabitEthernet1/0/1和GigabitEthernet1/0/2的IP地址，并在接口GigabitEthernet1/0/1下使能RIP；

②在RTA路由器上配置3条静态路由，其下一跳为11.1.1.2，保证静态路由为active状态；

③在RTA路由器上配置路由策略；

④在RTA路由器上启动RIP协议，同时应用路由策略static2rip对引入的静态路由进行过滤；

⑤在RTB路由器上配置接口GigabitEthernet1/0/1的IP地址，并启动RIP协议；

⑥在RTB路由器的接口下使能RIP；

⑦查看RTB路由器的RIP路由表，验证路由策略是否生效。

项目任务2　策略路由的实施

【项目背景】

某公司用户通过路由器访问外部网络设备，其中，一条是低速链路，一条是高速链路，公司希望上送外部网络的报文中，不同的 IP 优先级通过不同的链路进行传输，这就可以通过策略路由的配置来实现。

【项目内容】

根据该公司的需要，可以绘制出简单的网络拓扑图，如图 6-16 所示。RTA 路由器归属到外部网络设备。其中，一条是低速链路，网关为 10. 1. 20. 1/24；另一条是高速链路，网关为 10. 1. 30. 1/24。公司希望上送外部网络的报文中，IP 优先级为 4、5、6、7 的报文通过高速链路传输，而 IP 优先级为 0、1、2、3 的报文则通过低速链路传输。

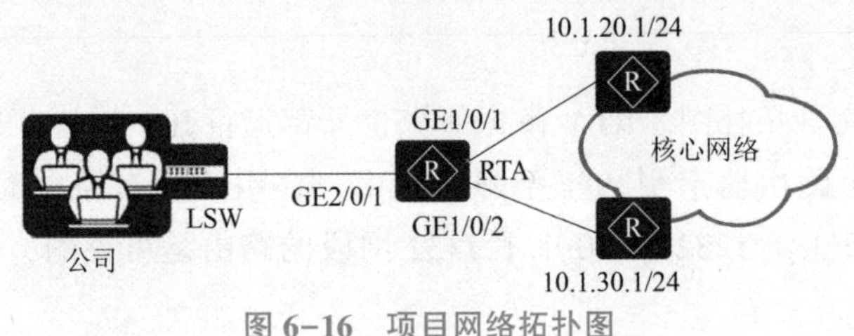

图 6-16　项目网络拓扑图

6. 4　相关知识：策略路由

6. 4. 1　策略路由概述

策略路由概念（policy-based-route）是一种依据用户制定的策略进行路由选择的机制，与单纯依照 IP 报文的目的地址查找路由表进行转发不同，可用于安全、负载分担等。

策略路由主要是控制报文的转发，即可以不按照路由表进行报文的转发。

为网络管理者提供了比传统路由协议对报文的转发和存储更强的控制能力，主要表现在以下两个方面。

①使网络管理者不仅能够根据目的地址，而且能够根据协议类型、报文大小、应用、IP 源地址或者其他的策略来选择转发路径。

②可以控制多个路由器之间的负载均衡、单一链路上报文转发的 QoS 或者满足某种特定需求。

提示：策略路由支持基于 ACL 包过滤、地址长度等信息，灵活地指定路由。ACL 报文过滤可以根据报文的源 IP、目的 IP、协议、端口号、优先级、时间段、VPN 等各种丰富的信息将报文分类，然后将这些报文按照不同的路由转发出去。

路由器存在两种类型的表：一个是路由表（routing-table），另一个是转发表（forwarding-table），转发表是由路由表映射过来的，策略路由直接作用于转发表，路由策略直接作用于路由表。由于转发在底层，路由在高层，所以直接作用在转发表的转发优先级比查找路由表转发的优先级高。

路由策略是在路由发现的时候产生作用，并根据一些规则，使用某种策略来影响路由发

布、接收或路由选择的参数，从而改变路由发现的结果，最终改变路由表内容；策略路由是在数据包转发的时候发生作用，不改变路由表中的任何内容，它可以通过设置的规则影响数据报文的转发。

路由策略与策略路由的区别见表 6-2。

表 6-2　路由策略与策略路由的区别

路由策略	策略路由
基于控制平面，会影响路由表表项	基于转发平面，不会影响路由表表项，且设备收到报文后，会先查找策略路由进行匹配转发，若匹配失败，则再查找路由表进行转发
只能基于目的地址进行策略制定	可基于源地址、目的地址、协议类型、报文大小等进行策略制定
与路由协议结合使用	需手工逐跳配置，以保证报文按策略进行转发
常用工具：Route-Policy、Filter-Policy 等	常用工具：Traffic-Filter、Traffic-Policy、Policy-Based-Route 等

6.4.2　配置策略路由

1. 定义策略路由的匹配规则

①进入系统视图：

```
system view
```

②创建策略或一个策略节点：

```
policy-based-route policy-name{deny |permit} node node-id
```

③设置 IP 报文长度匹配条件：

```
if-match packet-length minimum-length maximum-length
```

④设置 IP 地址匹配条件：

```
if-match acl acl-number
```

2. 定义策略路由的动作

①创建策略或一个策略节点：

```
policy-based-route policy-name{deny |permit} node node-id
```

②设置报文优先级：

```
apply ip-precedence precedence
```

③指定报文的默认下一跳：

```
apply ip-address default next-hop ip-address1[ip-address2]
```

④指定报文的默认出接口：

```
apply default output-interface interface-type1 interface-number1[interface-type2 interface-number2]
```

⑤设置报文的下一跳：

```
apply ip-address next-hop ip-address
```

⑥指定报文的出接口：

```
apply output-interface interface-type1 interface-number1[interface-type2 interface-number2]
```

6.4.3 应用策略路由的方式

在应用策略路由时，可以有本地策略路由、接口策略路由和智能策略路由3种方式。

提示：在系统视图下应用策略路由，此时的策略路由只对本地产生的报文起作用；在接口视图下应用策略路由，此时的策略路由只对本接口接收到的报文起作用。

1. 本地策略路由

如图6-17所示，路由器R1和R2之间配置静态路由到达对方的环回接口0。现通过配置本地策略路由实现大小为64~100字节的数据包选择上边的链路，大小为101~500字节的数据包选择下面的链路，所有其他长度的数据包都按基于目的地址的方法进行路由选路。

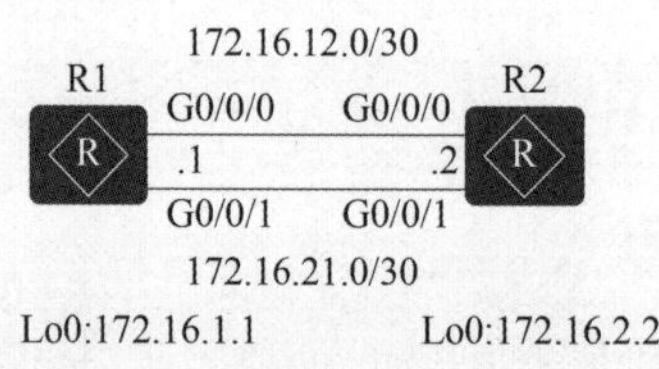

图6-17 本地策略路由配置示意图

①路由器R1配置本地策略路由：

```
[R1]policy-based-route LP permit node 10
[R1-policy-based-route-LP-10]if-match packet-length 64 100
[R1-policy-based-route-LP-10]apply ip-address next-hop 172.16.12.2
[R1]policy-based-route LP permit node 20
[R1-policy-based-route-LP-20]if-match packet-length 101 500
[R1-policy-based-route-LP-20]apply ip-address next-hop 172.16.21.2
[R1]ip local policy-based-route LP
```

②生成测试流量，在路由器R1上用如下2条命令进行测试：

```
[R1]ping -a 172.16.1.1 -s 80 172.16.2.2
[R1]ping -a 172.16.1.1 -s 200 172.16.2.2
```

③查看本地策略路由匹配统计信息：

```
[R1]display ip policy-based-route statistics local
Local policy based routing information:
policy-based-route: LP
  permit node 10
    apply ip-address next-hop 172.16.12.2
      Denied: 0,
Forwarded: 5
  permit node 20
    apply ip-address next-hop 172.16.21.2
      Denied: 0,
Forwarded: 5
```

2. 接口策略路由

如图6-18所示，整个网络配置OSPF路由协议实现网络连通性。现通过在路由器R1接口G0/0/2配置接口策略路由实现VLAN10主机（172.16.10.0/24网络）的流量选择上边的链路、VLAN20主机（172.16.20.0/24网络）的流量选择下面的链路，所有流量都按基于目的地址的方法进行路由选路。

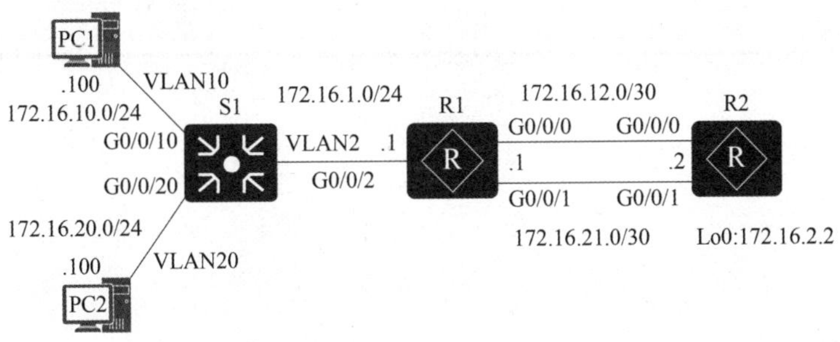

图6-18　接口策略路由配置示意图

①配置接口策略路由：

```
[R1]acl number 2000                                       //ACL2000 匹配 VLAN10 的流量
[R1-acl-basic-2000]rule 10 permit source 172.16.10.0 0.0.0.255
[R1]acl number 2001                                       //ACL2001 匹配 VLAN20 的流量
[R1-acl-basic-2001]rule 10 permit source 172.16.20.0 0.0.0.255
[R1]traffic classifier V10                                //创建流分类
```

```
[R1-classifier-V10]if-match acl 2000
[R1]traffic classifier V20
[R1-classifier-V20]if-match acl 2001
[R1]traffic behavior V20                                    //配置流行为
[R1-behavior-V20]redirect ip-nexthop 172.16.21.2                //重定向下一跳地址
[R1-behavior-V20]statistic enable                           //开启流量统计功能
[R1]traffic behavior V10
[R1-behavior-V10]redirect ip-nexthop 172.16.12.2
[R1-behavior-V10]statistic enable
[R1]traffic policy PBR                                       //创建流策略
[R1-traffic policy-PBR]classifier V10 behavior V10             //关联流分类和流行为
[R1-traffic policy-PBR]classifier V20 behavior V20
[R1]interface GigabitEthernet0/0/2
[R1-GigabitEthernet0/0/2]traffic-policy PBR inbound            //接口入向应用流策略
```

②生成测试流量：在 PC1 和 PC2 上分别 ping 172.16.2.2 地址。

③查看接口策略路由匹配统计信息：

```
[R1]display traffic policy statistics interface GigabitEthernet0/0/2 inbound
Interface: GigabitEthernet0/0/2
Traffic policy inbound: PBR
Rule number:
Current status: OK!
Item                        Sum(Packets/Bytes)            Rate(pps/bps)
------------------------------------------------
Matched                             9/                       1/
                                      882                      336
+--Passed                           9/                       1/
                                      882                      336
```

3. 智能策略路由

如图 6-19 所示，整个网络配置静态路由实现网络连通性。

智能策略路由配置实现方法说明如下。

①路由器 R1 通过两个运营商（ISPA 和 ISPB）专线和路由器 R4 相连，R1 希望实现：用 ISPA 的网络作为高速主用链路；用 ISPB 的网络作为备份链路。

②在 R1 上配置网络质量分析（Network Quality Analysis，NQA）客户端，在 R4 上配置 NQA 服务器，以实现对 R1 和 R4 之间链路质量的动态检测。

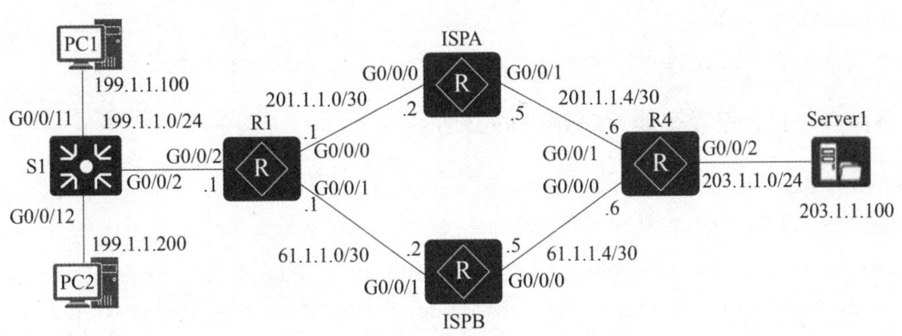

图 6-19　智能策略路由配置示意图

提示： NQA 是设备上集成网络测试功能，不仅可以实现对网络运行情况的准确测试，输出统计信息，还可以有效地节约成本。

③在 R1 上配置区分业务流的 ACL，以实现对目的地址为 Server1 的 IP 地址的报文进行智能策略路由。在 R1 上配置智能策略路由的路由参数，以实现将探测链路加入链路组等。

④在 R1 上配置智能策略路由与业务关联，以实现 ISPA 的链路为主用链路，ISPB 的链路为备份链路，并且链路时延不大于 1 000 ms。

智能策略路由配置实现步骤如下。

①在路由器 R1 上配置 NQA 客户端：

```
[R1]nqa test-instance admin ISPA
[R1-nqa-admin-ISPA]test-type jitter
[R1-nqa-admin-ISPA]destination-address ipv4 201.1.1.6
[R1-nqa-admin-ISPA]destination-port 10000
[R1-nqa-admin-ISPA]frequency 10
[R1-nqa-admin-ISPA]source-interface GigabitEthernet0/0/0
[R1-nqa-admin-ISPA]start now
[R1]nqa test-instance admin ISPB
[R1-nqa-admin-ISPB]test-type jitter
[R1-nqa-admin-ISPB]destination-address ipv4 61.1.1.6
[R1-nqa-admin-ISPB]destination-port 10001
[R1-nqa-admin-ISPB]frequency 10
[R1-nqa-admin-ISPB]source-interface GigabitEthernet0/0/1
[R1-nqa-admin-ISPB]start now
```

②在路由器 R4 上配置 NQA 服务器：

```
[R4]nqa-server udpecho 201.1.1.6 10000
[R4]nqa-server udpecho 61.1.1.6 10001
```

③在路由器 R1 上配置区分业务流的 ACL：

```
[R1]acl number 3000
[R1-acl-adv-3000]rule 10 permit ip destination 203.1.1.0 0.0.0.255
```

④在路由器 R1 上配置智能策略路由的路由参数：

```
[R1]smart-policy-route
[R1-smart-policy-route]period 50
[R1-smart-policy-route]route flapping suppression 100
[R1-smart-policy-route]prober GigabitEthernet0/0/1 nqa admin ISPB
[R1-smart-policy-route]prober GigabitEthernet0/0/0 nqa admin ISPA
[R1-smart-policy-route]link-group LG1
[R1-smart-policy-route-link-group-LG1]link-member GigabitEthernet0/0/0
[R1-smart-policy-route]link-group LG2
[R1-smart-policy-route-link-group-LG2]link-member GigabitEthernet0/0/1
```

⑤在路由器 R1 上配置智能策略路由的业务参数：

```
[R1]smart-policy-route
[R1-smart-policy-route]service-map SPR
[R1-smart-policy-route-service-map-SPR]match acl 3000
[R1-smart-policy-route-service-map-SPR]set delay threshold 1000
[R1-smart-policy-route-service-map-SPR]set link-group LG1
[R1-smart-policy-route-service-map-SPR]set link-group LG2 backup
```

⑥查看 SPR 中探测链路的链路状态信息：

```
[R1]display smart-policy-route link-state
-----------------------------------------------
link-name                          Delay      Jitter      Loss
-----------------------------------------------
GigabitEthernet0/0/0                 5          2           0
GigabitEthernet0/0/1                 5          2           0
-----------------------------------------------
```

⑦查看 SPR 中业务模板的配置信息：

```
[R1]display smart-policy-route service-map SPR
-----------------------------------------------
Match acl          : 3000
DelayThreshold      : 1000
LossThreshold       : 1000
JitterThreshold     : 3000
CmiThreshold        : 0
```

```
GroupName          : LG1
BackupGroupName     : LG2
Description       : SPR
Cmi-Method          : d+l+j
CurLinkName        : GigabitEthernet0/0/0
```

6.5　项目实施——策略路由配置实现

图 6-20 所示为本项目的网络拓扑图，可以通过使用重定向方式实现策略路由，进而提供差分服务，实施思路如下：

①创建 VLAN 并配置各接口，实现公司和外部网络设备互连。

②配置 ACL 规则，分别匹配 IP 优先级 4、5、6、7，以及 IP 优先级 0、1、2、3。

③配置流分类，匹配规则为上述 ACL 规则，使设备可以对报文进行区分。

④配置流行为，使满足不同规则的报文分别被重定向到 10. 1. 20. 1/24 和 10. 1. 30. 1/24。

⑤配置流策略，绑定上述流分类和流行为，并应用到接口 GE2/0/1 的入方向上，实现策略路由。

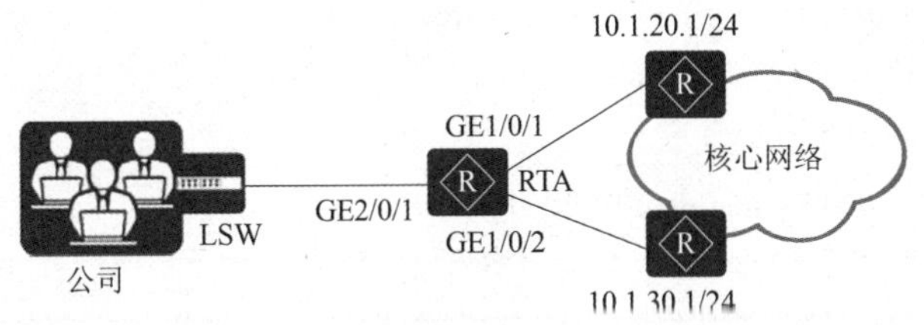

图 6-20　项目网络拓扑图

6.5.1　为 RTA 路由器配置各接口 IP 地址

```
[RTA] interface gigabitethernet 1/0/2
[RTA-GigabitEthernet1/0/2] ip address 10.1.20.2 24
[RTA-GigabitEthernet1/0/2] quit
[RTA] interface gigabitethernet 1/0/2
[RTA-GigabitEthernet2/0/1] ip address 10.11.30.2 24
[RTA-GigabitEthernet2/0/1] quit
```

6.5.2　在 RTA 路由器上配置 ACL 规则

在 RTA 路由器上创建编码为 3001、3002 的高级 ACL，规则分别为允许 IP 优先级 0、1、2、3 的报文通过和允许 IP 优先级 4、5、6、7 的报文通过。

```
[RTA] acl 3001
[RTA-acl-adv-3001] rule permit ip precedence 0
[RTA-acl-adv-3001] rule permit ip precedence 1
[RTA-acl-adv-3001] rule permit ip precedence 2
[RTA-acl-adv-3001] rule permit ip precedence 3
[RTA-acl-adv-3001] quit
[RTA] acl 3002
[RTA-acl-adv-3002] rule permit ip precedence 4
[RTA-acl-adv-3002] rule permit ip precedence 5
[RTA-acl-adv-3002] rule permit ip precedence 6
[RTA-acl-adv-3002] rule permit ip precedence 7
[RTA-acl-adv-3002] quit
```

6.5.3 配置流分类

在 RTA 路由器上创建流分类 c1、c2，匹配规则分别为 ACL 3001 和 ACL 3002，使设备可以对报文进行区分。

```
[RTA] traffic classifier c1 operator and
[RTA-classifier-c1] if-match acl 3001
[RTA-classifier-c1] quit
[RTA] traffic classifier c2 operator and
[RTA-classifier-c2] if-match acl 3002
[RTA-classifier-c2] quit
```

6.5.4 配置流行为

在 RTA 路由器上创建流行为 b1、b2，使满足不同规则的报文分别被重定向到 10.1.20.1/24 和 10.1.30.1/24。

```
[RTA] traffic behavior b1
[RTA-behavior-b1] redirect ip-nexthop 10.1.20.1
[RTA-behavior-b1] quit
[RTA] traffic behavior b2
[RTA -behavior-b2] redirect ip-nexthop 10.1.30.1
[RTA -behavior-b2] quit
```

6.5.5 配置流策略并应用到接口上

第 1 步：在 RTA 路由器上创建流策略 p1，将流分类和对应的流行为进行绑定。

```
[RTA] traffic policy p1
[RTA-trafficpolicy-p1] classifier c1 behavior b1
[RTA-trafficpolicy-p1] classifier c2 behavior b2
[RTA-trafficpolicy-p1] quit
```

第2步：将流策略 p1 应用到接口 GE2/0/1 的入方向上。

```
[RTA] interface gigabitethernet 2/0/1
[RTA-GigabitEthernet2/0/1] traffic-policy p1 inbound
[RTA-GigabitEthernet2/0/1] return
```

6.5.6 验证配置结果

第1步：查看 ACL 规则的配置信息。

```
<RTA> display acl 3001
Advanced ACL 3001, 4 rules
Acl's step is 5
rule 5 permit ip precedence routine
rule 10 permit ip precedence priority
rule 15 permit ip precedence immediate
rule 20 permit ip precedence flash

<RTA> display acl 3002
Advanced ACL 3002, 4 rules
Acl's step is 5
rule 5 permit ip precedence flash-override
rule 10 permit ip precedence critical
rule 15 permit ip precedence internet
rule 20 permit ip precedence network
```

第2步：查看流分类的配置信息。

```
<RTA> display traffic classifier user-defined
  User Defined Classifier Information:
    Classifier: c2
     Precedence: 10
     Operator: AND
     Rule(s) : if-match acl 3002

    Classifier: c1
      Precedence: 5
```

```
      Operator: AND
      Rule(s) :if-match acl 3001

Total classifier number is 2
```

第3步：查看流策略的配置信息。

```
<RTA> display traffic policy user-defined p1
  User Defined Traffic Policy Information:
  Policy: p1
   Classifier: c1
     Operator: AND
      Behavior: b1
        Redirect: no forced
          Redirect ip-nexthop
          10.1.20.1
   Classifier: c2
     Operator: AND
      Behavior: b2
        Redirect: no forced
          Redirect ip-nexthop
          10.1.30.1
```

6.6 巩固训练——基于IP地址配置策略路由

6.6.1 实训目的

- 理解策略路由。
- 掌握策略路由的配置实现方法。

6.6.2 实训拓扑

图6-21所示为实训拓扑图。汇聚层RTA路由器做三层转发设备，接入层设备LSW做用户网关，接入层LSW和汇聚层RTA之间路由可达。汇聚层RTA路由器通过两条链路连接到两个核心路由器上，一条是高速链路，网关为10.1.20.1/24；另外一条是低速链路，网关为10.1.30.1/24。公司希望从汇聚层RTA路由器送到核心层设备的报文中，源IP地址为192.168.100.0/24的报文通过高速链路传输，而源IP地址为192.168.101.0/24的报文则通过低速链路传输。

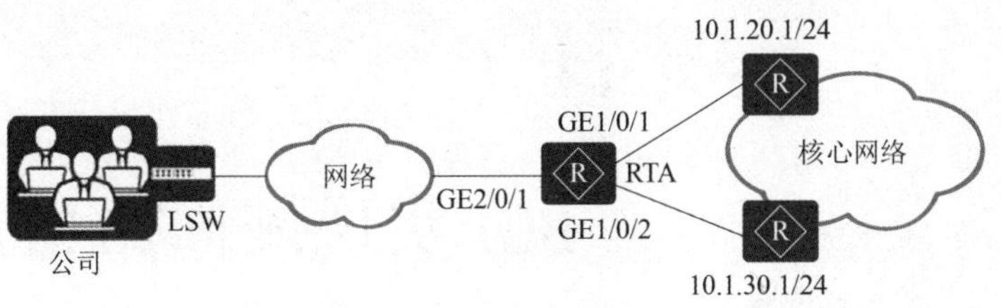

图 6-21　实训拓扑图

6.6.3　实训内容

①配置各接口 IP 地址，实现公司和外部网络设备互连；

②配置 ACL 规则，分别匹配源 IP 地址为 192.168.100.0/24 和 192.168.101.0/24 的报文；

③配置流分类，匹配规则为上述 ACL 规则，使设备可以对报文进行区分；

④配置流行为，使满足不同规则的报文分别被重定向到 10.1.20.1/24 和 10.1.30.1/24；

⑤配置流策略，绑定上述流分类和流行为，并应用到接口 GE2/0/1 的入方向上，实现策略路由。

项目7

BGP实现域间路由选择

【学习目标】

1. 知识目标

➢ 了解 BGP 的基础知识；

➢ 理解 BGP 邻居建立；

➢ 理解 BGP 路由引入和路由发布策略；

➢ 理解 BGP 路径属性；

➢ 了解路由聚合方法；

➢ 理解路由反射器和 BGP 联盟；

➢ 理解 BGP 路由优选规则。

2. 技能目标

➢ 理解并掌握 BGP 基本配置方法；

➢ 掌握路由反射器的配置和实现方法；

➢ 掌握 BGP 路由引入和路由发布的实现方法。

3. 素质目标

➢ 具有爱岗敬业的精神；

➢ 培养勇于探索的创新精神和实践能力。

项目任务1　BGP 基础配置

【项目背景】

某公司网络中包含 4 台路由设备，其中 1 台路由设备位于单独的 AS 区域中，该路由器接入外网，另外 3 台路由设备属于另一个 AS 区域，需要通过在网络中配置 BGP 协议来实现两个 AS 区域之间的互通。

【项目内容】

根据该公司的需要，设计出简单的网络拓扑图，如图 7-1 所示。需要在所有路由设备之间运行 BGP 协议，RTA 和 RTB 路由器之间建立 EBGP 连接，RTB、RTC 和 RTD 路由器之间建立 IBGP 连接，从而完成该网络 BGP 的基本配置。

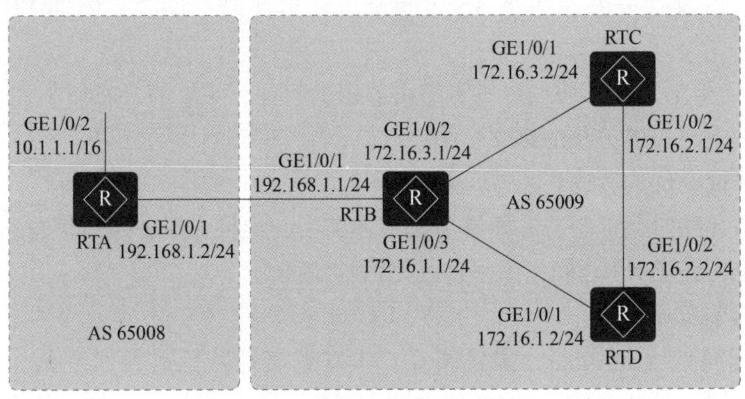

图 7-1　项目网络拓扑图

7.1　相关知识：BGP 基础

为了实现遍布全世界庞大的 Internet 互连互通，需要有一种机制确保信息从世界一端可靠传输到另一端，这个机制就是 BGP（Border Gateway Protocol，边界网关协议）。在 Internet 中，唯一用来进行自治系统之间实现路由学习的协议就是 BGP。

7.1.1　了解 BGP

BGP 是基于策略的路径向量路由协议，它的任务是在自治系统（AS）之间交换路由信息，同时确保没有路由环路。

图 7-2 所示为 BGP 协议的网络应用场景，AS 内部使用 IGP 来计算和发现路由，如 OSPF、ISIS、RIP 等；AS 之间使用 BGP 来传递和控制路由。

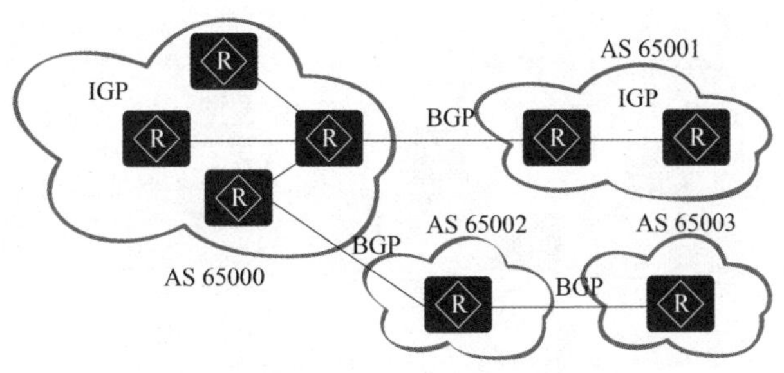

图 7-2　BGP 协议的网络应用场景

BGP 几乎是当前唯一被用于在不同 AS 之间实现路由交互的 EGP 协议，适用于大型网络环境，如运营商网络或大型企业网等。

BGP 虽然是一种动态路由协议，但它本身并不产生路由、不发现路由、不计算路由，其主要功能是完成最佳路由的选择，并在 BGP 邻居之间进行最佳路由的传递。

BGP 的前身 EGP 设计得非常简单，只能在 AS 之间简单地传递路由信息，不会对路由进行任何优选，也没有考虑如何在 AS 之间避免路由环路等问题，因而 EGP 最终被 BGP 取代。

与 EGP 协议相比，BGP 协议更具有路由协议的特征，主要表现在以下几个方面。

➢ 邻居的发现与邻居关系的建立；

➢ 路由的获取、优选和通告；

➢ 提供路由环路避免机制，并能够高效传递路由，维护大量的路由信息；

➢ 在不完全信任的 AS 之间提供丰富的路由控制能力。

BGP 协议具有如下特点。

①BGP 使用属性（attribute）描述路径，丰富的属性特征方便实现基于策略的路由控制，同时，BGP 路由通过携带 AS 路径信息彻底解决路由环路问题。图 7-3 所示的网络拓扑中，R1 路由器的 BGP 路由表中，3. 3. 3. 0/24 路由的 AS 路径信息为 65002-65003。

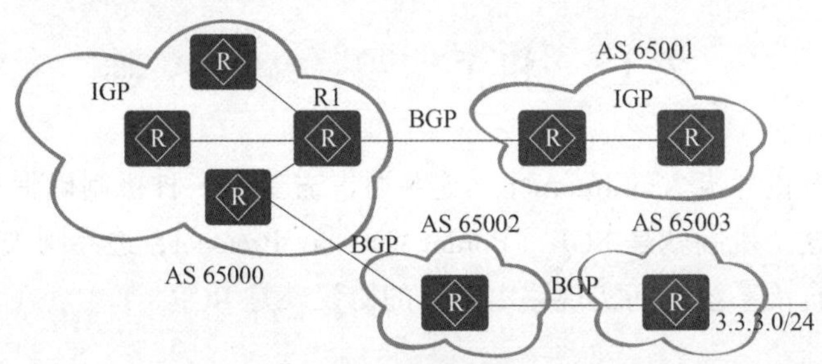

图 7-3　BGP 路由信息

②BCP 使用 TCP（端口 179）作为其传输协议，并通过 KeepAlive 报文来检验 TCP 的连接。

③BGP 可通过 IGP 或静态路由来提供 TCP 连接的 IP 可达性。图 7-4 所示为 BGP 邻居示意图。

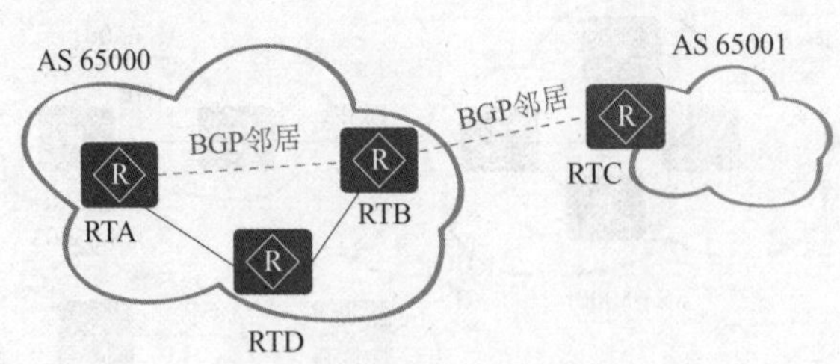

图 7-4　BGP 邻居示意图

④BGP 拥有自己的 BGP 邻居表、BGP 路由表和 IP 路由表。

➢ BGP 邻居表：对等体邻居清单列表。可以使用命令 display bgp peer 来查看 BGP 对等体信息。

➢ BGP 路由表：BGP 路由信息库，包括本地 BGP Speaker 选择的路由信息。可以使用命令 display bgp routing-table 来查看 BGP 的路由信息。

➢ IP 路由表：全局路由信息库，包括所有 IP 路由信息。可以使用命令 display ip routing-table 来查看 IPv4 路由表的信息。

⑤为了保证 BGP 免受攻击，BGP 支持 MD5 验证和 Keychain 验证，对 BGP 邻居关系进行验证是提高安全性的有效手段。MD5 验证只能为 TCP 连接设置验证密码，而 Keychain 验证除了可以为 TCP 连接设置验证密码外，还可以对 BGP 协议报文进行验证。

⑥采用增量更新和触发更新，BGP 只发送更新的路由，大大减少了 BGP 传播路由所占用的带宽，适用于在 Internet 上传播大量的路由信息。

⑦BGP 采用路由聚合和路由衰减来防止路由振荡，有效提高了网络的稳定性。

⑧BGP 易于扩展，能够适应网络新技术的发展。

提示：两台互为对等体的 BGP 路由器首先会建立 TCP 连接，随后协商各项参数并建立对等关系。初始情况下，两方会同步 BGP 路由表。路由表同步完成后，路由器不会周期性发送 BGP 路由更新，而只发送增量更新或在需要时进行触发性更新，大大减轻了设备的负担，减少了网络带宽损耗。

7.1.2　自治系统

常见路由协议 RIP、OSPF 和 IS-IS 等，都属于内部网关协议（Interior Gateway Protocol，IGP）。IGP 应用在一个网络内部，或者说是一个 AS 内部提供路由选择功能。各个 AS 系统都有专门的技术来负责该 AS 内使用到的路由协议、网络结构以及编址方案管理。

运行 BGP 协议需要一个统一的自治系统号来标识路由域，即 AS 编号。每个自治系统都有唯一的编号，这个编号由 IANA（The Internet Assigned Numbers Authority，互联网数字分配机构）分配。通过不同的编号来区分不同的自治系统。图 7-5 所示为自治系统与自治系统编号。

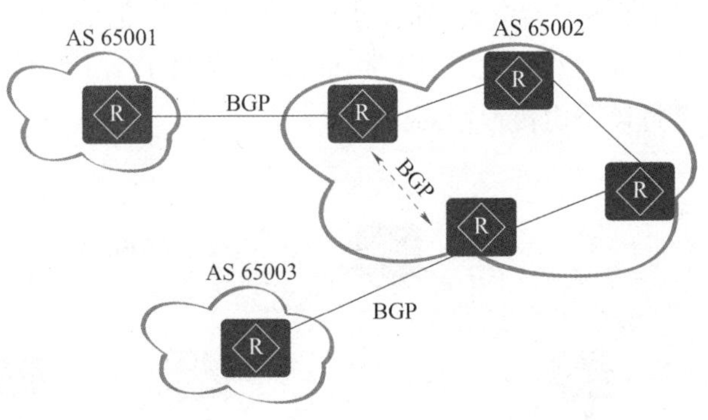

图 7-5　自治系统与自治系统编号

2009 年 1 月之前，只能使用最多 2 字节长度的 AS 编号，即 1~65 535，其中，1~64 511 是注册的因特网编号，64 512~65 535 是私有网络编号。在 2009 年 1 月之后，IANA 决定使用 4 字节长度 AS，范围是 65 536~4 294 967 295。支持 4 字节 AS 编号的设备能够与支持 2 字节 AS 编号的设备兼容。

7.1.3 BGP 对等体

在 OSPF 中，当两台直连路由器的直连接口激活 OSPF 后，这两个接口就开始收发 Hello 报文了，在通过 Hello 报文发现了直连链路上的邻居后，一个邻居关系的建立过程就开始了。IGP 协议要求需要建立邻居关系的两台路由器必须是直连的，然而 BGP 则大不相同。BGP 的对等体关系并不要求设备必须直连，BGP 采用 TCP 作为传输层协议，两台路由器只要具备 IP 连通性，并能顺利地基于 TCP179 端口建立连接，就可以建立 BGP 对等体关系。所以 BGP 对等体关系是可以跨设备建立的。在图 7-6 所示的网络拓扑图中，65002 自治区域中两台没有直连的路由器可以建立 BGP 对等体。

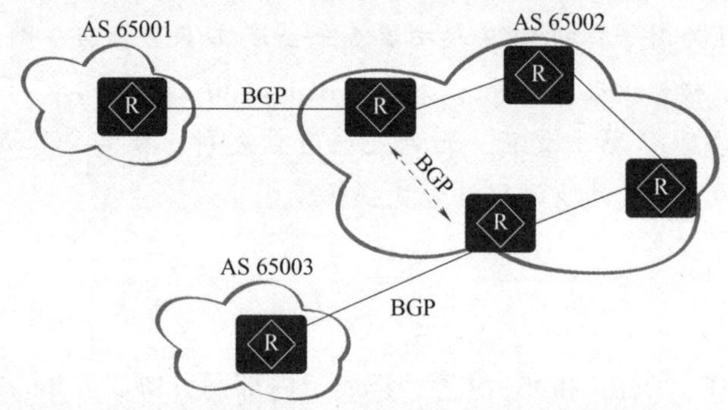

图 7-6 两台没有直连的路由器可以建立 BGP 对等体

当两台 BGP 路由器之间建立了一条基于 TCP 的连接，并且相互交换报文时，就称它们为 BGP 邻居或 BGP 对等体（Peer）。若干采用相同更新策略的 BGP 对等体可以构成对等体组（Peer Group）。

BGP 规定，当路由器从一个 IBGP 对等体学习到某条 BGP 路由时，它将不能再把这条路由通告给任何 IBGP 对等体，其主要目的是防止 AS 内产生路由环路。

如图 7-7 所示，路由器 R2 通过 EBGP 学到的路由条目 1.1.1.0/24 通过 IBGP 传递给路由器 R3，但是 R3 不会将该路由传递给路由器 R4。

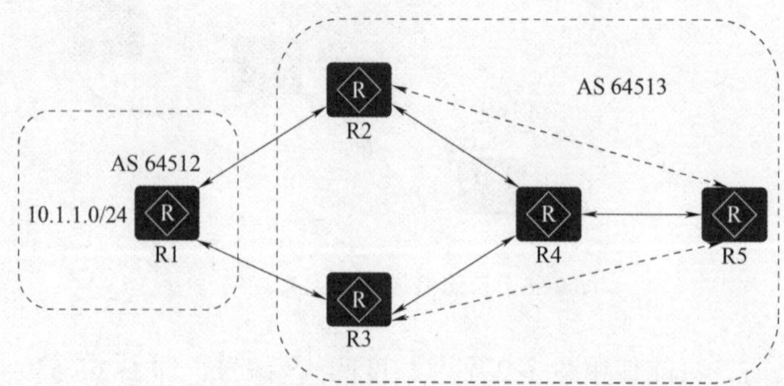

图 7-7 IBGP 水平分割示意图

提示： AS_ Path 属性可以防止 BGP 路由在 EBGP 对等体之间传递时发生环路，然而，当路由在 IBGP 对等体之间传递时，AS_ Path 属性的值是不会发生改变的，也就是说，当 BGP 路由在一个 AS 内传递时，是无法依赖 AS_ Path 属性提供的防环能力的，此时环路就有可能发生，IBGP 水平分割就是用于解决这个问题的。

IBGP 水平分割（IBGP Split Horizon）解决方案有以下 3 种。

①全互连（Full Mesh）。

②路由反射器。

③BGP 联盟。

7.1.4 BGP 协议报文

BGP 协议报文传输层采用 TCP 封装，两台路由器如果要交互 BGP 路由信息，必须建立 BGP 对等体关系，此时，双方能够正确地建立 TCP 连接是一个基本的前提。表 7-1 所列为 BGP 报文类型说明。

表 7-1 BGP 报文类型说明

报文类型	说明
Open（打开）	负责和对等体建立邻居关系
KeepAlive（存活）	该消息在对等体之间周期性地发送，用于维护连接
Update（更新）	该消息被用来在 BGP 对等体之间传递路由信息
Notification（通知）	当 BGP Speaker 检测到错误的时候，就发送该消息给对等体
Route-refresh（路由刷新）	用来通知对等体自己支持路由刷新能力

提示： 运行 BGP 的路由器称为 BGP Speaker，它们之间将会交换 5 种类型的报文，Open 报文、KeepAlive 报文以及 Notification 报文用于邻居关系的建立和维护。其中，KeepAlive 报文为周期性发送，其他报文为触发式发送。

图 7-8 所示为 BGP 报文头部所包含的信息。

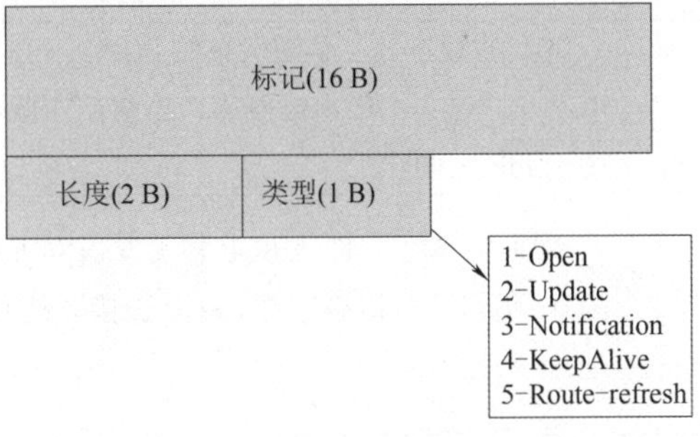

图 7-8 BGP 报文头部所包含的信息

BGP 报文头部主要字段说明见表 7-2。

表 7-2　BGP 报文头部主要字段说明

报文头部字段	说明
Marker（标记）	16 字节，固定为 1，该字段被保留用于协议兼容性，没有其他特别的含义
Length（长度）	2 字节，指定该 BGP 报文的长度，包括头部
Type（类型）	1 字节，指示报文类型，如 Open、Update 报文等。前 4 种是在 RFC1771 中定义的。 ➤ 1-Open ➤ 2-Update ➤ 3-Notification ➤ 4-KeepAlive ➤ 5-Route-refresh（在 RFC2918 中定义）

1. Open（打开）报文

Open 报文是 TCP 连接建立后发送的第一个报文，用于建立 BGP 对等体之间的连接关系。Open 报文中主要包括 BGP 版本、AS 编号、路由器标识符以及一些可选参数等信息，如图 7-9 所示。

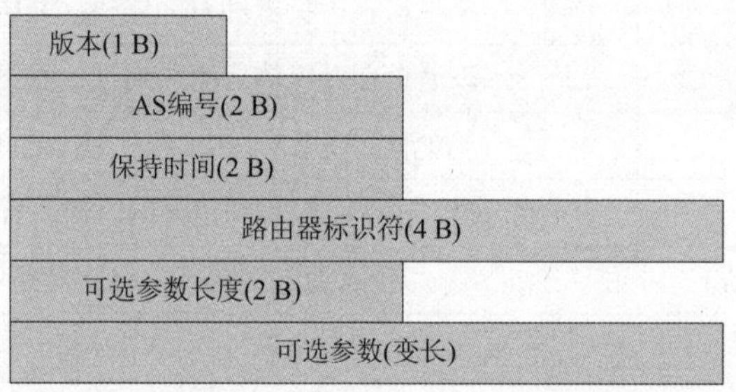

图 7-9　Open 报文包含的主要信息

Open 报文中主要字段的说明见表 7-3。

表 7-3　Open 报文主要字段说明

Open 报文字段	说明
版本	BGP 的版本号。早期发布的 BGP 3 个版本分别是 BGP-1、BGP-2 和 BGP-3，这 3 个版本已停用，当前使用版本是 BGP-4，其已被广泛应用于 ISP 之间
AS 编号	本地 AS 编号，即该 BGP 报文发送方所处的 AS 编号。通过比较两端的 AS 编号，可以确定是 EBGP 连接还是 IBGP 连接

续表

Open 报文字段	说明
保持时间	如果在这个时间内未收到对端发来的 KeepAlive 报文或 Update 报文，则认为 BGP 连接中断。在建立对等体关系时，两端要协商保持时间，并保持一致。如果两端所配置的保持时间不同，则 BGP 会选择较小的值作为协商的结果
路由器标识符	BGP 路由器的 Router ID，以 IP 地址的形式表示，用来识别 BGP 路由器
可选参数长度	BGP 报文中可选参数的长度。如果为 0，则没有可选参数
可选参数	用于 BGP 验证或多协议扩展（Multiprotocol Extensions）等功能的可选参数。每一个参数为一个（类型，长度，值）三元组

提示： 如果路由器认可对方发送过来的 Open 报文，则立即回送一个 KeepAlive 报文以做确认并保持连接的有效性。确认后，对等体间可以进行 Update、Notification、KeepAlive 和 Route-refresh 消息的交换。

2. KeepAlive（存活）报文

BGP 是基于 TCP 工作的，可以依赖 TCP 实现协议的可靠性，但它并不依赖 TCP 的保活机制，而是使用周期性发送 KeepAlive 报文来了解对等体的存活情况。BGP 路由器会为对等体维护一个保持计时器（Hold Timer），如果保持计时器超时，则 BGP 对等体视为不可达，此时 BGP 对等体关系需重新建立。对等体之间周期性发送 KeepAlive 报文可以刷新保持计时器，防止该计时器超时。

KeepAlive 报文用于 BGP 邻居关系的维护，为周期性交换的报文，用于判断对等体之间的可达性。KeepAlive 报文的组成只包含一个 BGP 数据报头，如图 7-10 所示。

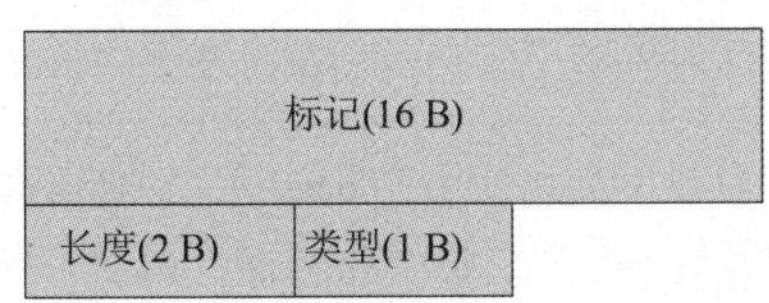

图 7-10　KeepAlive 报文只包含一个 BGP 数据报头

KeepAlive 报文信息具有以下特点。

①BGP 会周期性（默认为 60 s）地向对等体发出 KeepAlive 报文，用来保持连接的有效性。

②KeepAlive 报文格式中只包含 BGP 包头，没有附加其他任何字段。

③KeepAlive 报文的发送周期是保持计时器时间的 1/3，但该时间不能低于 1 s。

④如果协商后的保持时间为 0，则不发送 KeepAlive 报文。

3. Update（更新）报文

BGP Update 报文用于在对等体之间交换路由信息。它既可以发布可达路由信息，也可以撤销不可达的路由信息。BGP Update 报文是 BGP 五个报文中最重要的报文。

BGP 在一个 Update 报文中通告一条或多条拥有相同路径属性的路由，拥有不同路径属性的 BGP 路由需使用不同的 Update 报文来通告。图 7-11 所示为 Update 报文包含的主要信息。

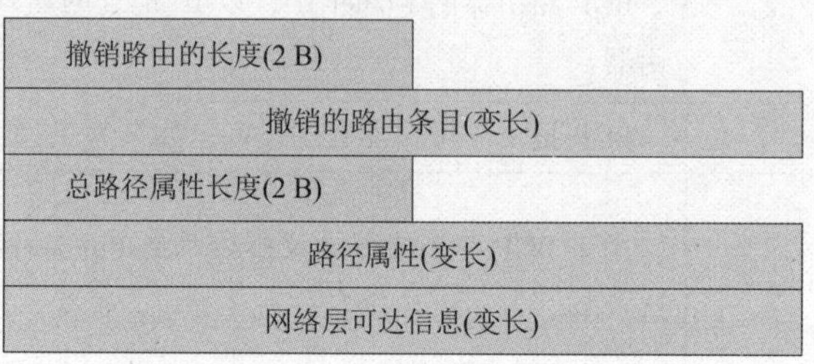

图 7-11　Update 报文包含的主要信息

Update 报文中主要字段的说明见表 7-4。

表 7-4　Update 报文主要字段说明

Update 报文字段	说明
撤销路由的长度（Withdrawn Routes Length）	（2 字节无符号整数）不可达路由长度，Update 报文中可以包括 0 条、1 条或多条准备撤销的路由，该字段指示所包含的“撤销的路由条目”字段的长度
撤销的路由条目（Withdrawn Routes）	该字段包括一系列的 IP 地址前缀信息，每条 BGP 路由前缀以<length（前缀长度），prefix（路由前缀）>的两元格式来表示，比如<19，198.18.160.0>表示一个 198.18.160.0 255.255.224.0 的网络
总路径属性长度（Path Attribute Length）	（2 字节无符号整数）路径属性长度，表示 Path Attribute 字段的数据长度。如果 Path Attribute Length 数值为 0，则表示 Path Attribute 字段没有任何数据，在 Update 消息中不会被显示
路径属性（Path Attributes）	当 BGP 路由使用 Update 报文向邻居通告 BGP 路由时，该报文中包含着路径属性字段。每个路径属性都由三元组组成：<attribute type，attribute length，attribute value>
网络层可达信息（Network Layer Reachability Information）	用于存放被通告的 BGP 路由前缀，如果有多条 BGP 路由需要使用这个 Update 报文来通告，则这个字段将包含一个 BGP 路由前缀列表。格式与撤销路由字段一样：<length，prefix>

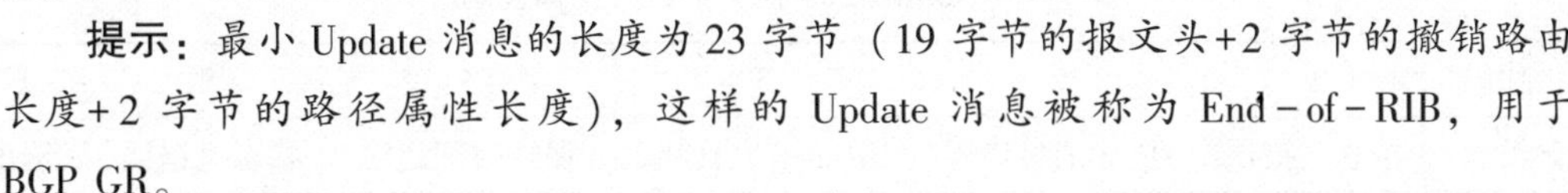

提示： 最小 Update 消息的长度为 23 字节（19 字节的报文头+2 字节的撤销路由长度+2 字节的路径属性长度），这样的 Update 消息被称为 End-of-RIB，用于 BGP GR。

Update 报文信息具有以下特点。

①一条 Update 消息可以发布多条具有相同路由属性的可达路由，这些路由可共享一组路由属性。所有包含在一个给定的 Update 消息里的路由属性适用于该 Update 消息中的 NLRI 字段里的所有目的地（用 IP 前缀表示）。

②一条 Update 消息可以撤销多条不可达路由。每一个路由通过目的地（用 IP 前缀表示）清楚地定义了 BGP Speaker 之间先前通告过的路由。

③一条 Update 消息可以只用于撤销路由，这样就不需要包括路径属性或者网络可达信息；相反，也可以只用于通告可达路由，这样就不需要携带 Withdrawn Routes 了。

4. Notification（通知）报文

Notification 报文是 BGP 的差错检测机制，当 BGP 检测到错误状态时，BGP Speaker 就会向对等体发出 Notification 报文，之后 BGP 连接会立即中断。

Notification 报文主要在发生错误或对等体连接被关闭的情况下使用，该消息携带各种错误代码（如定时器超时等），以及错误子代码和数据，如图 7-12 所示。

错误代码 (1 B)	错误子代码 (1 B)	数据(变长)

图 7-12　Notification 报文包含的主要信息

Notification 报文中主要字段的说明见表 7-5。

表 7-5　Notification 报文主要字段说明

Notification 报文字段	说明
错误代码（Errorcode）	1 字节长的字段，每个不同的错误都存在唯一的代码表示
错误子代码（Errsubcode）	1 字节长的字段，每一个错误代码都可以拥有一个或多个错误子代码，但如果某些错误代码并不存在错误子代码，则该错误子代码字段以全 0 表示
数据（Data）	依赖于不同的错误码代和错误子代码，用于标识错误原因。其是一个可变长的字段，被 Notification 用于诊断错误产生的原因

提示： Data 字段的长度可以由以下公式来决定：消息长度=21+Data 长度（Notification 消息最小长度为 21 字节，其中已经包括消息头）。

Notification 报文中错误代码说明见表 7-6。

表 7-6　Notification 报文中错误代码说明

错误代码	1	2	3	4	5	6
错误类型	消息头错误	Open 消息错误	Update 消息错误	保持时间超时	状态机错误	退出

Notification 报文中消息头错误子代码说明如下。

➢ 1：连接非同步；

➢ 2：错误的消息长度；

➢ 3：错误的消息类型。

Notification 报文中 Update 消息错误子代码说明如下。

➢ 1：不支持的版本号；

➢ 2：错误的对等体 AS 编号；

➢ 3：错误的 BGP ID；

➢ 4：不支持的可选参数；

➢ 5：RFC1771 里被定义为认证失败，RFC4271 里则对此表示反对；

➢ 6：不可接受的保持时间。

Notification 报文中 Open 消息错误子代码说明如下。

➢ 1：畸形的属性列表；

➢ 2：无法识别的公认属性；

➢ 3：缺少的公认属性；

➢ 4：属性标志位错误；

➢ 5：属性长度错误；

➢ 6：无效的 ORIGIN 属性；

➢ 7：RFC1771 里被定义为 AS 路由环路，RFC4271 里对此表示反对；

➢ 8：无效的下一跳属性；

➢ 9：可选属性错误；

➢ 10：无效的网络字段；

➢ 11：畸形的 AS_PATH。

5. Route-refresh（路由刷新）报文

Route-refresh 报文用来要求对等体重新发送指定地址簇的路由信息。

在所有 BGP 路由器使能 Route-refresh 能力的情况下，如果 BGP 入口路由策略发生了变化，本地 BGP 路由器会向对等体发布 Route-refresh 消息，收到此消息的对等体会将其路由信息重新发给本地 BGP 路由器。这样，可以在不中断 BGP 连接的情况下，对 BGP 路由表进行动态刷新，并应用新的路由策略。图 7-13 所示为 Route-refresh 报文包含的主要信息。

0　　　7	8　　　15	16　　　23	24　　　31
地址簇标识符		保留区域	子地址簇标识符

```
303 1150.50700 12.12.12.2    12.12.12.1    BGP    Route refresh Message
304 1150.50700 12.12.12.1    12.12.12.2    BGP    Update Message
```

图 7-13　Route-refresh 报文包含的主要信息

Route-refresh 报文中主要字段的说明见表 7-7。

表 7-7 Route-refresh 报文主要字段说明

Route-refresh 报文字段	说明
地址簇标识符（Address Family Identifier，AFI）	2 字节，可以是 IPv4 或 IPv6 等
保留区域（Reserved field，Res）	1 字节，发送方应将其设置为 0，接收方应当忽略该区域的信息
子地址簇标识符（Subsequent Address Family Identifier，SAFI）	8 字节，可以是单播路由或组播路由等
Route-refresh	用来通知对等体自己支持路由刷新能力

6. BGP 协议中各种报文的应用

BGP 协议中各种报文的应用说明如下。

①BGP 使用 TCP 建立连接，本地监听端口为 179，发送 Open 消息。和 TCP 的建立相同，BGP 连接的建立也要经过一系列的对话和握手。TCP 通过握手协商通告其端口等参数，BGP 的握手协商的参数有 BGP 版本、BGP 连接保持时间、本地的路由器标识、授权信息等。这些信息都在 Open 消息中携带。

②BGP 连接建立后，如果有路由需要发送，则发送 Update 消息通告对端。Update 消息发布路由时，还要携带此路由的路由属性，用于帮助对端 BGP 协议选择最优路由。在本地 BGP 路由变化时，要通过 Update 消息来通知对端 BGP 对等体。

③经过一段时间的路由信息交换后，本地 BGP 和对端 BGP 都无新路由通告，趋于稳定状态。此时要定时发送 KeepAlive 消息，以保持 BGP 连接的有效性。对于本地 BGP，如果在保持时间内未收到任何对端发来的 BGP 消息，就认为此 BGP 连接已经中断，将断开此 BGP 连接，并删除所有从该对等体学来的 BGP 路由。

④当本地 BGP 在运行中发现错误时，要发送 Notification 消息通告 BGP 对等体。如对端 BGP 版本本地不支持、本地 BGP 收到了结构非法的 Update 消息等。本地 BGP 退出 BGP 连接时，也要发送 Notification 消息。

⑤Route-refresh 报文用来通知对等体自己支持路由刷新能力。

7.1.5 BGP 邻居建立

1. BGP 邻居发现

先启动 BGP 的一端先发起 TCP 连接。如图 7-14 所示，RTB 先启动 BGP 协议，RTB 使用随机端口号向 RTA 的 179 端口发起 TCP 连接。

> **提示：** BGP 使用 TCP 封装建立邻居关系，端口号为 179，TCP 采用单播建立连接，因此 BGP 协议并不像 RIP 和 OSPF 一样使用组播发现邻居。单播建立连接使 BGP 只能手动指定邻居。

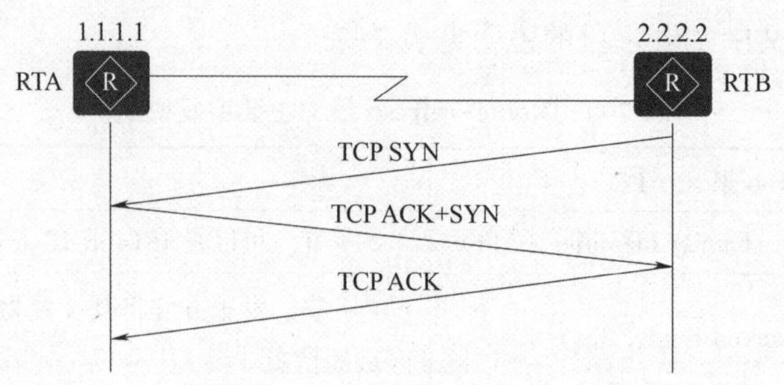

图 7-14　RTB 向 RTA 发起 TCP 连接

BGP 协议被设计运行在 AS 之间传递路由，AS 之间是广域网链路，数据包在广域网上传递时，可能出现不可预测的链路拥塞或丢失等情况，因此，BGP 使用 TCP 作为其承载协议来保证可靠性。

2. EBGP 与 IBGP

运行在不同 AS 之间的 BGP 路由器建立的邻居关系为 EBGP（External BGP）。EBGP 邻居之间一般直接连接。

EBGP 只用于不同 AS 之间传递路由。在图 7-15 所示的网络拓扑图中，AS 100 内的 RTB 与 BTC 分别从 AS 200 与 AS 300 学习到不同的路由，那么怎么实现 AS 200 与 AS 300 之间路由在 AS 100 内的交换呢？

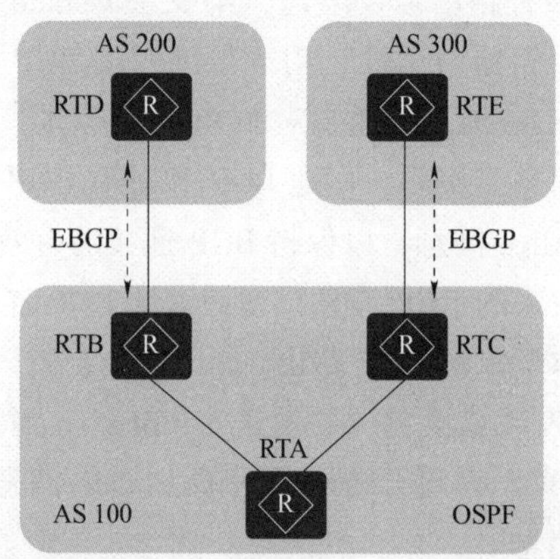

图 7-15　EBGP 只用于不同 AS 之间传递路由

在 AS 100 内实现将学习到的 AS 200 和 AS 300 路由进行交换，可以在拓扑中的 RTB 与 RTC 路由器上将 BGP 的路由引入 IGP 协议（图中为 OSPF 协议），再将 IGP 协议的路由在 RTB 与 RTC 路由器上引入回 BGP 协议，实现 AS 200 与 AS 300 路由的交换。

提示：通常情况下，EBGP 对等体关系必须基于直连接口建立，因为默认情况下，EBGP 对等体之间发送的 BGP 协议报文的 TTL 值为 1，使得这些协议报文只能被传送 1 跳。在某些特殊的场景下也可以在两台非直连的路由器之间建立 EBGP 对等体关系，则需要修改 EBGP 对等体跳数的限制，通过这个操作来修改协议报文中的 TTL 值。

上述方法存在以下几个缺点。

①公网上 BGP 承载的路由数目非常大，引入 IGP 协议后，IGP 协议无法承载大量的 BGP 路由；

②BGP 路由引入 IGP 协议时，需要做严格的控制，配置复杂，不易维护；

③BGP 携带的属性在引入 IGP 协议时，由于 IGP 协议不能识别，可能会丢失。

因此，需要设计 BGP 在 AS 内部完成路由的传递。

运行在相同 AS 内的 BGP 路由器建立的邻居关系为 IBGP（Internal BGP）。IBGP 邻居之间可以不直连。

因为 BGP 使用 TCP 作为其承载协议，所以可以跨设备建立邻居关系。如图 7-16 所示，RTB 与 RTC 之间建立 IBGP 邻居关系，并各自将从其他 AS 学习到的路由传递给对端，实现 BGP 路由在 AS 内的传递。

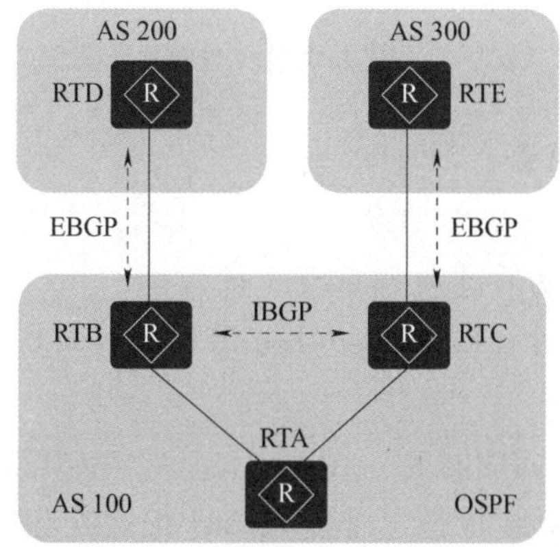

图 7-16　RTB 与 RTC 之间建立 IBGP 邻居关系

因为 BGP 使用 TCP 协议进行工作，只要 2 台路由器直接建立 TCP 连接即可，所以 IBGP 邻居之间可以不直连，只需要 TCP 报文的路由可达即可建立邻居。

3. BGP 邻居关系建立

图 7-17 所示为 BGP 邻居关系建立示意图。此示意图为 TCP 三次握手的过程，由 RTB 先发起 SYN 请求建立 TCP 连接，RTA 收到后，向 RTB 发送 SYN+ACK 请求建立 TCP 连接并确认 RTB 的 SYN，RTB 收到 SYN+ACK 后，向 RTA 发送 ACK 确认 RTB 的 SYN，至此，TCP 连接建立成功。

BGP 邻居关系建立的过程大致如下。

①BGP 进程初始化之前，邻居关系处于 Idle 状态。BGP 进程初始化之后，邻居关系进入 Connect 状态，监听 TCP 状态的建立，建立 TCP 连接的前提条件为两台路由器之间 IP 可达。

②当路由器处于 Connect 状态时，connect-retry 计时器数值倒数 0，本地路由器将重置计时器的值并尝试建立另外一条 TCP 连接，并且仍旧处于 Connect 状态。

如果建立 TCP 连接失败，本地路由器将进入 Active 状态，继续等待 TCP 连接的建立，

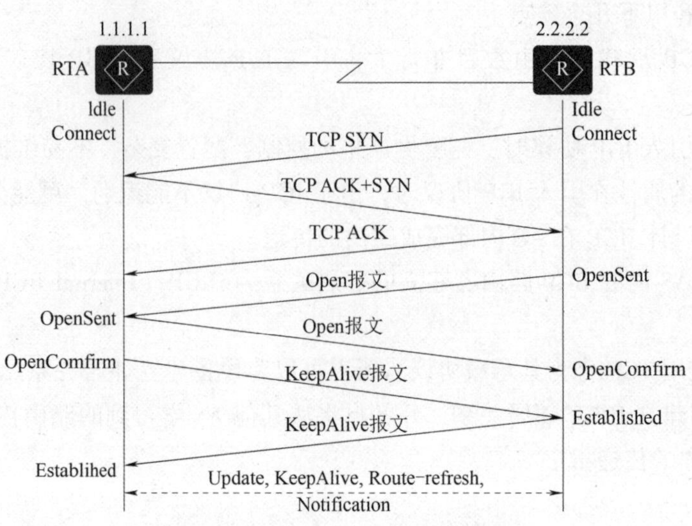

图 7-17　BGP 邻居关系建立示意图

直到 TCP 建立成功进入下一状态。

③Connect、Active 状态下，如果 TCP 连接建立成功，本地路由器将发送 Open 信息，并等待对方回复 Open 信息，成功后进入 OpenSent 状态。

④路由器发送 Open 信息后，收到 KeepAlive 消息（双向），从 OpenSent 状态变为 OpenConfirm 状态。

⑤当本地路由器收到对方回应的 KeepAlive 信息后，BGP 对等体会话关系完全建立，由 OpenConfirm 状态转为 Established 状态，通过 Update 报文交互路由，并通过 KeepAlive 报文保持邻居关系。任何状态下出现问题，都会回到 Idle 状态，重新进行邻居关系建立。

4. BGP 状态机

BGP 对等体的交互过程中，存在 Idle（空闲）、Connect（连接）、Active（活跃）、OpenSent（Open 报文发送）、OpenConfirm（Open 报文已确认）和 Established（连接已建立）6 种状态机。在 BGP 对等体建立的过程中，通常可见的 3 个状态是 Idle、Active 和 Established。

①Idle 状态下，BGP 拒绝任何进入的连接请求，是 BGP 初始状态。

②Active 状态下，BGP 将尝试进行 TCP 连接的建立，是 BGP 的中间状态。

③Established 状态下，BGP 对等体间可以交换 Update 报文、Route-refresh 报文、KeepAlive 报文和 Notification 报文。

> **提示**：BGP 对等体双方的状态必须都为 Established，BGP 邻居关系才能成立，双方通过 Update 报文交换路由信息。

BGP 路由器报文交互过程如图 7-18 所示。

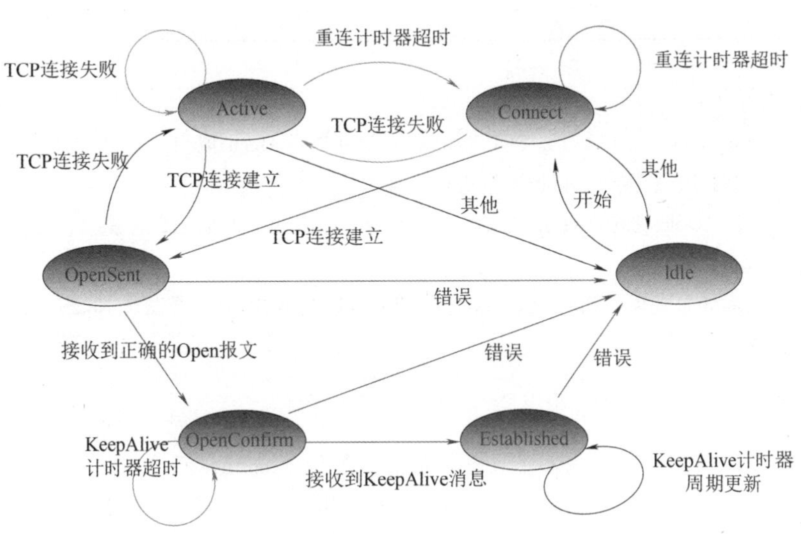

图 7-18　BGP 路由器报文交互过程示意图

BGP 路由器报文交互过程中各种状态说明见表 7-8。

表 7-8　BGP 路由器报文交互过程状态说明

状态	说明
Idle	Idle 状态是 BGP 初始状态。在 Idle 状态下，BGP 路由器拒绝邻居发送的连接请求。只有在收到本设备的 Start 事件（Start 事件是由一个操作者配置一个 BGP 过程，或者重置一个已经存在的过程或者路由器软件重置 BGP 过程引起的）后，BGP 路由器才开始尝试与其邻居进行 TCP 连接，并转至 Connect 状态
Connect	在 Connect 状态下，BGP 路由器启动连接重传定时器（Connect Retry），等待 TCP 完成连接。 ➢ 如果 TCP 连接成功，那么 BGP 路由器向邻居发送 Open 报文，并转至 OpenSent 状态。 ➢ 如果 TCP 连接失败，那么 BGP 路由器转至 Active 状态。 ➢ 如果连接重传定时器超时，BGP 路由器仍没有收到邻居的响应，那么 BGP 路由器继续尝试与其邻居进行 TCP 连接，停留在 Connect 状态
Active	在 Active 状态下，BGP 路由器总是在试图建立 TCP 连接。 ➢ 如果 TCP 连接成功，那么 BGP 路由器向邻居发送 Open 报文，关闭连接重传定时器，并转至 OpenSent 状态。 ➢ 如果 TCP 连接失败，那么 BGP 路由器停留在 Active 状态。 ➢ 如果连接重传定时器超时，BGP 路由器仍没有收到邻居的响应，那么 BGP 路由器转至 Connect 状态

续表

状态	说明
OpenSent	在 OpenSent 状态下，BGP 路由器等待邻居的 Open 报文，并对收到的 Open 报文中的 AS 编号、版本号、认证码等进行检查。 ➢ 如果收到的 Open 报文正确，那么 BGP 路由器发送 KeepAlive 报文，并转至 OpenConfirm 状态。 ➢ 如果发现收到的 Open 报文有错误，那么 BGP 路由器发送 Notification 报文给邻居，并转至 Idle 状态
OpenConfirm	在 OpenConfirm 状态下，BGP 路由器等待 KeepAlive 或 Notification 报文。如果收到 KeepAlive 报文，则转至 Established 状态；如果收到 Notification 报文，则转至 Idle 状态
Established	在 Established 状态下，BGP 路由器可以和邻居交换 Update、KeepAlive、Route-refresh 报文和 Notification 报文。 ➢ 如果收到正确的 Update 或 KeepAlive 报文，那么 BGP 就认为对端处于正常运行状态，将保持 BGP 连接。 ➢ 如果收到错误的 Update 或 KeepAlive 报文，那么 BGP 发送 Notification 报文通知对端，并转至 Idle 状态。 ➢ Route-refresh 报文不会改变 BGP 状态。 ➢ 如果收到 Notification 报文，那么 BGP 转至 Idle 状态。 ➢ 如果收到 TCP 拆链通知，那么 BGP 断开连接，转至 Idle 状态

5. BGP 对等体间的交互原则

BGP 设备将最优路由加入 BGP 路由表，形成 BGP 路由。BGP 设备与对等体建立邻居关系后，采取以下交互原则。

①从 IBGP 对等体获得的 BGP 路由，BGP 设备只发布给它的 EBGP 对等体。

②从 EBGP 对等体获得的 BGP 路由，BGP 设备发布给它的所有 EBGP 和 IBGP 对等体。

③当存在多条到达同一目的地址的有效路由时，BGP 设备只将最优路由发布给对等体。

④路由更新时，BGP 设备只发送更新的 BGP 路由。

⑤所有对等体发送的路由，BGP 设备都会接收。

提示：华为路由器默认关闭 BGP 同步机制。

7.1.6 BGP 路由引入

BGP 本身不发现路由，因此需要将其他路由引入 BGP 路由表，实现 AS 间的路由互通。

当一个 AS 需要将路由发布给其他 AS 时，AS 边缘路由器会在 BGP 路由表中引入 IGP 的路由。

为了更好地规划网络，BGP 在引入 IGP 的路由时，可以使用路由策略进行路由过滤和路由属性设置，也可以设置 MED 值来指导 EBGP 对等体判断流量进入 AS 时选路。

BGP 引入路由时，支持 Import 和 Network 两种方式。

①Import 方式是按协议类型，将 OSPF 和 IS-IS 等协议的路由引入 BGP 路由表中。为了保证引入的 IGP 路由的有效性，Import 方式还可以引入静态路由和直连路由。

②Network 方式是逐条将 IP 路由表中已经存在的路由引入 BGP 路由表中，比 Import 方式更精确。

1. Import 方式

import 命令是根据运行的路由协议（OSPF、ISIS 等）将路由引入 BGP 路由表中，同时，import 命令还可以引入直连路由和静态路由。

在图 7-19 所示的网络拓扑图中，RTA 上存在 100. 0. 0. 0/24 与 100. 0. 1. 0/24 的两个用户网段，RTB 上通过静态路由指定去往 100. 0. 0. 0/24 网段的路由，通过 OSPF 学习到去往 100. 0. 1. 0/24 的路由。RTB 与 RTC 建立 EBGP 的邻居关系，RTB 通过 import 命令宣告 100. 0. 0. 0/24、100. 0. 1. 0/24 与 10. 1. 12. 0/24 的路由，使对端 EBGP 邻居学习到本 AS 内的路由。

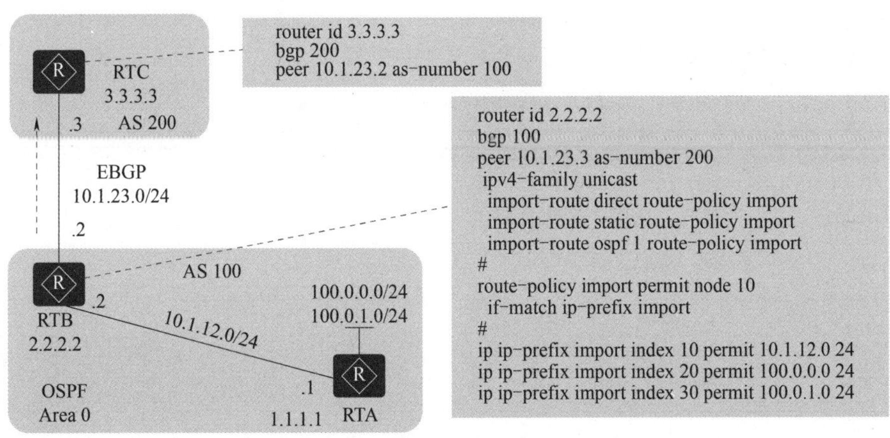

图 7-19　使用 import 命令引入路由

提示：为了防止其他路由被引入 BGP 中，需要配置 ip-prefix 进行精确匹配，调用 route-policy 在 BGP 引入路由时进行控制。如果需要发布大量 OSPF 路由到 BGP，使用 import 相对高效。

通过 import 命令在 RTC 上查看是否学习到 BGP 引入的路由条目，如图 7-20 所示。

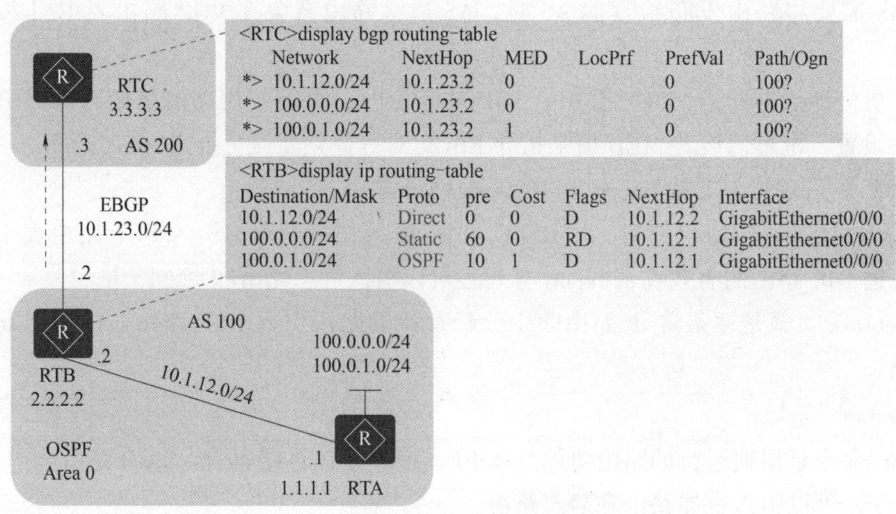

图 7-20　查看 BGP 路由表

BGP 路由表中的字段说明见表 7-9。

表 7-9　BGP 路由表字段说明

字段	说明
Status codes	* 表示此条 BGP 路由是可用的；>表示此条路由被优选，或者说是最优路由，只有最优路由才会被通告给其他 BGP 对等体；d 表示 damped；h 表示 history；i 表示 internal；s 表示 suppressed；S 表示 Stale
Network	显示 BGP 路由表中的目的网络地址及掩码长度
NextHop	报文发送的下一跳地址
MED	路由度量值
LocPrf	本地优先级
PrefVal	协议首选值
Path/Ogn	显示 AS_path 属性值，如果为空，说明此条路由起源于本 AS 内而不是 AS 之外，Ogn 显示的是 Origin 属性值，i 表示此条路由是被 BGP 的 network 命令发布的，即 Orign 为 IGP、e-EGP，? 表示 Orign 为 incomplete
Community	团体属性信息

2. Network 方式

network 命令是逐条将 IP 路由表中已经存在的路由引入 BGP 路由表中。

IGP 协议中的 network 命令与 BGP 中的 network 命令存在根本性差异。BGP 配置视图中执行 network 命令，用于向 BGP 发布路由，其不仅能用于将直连路由发布到 BGP，还可以将静态路由以及通过 IGP 学习到的动态路由发布到 BGP。

图 7-21 所示的网络拓扑图中，RTA 上存在 100. 0. 0. 0/24 与 100. 0. 1. 0/24 两个用户网段，RTB 上通过静态路由指定去往 100. 0. 0. 0/24 网段的路由，通过 OSPF 学习到去往 100. 0. 1. 0/24 的路由。RTB 与 RTC 建立 EBGP 的邻居关系，RTB 通过 network 命令宣告 100. 0. 0. 0/24、100. 0. 1. 0/24 与 10. 1. 12. 0/24 的路由，使对端 EBGP 邻居 RTC 学习到 RTB 路由表里的路由。

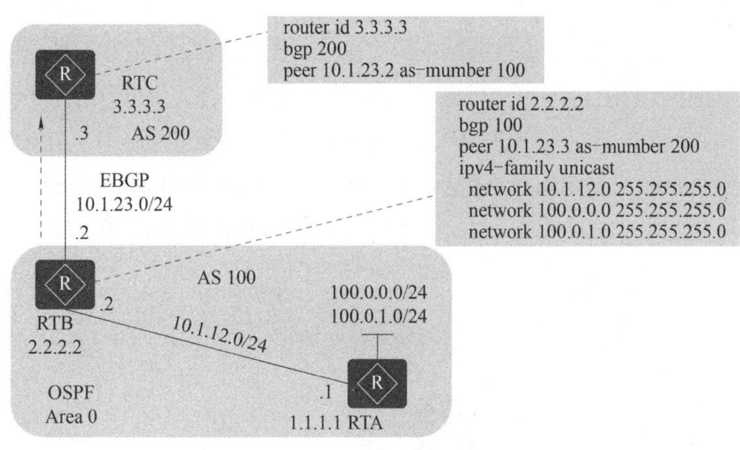

图 7-21　使用 network 命令引入路由

通过 display 命令在 RTC 上查看是否学习到 BGP 发布的路由条目，如图 7-22 所示。

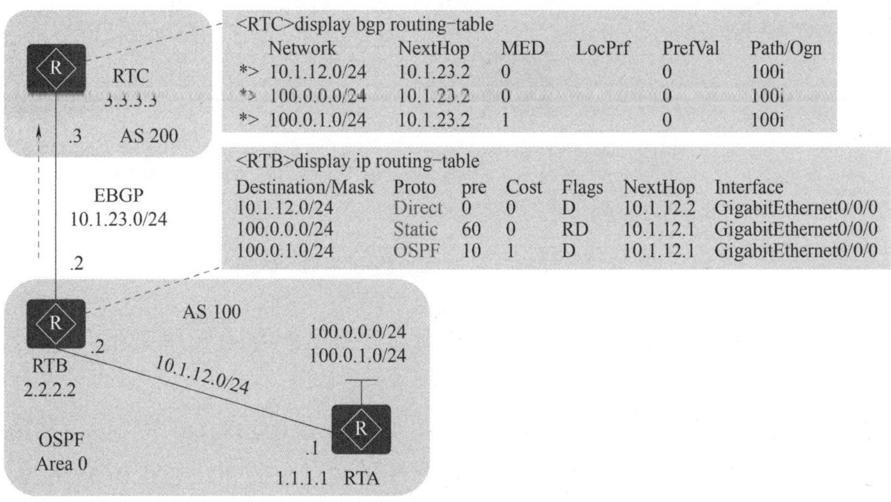

图 7-22　查看 BGP 路由表

由图 7-20 和图 7-22 可知，使用 import 命令和使用 display 命令的查看结果一致。

7. 1. 7　BGP 路由发布策略

BGP 通过 Network 和 Import 两种方式生成 BGP 路由，BGP 路由封装在 Update 报文中通告给邻居。BGP 在邻居关系建立后才开始通告路由信息。

Update 消息主要用来公布可用路由和撤销路由，Update 中包含以下信息。

①网络层可达信息（NLRI）：用来公布 IP 前缀和前缀长度。

②路径属性：为 BGP 提供环路检测，控制路由优选。

③撤销路由：用来描述无法到达且从业务中撤销的路由前缀和前缀长度。

在通告 BGP 路由时，由于各种因素的影响，为了避免路由通告过程中出现问题，BGP 路由通告需要遵守一定的规则。

（1）存在多条有效路由时，BGP 路由器只将自己最优的路由发布给邻居

图 7-23 所示的网络拓扑图中，RTD 可以从 BGP 邻居 RTB 与 RTC 学习到 100. 0. 0. 0/24 的路由，同时，RTD 将自己的直连路由 200. 0. 0. 0/24 发布到 BGP 中。在 RTD 上使用命令 display bgp routing-table 查看 BGP 路由表，在 RTE 上使用命令 display bgp routing-table 查看 BGP 路由表，可以发现，RTD 将自己标为有效且最优的路由发布给了 BGP 邻居 RTE。

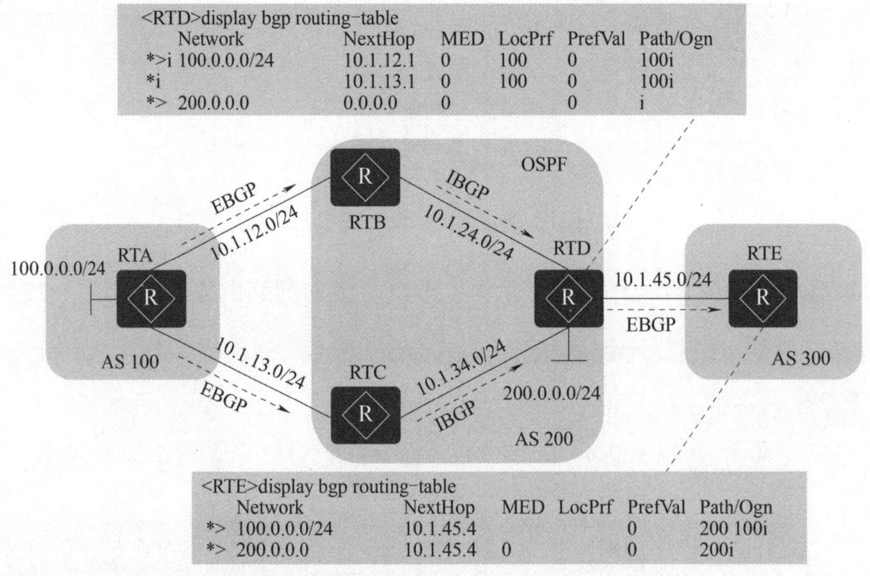

图 7-23　仅将自己最优的路由发布给邻居

（2）BGP 路由器通过 EBGP 获得的最优路由会发布给所有的 BGP 邻居（包括 EBGP 邻居和 IBGP 邻居）

图 7-24 所示的网络拓扑图中，RTA 上有一个 100. 0. 0. 0/24 的用户网段，并通过 EBGP 将该网段发布给 BGP 邻居 RTB。RTB 收到 EBGP 邻居发送来的 100. 0. 0. 0/24 的路由后，将会通告给自己的 IBGP 邻居 RTC 与 EBGP 邻居 RTD。

（3）BGP 路由器通过 IBGP 获得的最优路由不会发布给其他的 IBGP 邻居

图 7-25 所示的网络拓扑图中，RTA 上存在一个 100. 0. 0. 0/24 的用户网段，RTA、RTB 与 RTC 之间互为 IBGP 邻居，RTA 通过 IBGP 将 100. 0. 0. 0/24 的路由发布给 RTB 与 RTC，但是 RTB 并不会将收到的 IBGP 路由发布给自己的 IBGP 邻居 RTC。这样设计的目的是防止在 AS 内部形成路由环路。根据规定，BGP 路由在同一个 AS 内进行传递时，AS_ Path 属性不会发生变化。

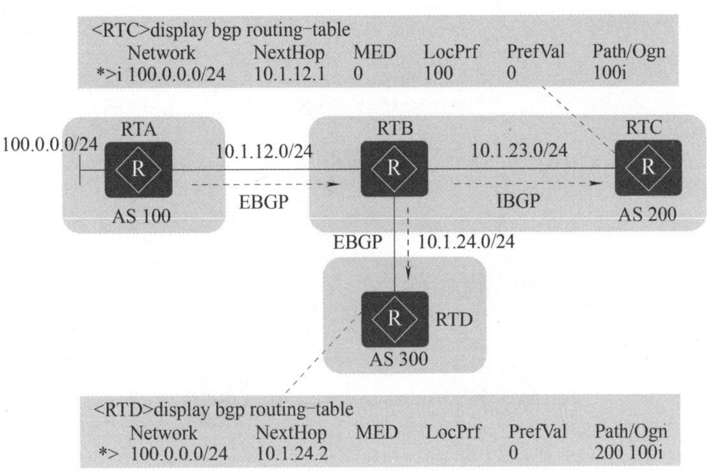

图 7-24　通过 EBGP 获得的最优路由发布给所有 BGP 邻居

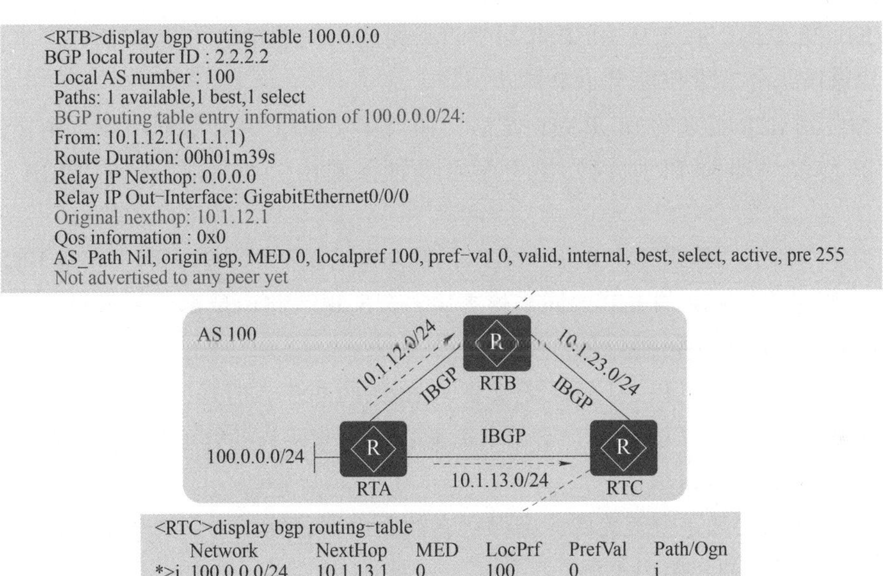

图 7-25　通过 IBGP 获得的最优路由不会发布给其他的 IBGP 邻居

（4）BGP 与 IGP 同步

图 7-26 所示的网络拓扑图中，RTA 上存在一个 100. 0. 0. 0/24 的用户网段，通过 EBGP 发布给 RTB。RTB 与 RTD 建立了 IBGP 邻居关系，RTD 通过 IBGP 学习到该 BGP 路由，并将该路由发布给 EBGP 邻居 RTE。当 RTE 访问 100. 0. 0. 0/24 的路由时，查找路由表，发现到达 100. 0. 0. 0/24 路由的下一跳是 RTD，RTE 查找出接口后，将数据包发送给 RTD；RTD 收到数据包后，查找路由表，发现到达 100. 0. 0. 0/24 路由的下一跳是 RTB，出接口是 RTD 上与 RTC 相连的接口，于是将数据包发给 RTC，RTC 查找路由表，发现没有到达 100. 0. 0. 0/24 的路由，于是将数据丢弃，形成“路由黑洞”。

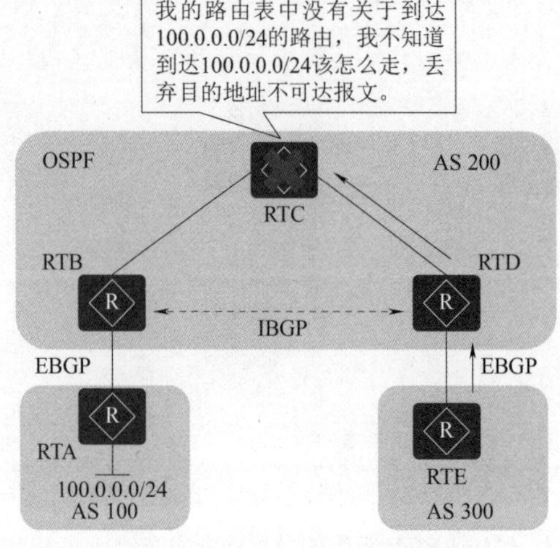

图 7-26 形成“路由黑洞”

BGP 的通告原则：一条从 IBGP 邻居学习来的路由在发布给一个 BGP 邻居之前，通过 IGP 必须知道该路由，即 BGP 与 IGP 同步。

RTD 在收到 RTB 发来的 IBGP 路由之后，如果要发布给 BGP 邻居 RTE，则在发布之前先检查 IGP 协议（即 OSPF 协议）能否学习到该条路由。如果能，则将 IBGP 路由发布给 RTE。

在华为路由器上，默认是将 BGP 与 IGP 的同步检查关闭的，这是为了实现 IBGP 路由的正常通告。但关闭了 BGP 与 IGP 的同步检查后，会出现“路由黑洞”的问题。因此，有两种解决方案可以解决上述问题。

①将 BGP 路由引入 IGP，从而保证 IGP 与 BGP 的同步。但是，因为 Internet 上的 BGP 路由数量十分庞大，一旦引入 IGP，会给 IGP 路由器带来巨大的处理和存储负担，如果路由器负担过重，则可能瘫痪。

②IBGP 路由器必须是全互连的，确保所有的路由器都能学习到通告的路由，这样可以解决关闭同步后导致的“路由黑洞”问题。

7.2 项目实施——BGP 协议的基本配置

图 7-27 所示为本项目的网络拓扑图。首先在 RTB、RTC 和 RTD 路由器之间配置 IBGP 连接，然后在 RTA 和 RTB 路由器之间配置 EBGP 连接，从而完成该网络 BGP 的基本配置。

提示： 确保该场景下互连接口的 STP 处于未使能状态。因为在使能 STP 的环形网络中，如果用路由器的 VLANIF 接口构建三层网络，则会导致某个端口被阻塞，从而导致三层业务不能正常运行。

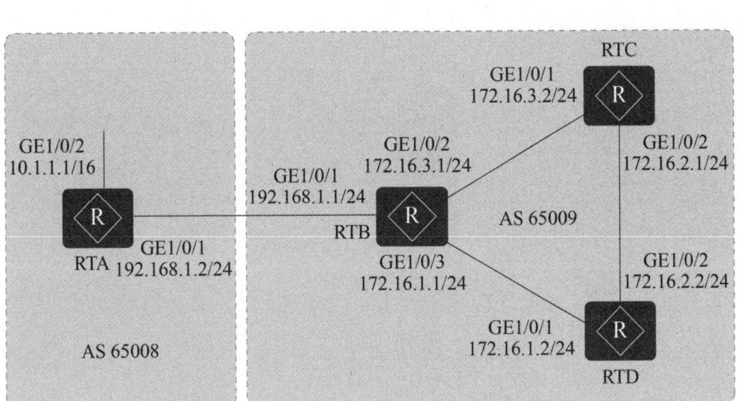

图 7-27　项目网络拓扑图

7.2.1　配置各路由器接口的 IP 地址

以下为配置 RTA 路由器 VLANIF 接口 IP 地址的代码，RTB、RTC 和 RTD 路由器的配置与 RTA 的类似。

```
[RTA] interface gigabitethernet 1/0/1
[RTA-GigabitEthernet] ip address 192.168.1.2 24
[RTA-GigabitEthernet] quit
[RTA] interface gigabitethernet 1/0/2
[RTA-GigabitEthernet] ip address 10.1.1.1 16
[RTA-GigabitEthernet] quit
```

7.2.2　配置 IBGP 连接

第 1 步：配置 RTB 路由器的 IBGP 连接。

```
[RTB] bgp 65009
[RTB-bgp] router-id 172.17.2.2
[RTB-bgp] peer 172.16.1.2 as-number 65009
[RTB-bgp] peer 172.16.3.2 as-number 65009
[RTB-bgp] quit
```

第 2 步：配置 RTC 路由器的 IBGP 连接。

```
[RTC] bgp 65009
[RTC-bgp] router-id 172.17.3.3
[RTC-bgp] peer 172.16.3.1 as-number 65009
[RTC-bgp] peer 172.16.2.2 as-number 65009
[RTC-bgp] quit
```

第 3 步：配置 RTD 路由器的 IBGP 连接。

```
[RTD] bgp 65009
[RTD-bgp] router-id 172.17.4.4
[RTD-bgp] peer 172.16.1.1 as-number 65009
[RTD-bgp] peer 172.16.2.1 as-number 65009
[RTD-bgp] quit
```

7.2.3　配置 EBGP 连接

第 1 步：配置 RTA 路由器的 EBGP 连接。

```
[RTA] bgp 65008
[RTA-bgp] router-id 172.17.1.1
[RTA-bgp] peer 192.168.1.1 as-number 65009
[RTA-bgp] quit
```

第 2 步：配置 RTB 路由器的 EBGP 连接。

```
[RTB] bgp 65009
[RTB-bgp] peer 192.168.1.2 as-number 65008
[RTB-bgp] quit
```

第 3 步：在 RTB 路由器上查看 BGP 对等体的连接状态。

```
[RTB] display bgp peer

BGP local router ID : 172.17.2.2
Local AS number : 65009
Total number of peers : 3                    Peers in established state : 3

  Peer            V    AS  MsgRcvd   MsgSent   OutQ  Up/Down        State   PrefRcv

  172.16.1.2       4  65009     49        62      0  00:44:58  Established      0
  172.16.3.2       4  65009     56        56      0  00:40:54  Established      0
  192.168.1.2      4  65008     49        65      0  00:44:03  Established      0
```

可以看出，RTB 路由器与其他路由器的 BGP 连接均已建立。

7.2.4　在 RTA 路由器上配置发布路由 10.1.0.0/16

第 1 步：配置 RTA 路由器发布路由。

```
[RTA] bgp 65008
[RTA-bgp] ipv4-family unicast
[RTA-bgp-af-ipv4] network 10.1.0.0 255.255.0.0
```

```
[RTA-bgp-af-ipv4] quit
[RTA-bgp] quit
```

第 2 步：查看 RTA 路由器的路由表信息。

```
[RTA] display bgp routing-table

BGP Local router ID is 172.17.1.1
Status codes: * - valid, > - best, d - damped,
              h - history,  i - internal, s - suppressed, S - Stale
              Origin : i - IGP, e - EGP, ? - incomplete

Total Number of Routes: 1
     Network           NextHop        MED        LocPrf     PrefVal Path/Ogn

 *>  10.1.0.0/16        0.0.0.0        0            0           i
```

第 3 步：查看 RTB 路由器的路由表信息。

```
[RTB] display bgp routing-table

  BGP Local router ID is 172.17.2.2
Status codes: * - valid, > - best, d - damped,
              h - history,  i - internal, s - suppressed, S - Stale
              Origin : i - IGP, e - EGP, ? - incomplete

Total Number of Routes: 1
     Network           NextHop        MED        LocPrf     PrefVal Path/Ogn

 *>  10.1.0.0/16      192.168.1.2     0                       0      65008i
```

第 4 步：查看 RTC 路由器的路由表信息。

```
[RTC] display bgp routing-table

BGP Local router ID is 172.17.3.3
Status codes: * - valid, > - best, d - damped,
              h - history,  i - internal, s - suppressed, S - Stale
              Origin : i - IGP, e - EGP, ? - incomplete

Total Number of Routes: 1
    Network           NextHop        MED        LocPrf     PrefVal Path/Ogn

i   10.1.0.0/16      192.168.1.2     0          100        0      65008i
```

从路由表可以看出，RTC 学习到了 AS65008 中的 10.1.0.0 的路由，但因为下一跳 192.168.1.2 不可达，所以也不是有效路由。

7.2.5 配置 BGP 引入直连路由

第 1 步：配置 RTB 路由器。

```
[RTB] bgp 65009
[RTB-bgp] ipv4-family unicast
[RTB-bgp-af-ipv4] import-route direct
[RTB-bgp-af-ipv4] quit
[RTB-bgp] quit
```

第 2 步：查看 RTA 路由器的 BGP 路由表。

```
[RTA] display bgp routing-table

 BGP Local router ID is 172.17.1.1
 Status codes: * - valid, > - best, d - damped,
              h - history,  i - internal, s - suppressed, S - Stale
              Origin : i - IGP, e - EGP, ? - incomplete

Total Number of Routes: 4
    Network              NextHop        MED        LocPrf     PrefVal Path/Ogn

 *>   10.1.0.0/16         0.0.0.0        0           0          i
 *>   172.16.1.0/24      192.168.1.1     0           0            65009?
 *>   172.16.3.0/24      192.168.1.1     0           0            65009?
      192.168.1.0        192.168.1.1     0           0            65009?
```

第 3 步：查看 RTC 路由器的 BGP 路由表。

```
[RTC] display bgp routing-table

BGP Local router ID is 172.17.3.3
Status codes: * - valid, > - best, d - damped,
              h - history,  i - internal, s - suppressed, S - Stale
              Origin : i - IGP, e - EGP, ? - incomplete

Total Number of Routes: 4
```

```
    Network              NextHop         MED        LocPrf      PrefVal Path/Ogn

 *>i  10.1.0.0/16         192.168.1.2     0            100         0       65008i
 *>i  172.16.1.0/24       172.16.3.1      0            100         0       ?
   i  172.16.3.0/24       172.16.3.1      0            100         0       ?
 *>i  192.168.1.0         172.16.3.1      0            100         0       ?
```

可以看出，到 10.1.0.0 的路由变为有效路由，下一跳为 RTA 路由器的地址。

第 4 步：使用 ping 进行验证。

```
[RTC] ping 10.1.1.1
  PING 10.1.1.1: 56  data bytes, press CTRL_C to break
    Reply from 10.1.1.1: bytes=56 Sequence=1 ttl=255 time=31 ms
    Reply from 10.1.1.1: bytes=56 Sequence=2 ttl=255 time=47 ms
    Reply from 10.1.1.1: bytes=56 Sequence=3 ttl=255 time=31 ms
    Reply from 10.1.1.1: bytes=56 Sequence=4 ttl=255 time=16 ms
    Reply from 10.1.1.1: bytes=56 Sequence=5 ttl=255 time=31 ms

  --- 10.1.1.1 ping statistics ---
    5 packet(s) transmitted
    5 packet(s) received
    0.00% packet loss
    round-trip min/avg/max = 16/31/47 ms
```

7.3 巩固训练——配置 BGP 与 IGP 交互

7.3.1 实训目的

- 理解 BGP 协议。
- 掌握网络中 BGP 协议的基本配置方法。

7.3.2 实训拓扑

图 7-28 所示为实训拓扑图。用户将网络划分为 AS 65008 和 AS 65009 两个区域，在 AS

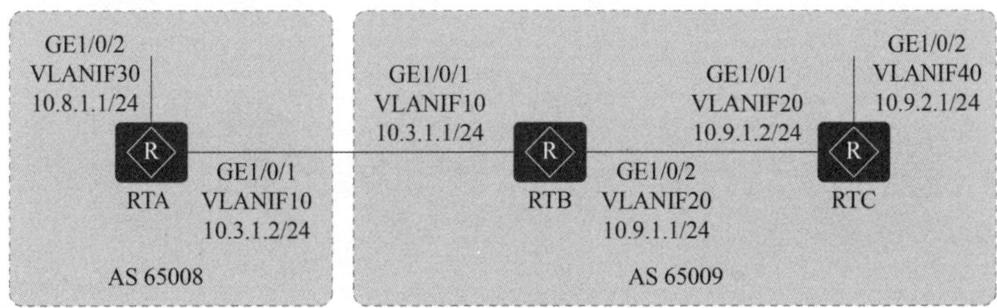

图 7-28　实训拓扑图

65009 区域内，使用 IGP 协议来计算路由（该例使用 OSPF 作为 IGP 协议），要求实现两个 AS 之间的互相通信。

7.3.3 实训内容

①配置网络中各路由器接口所属的 VLAN；

②配置网络中各路由器 VLANIF 接口的 IP 地址；

③分别在 RTB 和 RTC 路由器上配置 OSPF 协议，使 RTB 和 RTC 路由器之间可以互访；

④分别在 RTA 和 RTB 路由器上配置 EBGP 连接，使 RTA 和 RTB 路由器之间可以通过 BGP 相互传递路由；

⑤在 RTB 路由器上配置 BGP 与 OSPF 互相引入，实现两个 AS 之间的互相通信。

项目任务 2　BGP 属性

【项目背景】

某公司网络中包含 3 台路由设备，并且这 3 台路由设备分别位于不同的 AS 区域中，现在在相邻的路由器之间建立 EBGP 连接，并且要求通过对 BGP 属性的设置实现指定 AS 区域之间的设备不能相互通信。

【项目内容】

根据该公司的需要，设计出简单的网络拓扑图，如图 7-29 所示。RTA 与 RTB 路由器、RTB 与 RTC 路由器之间需要建立 EBGP 连接，通过对 BGP 属性的配置实现 AS 10 区域中的路由设备与 AS 30 区域中的路由设备不能相互通信。

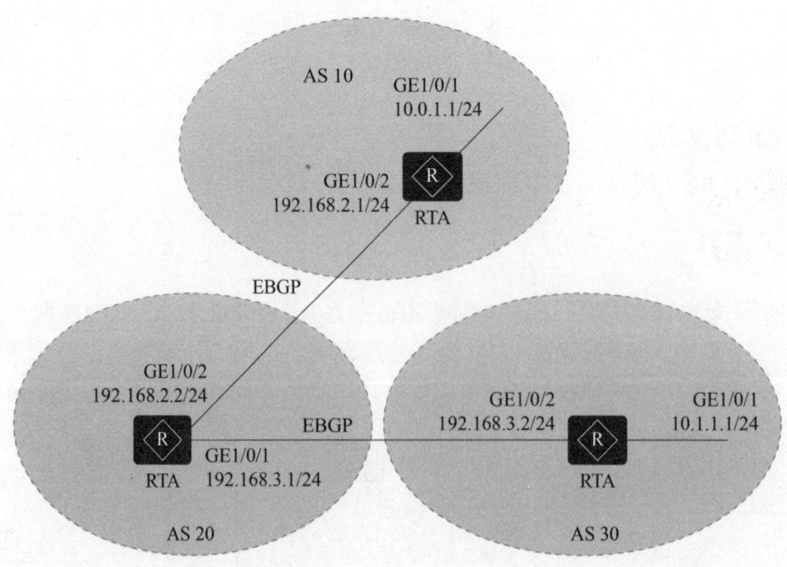

图 7-29　项目网络拓扑图

7.4 相关知识：BGP 属性

BGP 设计了丰富的路径属性，每条 BGP 路由都携带着多个路径属性，这些路径属性都有各自的定义及功能。当 BGP 发现了多条到达同一个目的网段的路由时，每条 BGP 路由的路径属性值都将作为该路由是否被优选的依据，BGP 将按照一定的规则进行决策，最终在这些路由中选择一条最优的路由。

7.4.1 属性分类

BGP 路径属性可以分为公认属性和可选属性两大类。

（1）公认属性

公认属性为所有 BGP 路由器都必须识别并支持的属性。

①公认必遵：BGP 路由器使用 Update 报文通告路由更新时必须携带的属性。所有 BGP 路由器都可以识别，且必须存在于 Update 消息中，如果缺少这种属性，路由信息就会出错。

②公认任意：不必存在于 BGP 的 Update 消息中，可以根据需求自由选择的属性。所有 BGP 路由器都可以识别，但不要求必须存在于 Update 消息中，即使缺少这类属性，路由信息也不会出错。

（2）可选属性

可选属性为不要求所有的 BGP 路由器都能够识别的属性。

①可选过渡：如果 BGP 不能识别该属性，那么也应接受携带该属性的 BGP 路由更新，并且当路由器将该路由通告给其他对等体时，必须携带该属性。

②可选非过渡：如果 BGP 不能识别该属性，则该路由器将会忽略包含该属性的 BGP 路由更新，并且不将该路由通告给它的 BGP 邻居。

7.4.2 路径属性介绍

1. Origin 属性

Origin 属性是一个公认必遵属性，用来定义路径信息的来源，标记一条路由是怎么成为 BGP 路由的。

当一条路由被发布到 BGP 后，Origin 属性便被发布该路由的路由器附加到这条路由上，并且在路由的传递过程中，默认时 Origin 属性值不会发生改变。每条 BGP 路由都必须携带 Origin 属性值，并且 BGP 将路由通告给其他对等体时，必须携带该属性。

Origin 属性有 3 种类型的属性值，说明见表 7-10。

表 7-10　Origin 属性值说明

Origin 属性值	说明
i（IGP）	如果路由是由始发的 BGP 路由器使用 network 命令发布到 BGP 的，则该 BGP 路由的 Origin 属性为 IGP

续表

Origin 属性值	说明
e（EGP）	表明路由是从 EGP 学习来的，EGP 协议在现网中很难见到，但可以通过路由策略将路由的 Origin 属性值修改为 e
?（Incomplete）	表明通过其他方式学习到路由信息，如使用 import-route 命令引入 BGP 的路由

到达同一个目的网段存在多条 BGP 路由时，在其他条件相同的情况下，Origin 属性为 IGP 的路由最优，其次是 EGP，最后是 Incomplete。

在图 7-30 所示的网络拓扑图中，AS 200 内运行 OSPF 协议，200. 0. 0. 0/24 网段宣告到 OSPF 中。RTB 通过 Network 方式将 200. 0. 0. 0/24 的路由变为 BGP 路由通告给 RTA，RTC 通过 Import 方式将 200. 0. 0. 0/24 的路由变为 BGP 路由通告给 RTA。

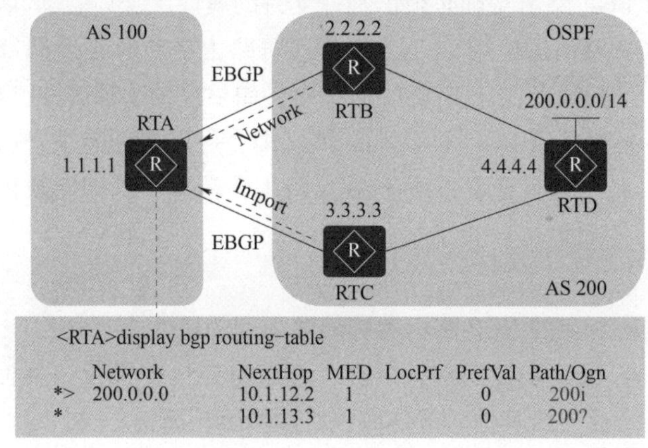

图 7-30　网络拓扑

2. AS_Path 属性

在图 7-31 所示的网络拓扑图中，需要思考以下两个问题。

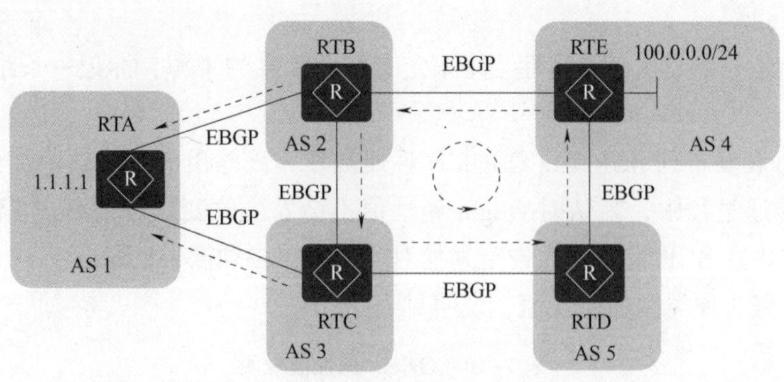

图 7-31　网络拓扑

①AS 1 内的 RTA 能够从 RTB 与 RTC 收到 100. 0. 0. 0/24 的路由，那么 RTA 如何进行自动优选？

②RTA->RTB->RTC 之间在拓扑上存在环路，RTB->RTC->RTD->RTE 之间在拓扑上也存在环路，因此，BGP 在路由传递的过程中也可能存在路由环路，那么 BGP 如何防止环路呢？

针对以上两个问题，BGP 设计了 AS_Path 属性。AS_Path 属性（公认必遵）描述了一条 BGP 路由在传递过程中经过的所有 AS 编号，一台路由器在将 BGP 路由通告给自己的 EBGP 对等体时，会将本地的 AS 编号插入该路由原有的 AS_Path 之前。

AS_Path 属性实现了 BGP 路由的环路避免、BGP 路由优选决策。AS_Path 越短，则该路由被视为越优。

前面提出的两个问题，通过 AS_Path 属性就可以得到解决。

①RTA 从 RTB 收到 100.0.0.0/24 的路由时，AS_Path 为（2，4），RTA 从 RTC 收到 100.0.0.0/24 的路由时，AS_Path 为（3，5，4）。规定 AS_Path 越短（记录的 AS 编号越少），路径越优，因此，RTA 会优选从 RTB 收到的 100.0.0.0/24 的路由。

②以 RTE 为例，通过 BGP 发布 100.0.0.0/24 的路由，路由可能通过 RTE→RTB→RTC→RTD→RTE 形成环路。为了防止环路的产生，RTE 在收到 RTD 发来的路由时，会检查 AS_Path（该路由携带的）属性，如果发现该路由的 AS_Path 中包含自己的 AS 编号，则丢弃该路由。

> **提示：**一条 BGP 路由器被始发路由器发布到 BGP 时，该路由的 AS_Path 属性值默认为空，当该路由被始发路由器通告给 IBGP 对等体时，必须携带 AS_Path 属性。

3. Next_Hop 属性

Next_Hop 属性是一个公认强制属性，描述了到达目的网段的下一跳地址，其将在路由器计算路由时用于确认到达该路由的目的网段的实际下一跳 IP 地址和出接口。

在图 7-32 所示的网络拓扑图中，需要思考以下 3 个问题。

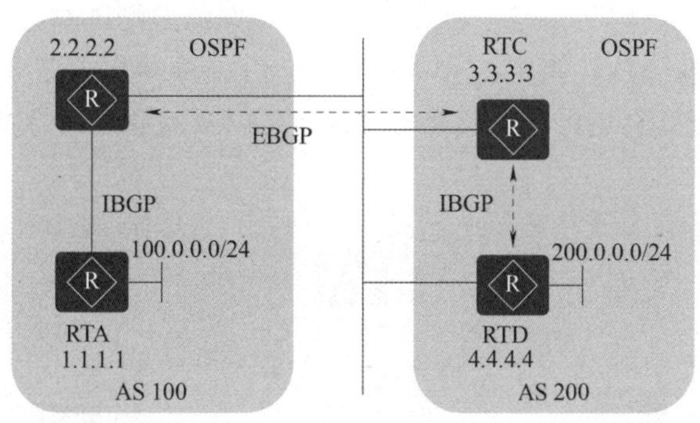

图 7-32　网络拓扑

①RTA 将 100.0.0.0/24 的网段发布给 RTB 时，Next_Hop 的 IP 地址是多少？

②RTB 将 100.0.0.0/24 的网段发布给 RTC 时，Next_Hop 的 IP 地址是多少？

③RTA 从 RTB 学习到 RTC 发布的 200.0.0.0/24 网段时，Next_Hop 的 IP 地址是多少？

BGP 路由的 Next_ Hop 属性具有以下特点。

①BGP 路由器将本端始发路由发布给 IBGP 邻居时，会把该路由信息的 Next_ Hop 设为本端建立邻居关系所使用的接口 IP。

RTA 将 100. 0. 0. 0/24 的网段发布给 RTB 时，如果 RTA 与 RTB 使用直连接口建立 IBGP 邻居，则 Next_ Hop 为 RTA 上与 RTB 直连的接口 IP；如果 RTA 与 RTB 使用 Loopback 接口建立 IBGP 邻居，则 Next_ Hop 为 RTA 的 Loopback 接口 IP。

②BGP 路由器在向 EBGP 邻居发布路由时，无论这条路由是否为该路由器始发，都会把路由信息的 Next_ Hop 设置为本端与对端建立 BGP 邻居关系的接口 IP。

RTB 将 100. 0. 0. 0/24 的网段发布给 RTC 时，Next_ Hop 为 RTB 上与 RTC 直连的接口 IP。

③BGP 路由器在向 IBGP 邻居通告从 EBGP 学习来的路由时，不改变该路由原有的 Next_ Hop 属性。

RTA 从 RTB 学到 RTC 发布的 200. 0. 0. 0/24 网段时，Next_ Hop 为 RTD 的出接口 IP，因为 RTB 与 RTD 在同一网段，RTC 通告给 RTB 的 Next_ Hop 为 RTD 的出接口 IP。

④当路由器将本地路由表中的直连路由、静态路由或通告 IGP 协议学习到的动态路由使用 network 或 import-route 命令发布到 BGP 时，在该路由器的 BGP 路由表中，其 Next_ Hop 属性显示为 0. 0. 0. 0（该路由器是这些路由的始发者）。

⑤当 BGP 路由器使用 aggregate 命令通告一条 BGP 汇总路由时，在该路由器的 BGP 路由表中，该汇总路由的 Next_ Hop 属性显示为 127. 0. 0. 1。

⑥可以使用 next-hop-local 命令修改 Next_ Hop 属性值。

4. Local_ Preference 属性

Local_ Preference（本地优先级）属性为公认任意属性，用于判断流量离开 AS 时的最佳路由，仅在 IBGP 邻居之间有效，不通告给其他 AS。当 BGP 路由器通过不同的 IBGP 邻居获得目的地址相同但下一跳不同的多条路由时，将优先选择 Local_ Preference 属性值较高的路由，其取值范围为 0~4 294 967 295，默认值为 100，值越高越优先。

在图 7-33 所示的网络拓扑图中，AS 200 内有一个 200. 0. 0. 0/24 的用户网段，通过 BGP 发布给 AS 100。那么 AS 100 内的管理员如何设置才可以实现通过高带宽链路访问 200. 0. 0. 0/24 的网络呢？

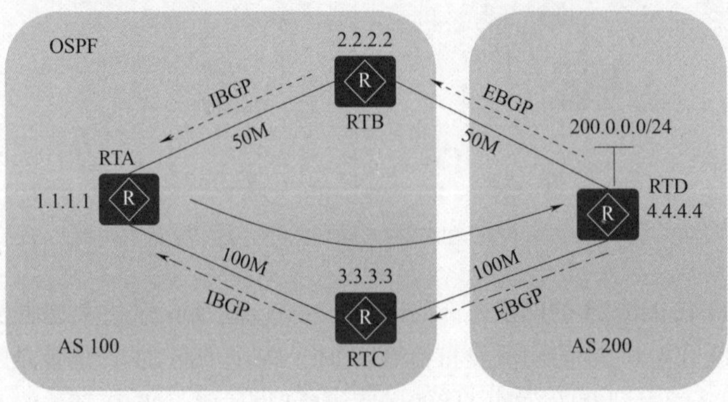

图 7-33　网络拓扑

RTD 将 AS 200 内的 200. 0. 0. 0/24 路由 BGP 通告给 EBGP 对等体 RTB、RTC，当 RTB、RTC 从 EBGP 对等体学习到此条路由时，它们会为这条 EBGP 路由在本地关联一个 Local_Preference 属性值（该值默认为 100，可以在 BGP 配置视图下使用 default local-preference 命令修改），而当它们将路由通告给 IBGP 对等体 RTA 时，路由将携带该 Local_Preference 属性值。此时 RTA 会分别从 RTB、RTC 学习到去往 200. 0. 0. 0/24 的 BGP 路由，这两条路由的 Local_Preference 属性值均为 100，因此 RTA 无法根据该属性做出路由优选的决策。

如果通过高带宽链路访问 200. 0. 0. 0/24 的网络，可以在 RTC 上部署 BGP 路由策略，将其通告给 RTA 的该路由的 Local_Preference 设置为 200，在其他条件相同的情况下，RTA 优选 RTC 到达目标网段。

5. MED 属性

MED（Multi-Exit-Discriminator）属性为可选非过渡属性，仅在相邻两个 AS 之间传递，收到该属性的 AS 不会再将其通告给任何第三方 AS。

默认情况下，只有当路由来自同一个 AS 时，BGP 才会进行 MED 属性的比较，MED 值越小越优先，其默认值为 0。

在图 7-34 所示的网络拓扑图中，AS 300 内的管理员希望在 AS 300 内进行操作，来影响 AS 200 通过高带宽链路访问 100. 0. 0. 0/24，如何实现？

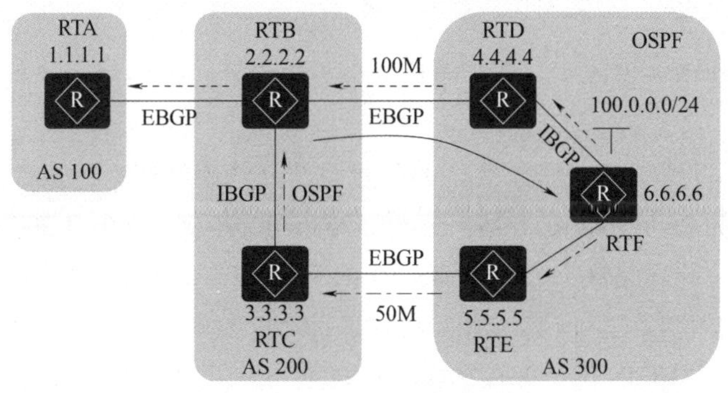

图 7-34　网络拓扑

在 RTE 上设置 ip-prefix 匹配 100. 0. 0. 0/24 的路由，再设置 route-policy 调用该 ip-prefix，并设置 MED 为 100，将策略应用在对 RTC 发布路由的 export 方向。AS 100 内并不会收到 AS 300 内设置的 MED 值，但是 AS 200 内会收到 AS 300 内设置的 MED 值，因此 AS 200 内可以选择高带宽的路由。

提示： MED 属性相当于 IGP 使用的度量值（Metric），它用于判断流量进入 AS 时的最佳路由。使用 network 或 import-route 命令将该路由器的路由表中的直连路由、静态路由或通过 IGP 协议学习到的路由发布到 BGP 后，默认时，路由的 MED 属性将继承其 IGP 度量值。

6. Community 属性

BGP 的 Community 属性用于标识具有相同特征的 BGP 路由，该属性为可选过渡属性。Community 属性用来简化路由策略的应用和降低维护管理的难度，利用团体可以使多个 AS 中的一组 BGP 设备共享相同的策略。团体是一个路由属性，在 BGP 对等体之间传播，并且不受 AS 的限制。

Community 属性的作用主要有以下两个。

①限定路由的传播范围；

②打标记，便于对符合相同条件的路由进行统一处理。

Community 属性可以分为两类：一类是公认团体属性，另一类是扩展的团体属性。

公认团体属性可以分为 4 类，见表 7-11。

表 7-11　Community 公认团体属性类型说明

类型	说明
Internet	默认属性，所有路由都属于 Internet，此属性的路由可以通告给所有 BGP 邻居
No_ Export	收到此属性的路由后，不将该路由发布到其他 AS
No_ Advertise	收到此属性的路由后，不将该路由通告给任何其他的 BGP 邻居
No_ Export_ Subconfed	在联盟中使用

扩展的团体属性用一组以 4 字节为单位的列表来表示，路由器中扩展的团体属性格式为 aa：nn 或团体号。

①aa：nn 中，aa 通常为 AS 编号，nn 是管理员定义的团体属性标识；

②团体号范围为 0~4 294 967 295，0~65 535 与 4 294 901 760~4 294 967 295 为预留值。

在图 7-35 所示的网络拓扑图中，AS 10 内有 10.1.10.0/24 的用户网段，AS 11 内有 10.1.11.0/24 的用户网段。为了区分用户网段，为 AS 10 和 AS 11 设置不同的 Community 属性值作为标记，AS 10 内的 10.1.10.0/24 设置了 10：12 的 Community，AS 11 内的 10.1.11.0/24 设置了 11：12 的 Community，通过 BGP 发送给 AS 12 后，AS 12 希望汇总后屏蔽掉明细路由再发送给 AS 13，并且希望 AS 13 收到路由后不再传递给其他 AS，如何实现？

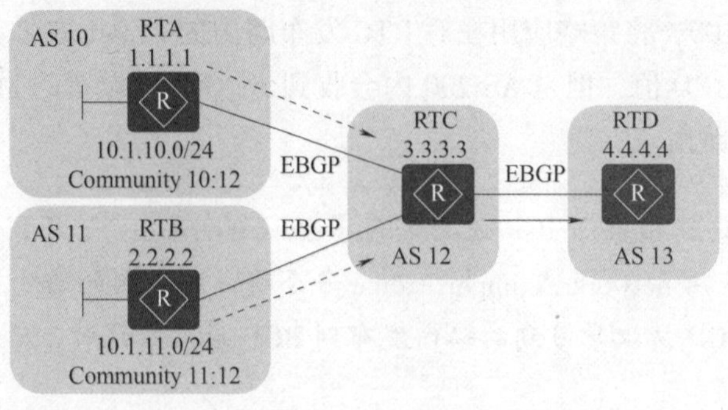

图 7-35　网络拓扑

实现方法如下：

①在 RTC 上设置 Community-filter，匹配 Community 为 10:12 和 11:12 的路由，再设置 route-policy 匹配 Community-filter，将两条路由聚合成 10.1.10.0/23 的路由并调用 route-policy。

②在 RTC 上设置 route-policy，设置团体属性为 no-export，在 RTC 通告给 RTD 的 export 方向调用该 route-policy。

③在 RTB 上希望只将 10.1.11.0/24 的路由发布给 RTC，并且不再通告给任何其他的 BGP 邻居，则可将 10.1.11.0/24 的 Community 属性设置为 No_Advertise。

④在 RTB 上希望将 10.1.11.0/24 的路由发布给 AS 12 之后，不再发布给其他 AS，则可将 10.1.11.0/24 的 Community 属性设置为 No_Export。

7. ATOMIC_AGGREGATE 和 AGGREGATOR 属性

原子聚合属性用于向下游路由器告知已经出现了路径丢失。任何接收到带有原子聚合属性的路由的下游 BGP 发言者都无法获得该路由更精确的 NLRI 信息，而且在将该路由宣告给其他对等体时，必须加上原子聚合属性。

当设置原子聚合属性时，BGP 发言者还可附加聚合者属性。该属性包含了 AS 编号及发起路由聚合的路由器的 IP 地址，因为提供了路由聚合的相关信息。

8. ORIGINATOR_ID 和 CLUSTER_LIST 属性

ORIGINATOR_ID 和 CLUSTER_LIST 属性是路由反射器使用的属性，都被用来防止路由环路。

起源者 ID 是一个由路由反射器创建的 32 bit 的值，该数值是本地 AS 中路由发起方的路由器 ID，如果发起方发现其 RID 在所接收到的路由的起源者 ID 中，那么就知道发生了环路，因而忽略该路由。

簇列表是一串路由传递所经过的路由反射簇 ID，如果路由反射器发现其本地簇 ID 在其所接收到的路由的簇列表中，那么就知道出现了环路，因而忽略该路由。

7.5 项目实施——配置 AS_Path 过滤器

图 7-36 所示为本项目的网络拓扑图。在 RTA 和 RTB 路由器之间、RTB 和 RTC 路由器之间分别配置 EBGP 连接，并引入直连路由，使 AS 之间通过 EBGP 连接实现相互通信。在 RTB 路由器上配置 AS_Path 过滤器，并应用该过滤规则，使 AS 20 不向 AS 10 发布 AS 30 的路由，也不向 AS 30 发布 AS 10 的路由。

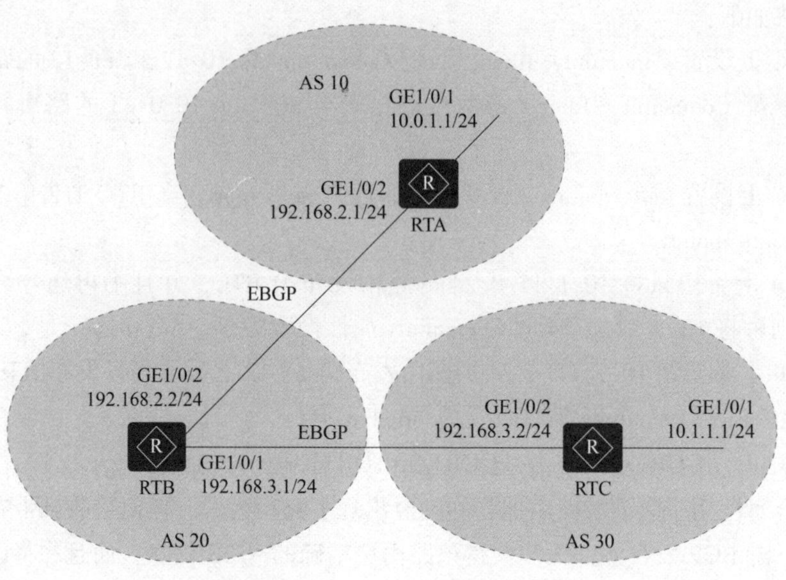

图 7-36　项目网络拓扑

7.5.1　配置各路由器接口 IP 地址

以下为配置 RTA 路由器接口 IP 地址的代码，RTB 和 RTC 路由器的配置与 RTA 的类似。

```
[RTA] interface gigabitethernet 1/0/1
[RTA-GigabitEthernet1/0/1] ip address 10.0.1.1 24
[RTA-GigabitEthernet1/0/1] quit
[RTA] interface gigabitethernet 1/0/2
[RTA-GigabitEthernet1/0/2] ip address 192.168.2.1 24
[RTA-GigabitEthernet1/0/2] quit
```

7.5.2　配置 EBGP 连接

第 1 步：配置 RTA 路由器的 EBGP 连接。

```
[RTA] bgp 10
[RTA-bgp] router-id 172.16.1.1
[RTA-bgp] peer 192.168.2.2 as-number 20
[RTA-bgp] import-route direct
[RTA-bgp] quit
```

第 2 步：配置 RTB 路由器的 EBGP 连接。

```
[RTB] bgp 20
[RTB-bgp] router-id 172.16.2.2
[RTB-bgp] peer 192.168.2.1 as-number 10
[RTB-bgp] peer 192.168.3.2 as-number 30
[RTB-bgp] import-route direct
[RTB-bgp] quit
```

第 3 步：配置 RTC 路由器的 EBGP 连接。

```
[RTC] bgp 30
[RTC-bgp] router-id 172.16.3.3
[RTC-bgp] peer 192.168.3.1 as-number 20
[RTC-bgp] import-route direct
[RTC-bgp] quit
```

第 4 步：查看 RTB 路由器发布的路由表。以 RTB 路由器发布给 RTC 路由器的路由表为例，可以看到 RTB 路由器发布了 AS 10 引入的直连路由。

```
[RTB] display bgp routing-table peer 192.168.3.2 advertised-routes

BGP Local router ID is 172.16.2.2
Status codes: * - valid, > - best, d - damped,
              h - history,  i - internal, s - suppressed, S - Stale
              Origin : i - IGP, e - EGP, ? - incomplete

Total Number of Routes: 4
     Network            NextHop        MED        LocPrf     PrefVal Path/Ogn

 *>  10.0.1.0/24    192.168.3.1                                0      20 10?
 *>  10.1.1.0/24    192.168.3.1                                0      20 30?
 *>  192.168.2.0    192.168.3.1        0                       0      20?
 *>  192.168.3.0    192.168.3.1        0                       0      20?
```

第 5 步：查看 RTC 路由器的路由表，可以看到 RTC 路由器也通过 RTB 路由器学习到了这条路由。

```
[RTC] display bgp routing-table

BGP Local router ID is 172.16.3.3
Status codes: * - valid, > - best, d - damped,
              h - history,  i - internal, s - suppressed, S - Stale
              Origin : i - IGP, e - EGP, ? - incomplete
```

```
Total Number of Routes: 9
      Network            NextHop           MED        LocPrf     PrefVal Path/Ogn

 *>   10.0.1.0/24        192.168.3.1                                0     20 10?
 *>   10.1.1.0/24        0.0.0.0           0                        0     ?
 *>   10.1.1.1/32        0.0.0.0           0                        0     ?
 *>   127.0.0.0          0.0.0.0           0                        0     ?
 *>   127.0.0.1/32       0.0.0.0           0                        0     ?
 *>   192.168.2.0        192.168.3.1       0                        0     20?
 *>   192.168.3.0        0.0.0.0           0                        0     ?
                         192.168.3.1       0                        0     20?
 *>   192.168.3.2/32     0.0.0.0           0                        0     ?
```

7.5.3 在 RTB 路由器上配置 AS_Path 过滤器，并在 RTB 路由器的出方向上应用该过滤器

第 1 步：创建编号为 1 的 AS_Path 过滤器，拒绝包含 AS 30 的路由通过。

```
[RTB] ip as-path-filter path-filter1 deny _30_
[RTB] ip as-path-filter path-filter1 permit .*
```

提示：正则表达式“_30_”表示任何包含 AS 30 的 AS 列表，“.*”表示与任何字符匹配。

第 2 步：创建编号为 2 的 AS_Path 过滤器，拒绝包含 AS 10 的路由通过。

```
[RTB] ip as-path-filter path-filter2 deny _10_
[RTB] ip as-path-filter path-filter2 permit .*
```

第 3 步：分别在 RTB 路由器的两个出方向上应用 AS_Path 过滤器。

```
[RTB] bgp 20
[RTB-bgp] peer 192.168.2.1 as-path-filter path-filter1 export
[RTB-bgp] peer 192.168.3.2 as-path-filter path-filter2 export
[RTB-bgp] quit
```

7.5.4 查看 RTB 路由器发布的路由表

第 1 步：查看 RTB 路由器发往 AS 30 的路由表。可以看到表中没有 RTB 路由器发布的 AS 10 引入的直连路由。

```
[RTB] display bgp routing-table peer 192.168.3.2 advertised-routes

BGP Local router ID is 172.16.2.2
Status codes: * - valid, > - best, d - damped,
              h - history,  i - internal, s - suppressed, S - Stale
              Origin : i - IGP, e - EGP, ? - incomplete

Total Number of Routes: 2
     Network          NextHop        MED        LocPrf    PrefVal Path/Ogn

 *>  192.168.2.0     192.168.3.1     0                      0      20?
 *>  192.168.3.0     192.168.3.1     0                      0      20?
```

第 2 步：RTC 路由器的 BGP 路由表里也没有这些路由。

```
[RTC] display bgp routing-table

BGP Local router ID is 172.16.3.3
Status codes: * - valid, > - best, d - damped,
              h - history,  i - internal, s - suppressed, S - Stale
              Origin : i - IGP, e - EGP, ? - incomplete

Total Number of Routes: 8
     Network          NextHop        MED        LocPrf    PrefVal Path/Ogn

 *>  10.1.1.0/24     0.0.0.0         0                      0      ?
 *>  10.1.1.1/32     0.0.0.0         0                      0      ?
 *>  127.0.0.0       0.0.0.0         0                      0      ?
 *>  127.0.0.1/32    0.0.0.0         0                      0      ?
 *>  192.168.2.0     192.168.3.1     0                      0      20?
 *>  192.168.3.0     0.0.0.0         0                      0      ?
                     192.168.3.1     0                      0      20?
 *>  192.168.3.2/32  0.0.0.0         0                      0      ?
```

第 3 步：查看 RTB 路由器发往 AS 10 的路由表。可以看到表中没有 RTB 路由器发布的 AS 30 引入的直连路由。

```
[RTB] display bgp routing-table peer 192.168.2.1 advertised-routes

BGP Local router ID is 172.16.2.2
Status codes: * - valid, > - best, d - damped,
```

```
            h - history,  i - internal, s - suppressed, S - Stale
            Origin : i - IGP, e - EGP, ? - incomplete


Total Number of Routes: 2
      Network            NextHop        MED        LocPrf     PrefVal Path/Ogn


*>    192.168.2.0        192.168.2.2    0                         0      20?
*>    192.168.3.0        192.168.2.2    0                         0      20?
```

第 4 步：RTA 路由器的 BGP 路由表里也没有这些路由。

```
[RTA] display bgp routing-table


BGP Local router ID is 172.16.1.1
Status codes: * - valid, > - best, d - damped,
            h - history,  i - internal, s - suppressed, S - Stale
            Origin : i - IGP, e - EGP, ? - incomplete


Total Number of Routes: 8
      Network            NextHop        MED     LocPrf     PrefVal Path/Ogn


*>    10.0.1.0/24        0.0.0.0         0                     0       ?
*>    10.0.1.1/32        0.0.0.0         0                     0       ?
*>    127.0.0.0          0.0.0.0         0                     0       ?
*>    127.0.0.1/32       0.0.0.0         0                     0       ?
*>    192.168.2.0        0.0.0.0         0                     0       ?
                         192.168.2.2     0                     0       20?
*>    192.168.2.1/32     0.0.0.0         0                     0       ?
*>    192.168.3.0        192.168.2.2     0                     0       20?
```

7.6 巩固训练——配置 BGP 的 MED 属性

7.6.1 实训目的

➢ 理解 BGP 属性的作用。
➢ 掌握 BGP 属性的配置方法。

7.6.2 实训拓扑

图 7-37 所示为实训拓扑图。所有路由器都配置 BGP，RTA 路由器在 AS 65008 区域中，RTB 和 RTC 路由器在 AS 65009 区域中。RTA 与 RTB、RTC 路由器之间运行 EBGP，RTB 和

RTC 路由器之间运行 IBGP。需求从 AS 65008 区域到 AS 65009 区域的流量优先通过 RTC 路由器。

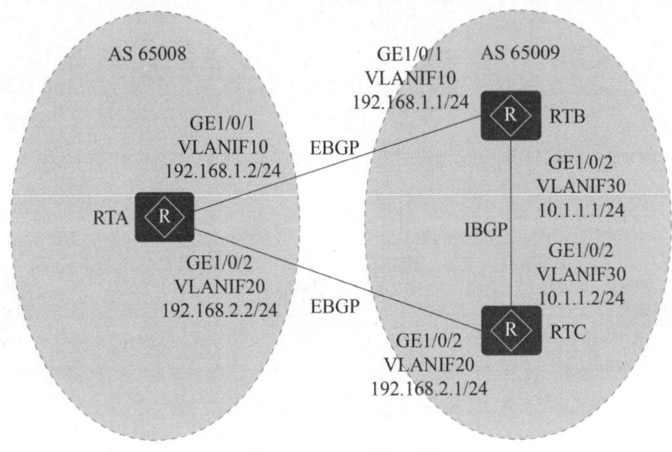

图 7-37 实训拓扑

7.6.3 实训内容

①配置网络中各路由器接口所属的 VLAN；

②配置网络中各路由器 VLANIF 接口的 IP 地址；

③分别在 RTA 和 RTB、RTA 和 RTC 路由器之间配置 EBGP 连接；

④在 RTB 和 RTC 路由器之间配置 IBGP 连接；

⑤在 RTA 路由器上配置负载分担；

⑥通过使用路由策略配置 RTB 发送给 RTA 的 MED 值，这样可以使 RTA 选择 RTC 作为流量发往 AS 65009 的入口设备。

项目任务 3 BGP 反射器和联盟

【项目背景】

某公司网络中包含 4 台路由设备，这 4 台路由设备分属于两个不同的 AS 区域中，需要通过在网络中配置 BGP 协议实现两个 AS 区域之间的互通。同时，还需要为相应的路由器配置 BGP 路由反射器，这样可以实现路由器之间不建立 IBGP 连接即可学习到其他路由器所发布的路由，从而简化配置。

【项目内容】

根据该公司的需要，设计出简单的网络拓扑图，如图 7-38 所示。需要在 RTA 和 RTB 路由器之间建立 EBGP 邻居，RTC 路由器分别和 RTB、RTD 路由器建立 IBGP 邻居关系。为了避免 IBGP 全连接，达到简化网络配置的目的，用户希望 RTB 和 RTD 路由器之间在不建立 IBGP 连接的情况下实现两个 AS 区域之间的互通。

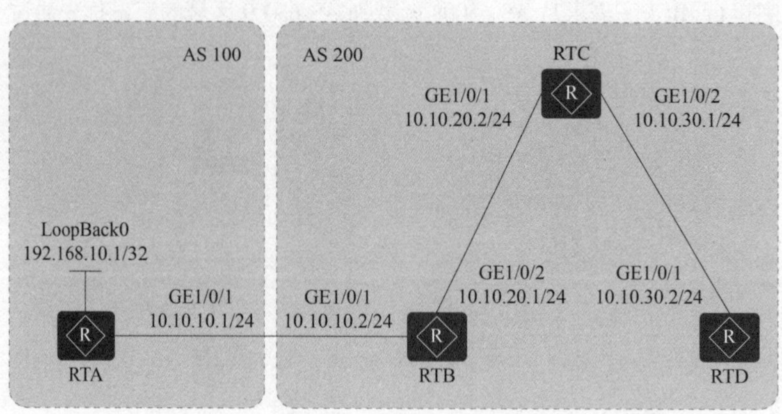

图 7-38　项目网络拓扑

7.7　相关知识：BGP 配置与 BGP 反射器

不同 AS 之间的连接需求推动了外部网关协议的发展，BGP 作为一种外部网关协议，用于在 AS 之间进行路由控制和优选。下面将介绍 BGP 功能的配置以及 BGP 路由聚合功能的实现。

7.7.1　BGP 基础配置

1. BGP 基本功能配置

①在系统视图下执行以下命令启动 BGP 进程，指定本地 AS 号，并进入 BGP 视图。

```
bgp{as-number-plain|as-number-dot}
```

【参数】

as-number-plain：指定整数形式的 AS 号。整数形式，取值范围是 1~4 294 967 295。

as-number-dot：指定点分形式的 AS 号。格式为 x. y，x 和 y 都是整数形式，x 的取值范围是 1~65 535，y 的取值范围是 0~65 535。

②在 BGP 视图下执行以下命令来配置 BGP 的 Router ID。改变路由器 ID 的配置或删除已配置的路由器 ID 时，BGP 会话将会重置。建立邻居关系的两台路由器的 ID 不能相同。

```
router-id ipv4-address
```

【参数】

ipv4-address：指定 Router ID。点分十进制格式。

③在 BGP 视图下执行以下命令来创建 BGP 对等体。为了确保能够建立 BGP 邻居关系，该命令指定的邻居地址必须可达，同时要确保发送方路由器的更新源地址（发送 BGP 报文的源 IP 地址）和接收方路由器该命令所指定的地址相同。

```
peer ipv4-address as-number{as-number-plain|as-number-dot}
```

【参数】

ipv4-address：指定对等体的 IPv4 地址。可以是直连对等体的接口 IP 地址，也可以是路由可达的对等体的 Loopback 接口地址。

as-number-plain：指定整数形式的 AS 号。整数形式，取值范围是 1~4 294 967 295。

as-number-dot：指定点分形式的 AS 号。格式为 x. y，x 和 y 都是整数形式，x 的取值范围是 1~65 535，y 的取值范围是 0~65 535。

④在 BGP 视图下执行以下命令来指定发送 BGP 报文源接口，并可指定发起连接时使用的源地址。

```
peer ipv4-address connect-interface interface-type interface-number[ipv4-source-address]
```

【参数】

ipv4-address：指定对等体的 IPv4 地址。

interface-type：指定接口类型。

interface-number：指定接口号。

ipv4-source-address：指定建立连接时的 IPv4 源地址。

⑤在 BGP 视图下执行以下命令来指定建立 EBGP 连接允许的最大跳数。默认情况下，IBGP 报文的 TTL 为 255，EBGP 报文的 TTL 为 1。如果 EBGP 对等体之间不是直连的物理链路，则必须使用该命令允许它们之间经过多跳建立 EBGP 邻居。

```
peer ipv4-address ebgp-max-hop[hop-count]
```

【参数】

ipv4-address：指定对等体的 IPv4 地址。

hop-count：指定最大跳数。整数形式，范围为 1~255，默认值为 255。如果指定的最大跳数为 1，则不能同非直连网络上的对等体建立 EBGP 连接。

⑥BGP 视图下执行以下命令使能与指定对等体之间交换相关的路由信息。默认情况下，只有 BGP-IPv4 单播地址簇的对等体是自动启用的，当配置 peer as-number 命令后，系统会自动配置相应的 peer enable 命令。其他地址簇视图下都必须手动使能。

```
peer ipv4-address enable
```

【参数】

ipv4-address：指定对等体的 IPv4 地址。

⑦在 BGP 视图下执行以下命令来配置 BGP 引入 IPv4 路由表中的路由。其中，route-policy 参数指定发布路由应用的路由策略。使用该命令注入 BGP 路由表的路由，其 Origin 属性为 IGP，同时，命令指定的目的地址和掩码长度必须与本地 IP 路由表中对应的表项完全一致，路由才能正确发布。

```
network ipv4-address[mask |mask-length][route-policy route-policy-name]
```

【参数】

ipv4-address：指定对等体的 IPv4 地址。

mask：指定 IP 地址掩码。如果没有指定掩码，则按有类地址处理。点分十进制格式。

mask-length：指定 IP 地址掩码长度。如果没有指定掩码长度，则按有类地址处理。整数形式，取值范围是 0~32。

route-policy route-policy-name：指定发布路由应用的 Route-Policy。字符串形式，区分大小写，不支持空格，长度范围是 1~40。当输入的字符串两端使用双引号时，可在字符串中输入空格。

⑧在 BGP 视图下执行以下命令来设置向 IBGP 对等体通告路由时，把下一跳属性设为自身发送 BGP 报文的源地址。默认情况下，BGP 在向 EBGP 对等体通告路由时，将下一跳属性设为发送 BGP 报文的源地址；在向 IBGP 对等体通告路由时，不改变下一跳属性。

```
peer ipv4-address next-hop-local
```

【参数】

ipv4-address：指定对等体的 IPv4 地址。

⑨在 BGP 视图下执行以下命令来关闭 BGP 与 IGP 的同步功能。默认情况下，同步功能是关闭的。同步是指 IBGP 和 IGP 之间的同步，其目的是避免出现误导外部 AS 路由器的现象发生。在 BGP 能够通告路由之前，该路由必须存在于当前的 IP 路由表中，也就是说，BGP 和 IGP 必须在网络能被通告前同步。

```
undo synchronization
```

2. BGP 安全性配置

①在 BGP 视图下执行以下命令来配置 BGP MD5 验证。BGP 对等体在建立 TCP 连接时进行 MD5 验证，因此，BGP 的 MD5 验证只是为 TCP 连接设置 MD5 验证密码，由 TCP 完成验证，验证的 MD5 散列值保存在 TCP 的 Options 字段中。

```
peer ipv4-address password{ cipher cipher-password |simple simple-password}
```

【参数】

ipv4-address：指定对等体的 IPv4 地址。

cipher cipher-password：指定密文密码字符串。字符串类型，不允许空格，区分大小写，可以输入 1~255 个字符的明文，也可以输入 20~392 个字符的密文。

simple simple-password：指定明文密码字符串。字符串类型，不允许空格，区分大小写，长度为 1~255。

②在 BGP 视图下执行 peer ipv4-address keychain keychain-name 命令来配置 BGP Keychain 验证。BGP 对等体两端必须都配置 Keychain 验证，且配置的 Keychain 必须使用相同的加密算法和密码，才能正常建立 TCP 连接，交互 BGP 报文。Keychain 验证推荐使用 SHA256 和 HMAC-SHA256 加密算法。BGP MD5 验证与 BGP Keychain 验证互斥。

```
peer ipv4-address keychain keychain-name
```

【参数】

ipv4-address：指定对等体的 IPv4 地址。

keychain-name：指定 Keychain 名称。字符串形式，长度范围是 1~47，不区分大小写。字符不包括问号和空格，但是当输入的字符串两端使用双引号时，可在字符串中输入空格。

3. BGP 路由聚合配置

在 BGP 视图下执行以下命令在 BGP 路由表中创建一条聚合路由，在 IP 路由表中会自动生成一条相同的聚合路由，出接口为 NULL 0，用于防止路由环路。

```
aggregate ipv4-address{mask |mask-length}[as-set |attribute-policy route-policy-name1 |detail-suppressed |origin-policy route-policy-name2 |suppress-policy route-policy-name3]
```

【参数】

ipv4-address：指定对等体的 IPv4 地址。

mask：指定聚合路由的网络掩码。点分十进制形式。

mask-length：指定聚合路由的网络掩码长度。整数形式，取值范围是 0~32。

as-set：指定生成具有 AS-SET 的路由。

attribute-policy route-policy-name1：指定设置聚合后路由的属性策略名称。字符串形式，区分大小写，不支持空格，长度范围是 1~40。当输入的字符串两端使用双引号时，可在字符串中输入空格。

detail-suppressed：指定仅通告聚合路由。

origin-policy route-policy-name2：指定允许生成聚合路由的策略名称。字符串形式，区分大小写，不支持空格，长度范围是 1~40。当输入的字符串两端使用双引号时，可在字符串中输入空格。

suppress-policy route-policy-name3：指定抑制指定路由通告的策略名称。字符串形式，区分大小写，不支持空格，长度范围是 1~40。当输入的字符串两端使用双引号时，可在字符串中输入空格。

4. BGP 团体属性配置

①在系统视图下执行以下命令来创建路由策略的节点，并进入路由策略视图。

```
route-policy route-policy-name{deny |permit} node node
```

【参数】

route-policy-name：指定 Route-Policy 名称。如果该名称的路由策略不存在，则创建一个新的路由策略并进入它的 Route-Policy 视图。如果该名称的路由策略已经存在，则直接进入它的 Route-Policy 视图。字符串形式，区分大小写，不支持空格，长度范围是 1~40。当输入的字符串两端使用双引号时，可在字符串中输入空格。

deny：指定 Route-Policy 节点的匹配模式为拒绝。如果路由与节点所有的 if-match 子句匹配成功，则该路由将被拒绝通过；否则，进行下一节点。

permit：指定 Route-Policy 节点的匹配模式为允许。如果路由与节点所有的 if-match 子句匹配成功，则执行此节点 apply 子句；否则，进行下一节点。

nodenode：指定 Route-Policy 的节点号。当使用 Route-Policy 时，node 的值小的节点先进行匹配。一个节点匹配成功后，路由将不再匹配其他节点。全部节点匹配失败后，路由将被过滤。整数形式，取值范围是 0~65 535。

②在路由策略视图下执行以下命令来配置 BGP 路由信息的团体属性。

```
apply community{community-number |aa:nn |internet |no-advertise |no-export |no-export-subconfed}
```

【参数】

community-number|aa:nn：指定团体属性中的团体号。一条命令中最多可以配置 32 个团体号。整数形式，community-number 的取值范围是 0~4 294 967 295，aa 和 nn 的取值范围都是 0~65 535。

internet：表示可以向任何对等体发送匹配的路由。默认情况下，所有的路由都属于 Internet 团体。

no-advertise：表示不向任何对等体发送匹配的路由。即收到具有此属性的路由后，不能发布给任何其他的 BGP 对等体。

no-export：表示不向 AS 外发送匹配的路由，但发布给其他子自治系统。即收到具有此属性的路由后，不能发布到本地 AS 之外。

no-export-subconfed：表示不向 AS 外发送匹配的路由，也不发布给其他子自治系统。即收到具有此属性的路由后，不能发布给任何其他的子自治系统。

5. 配置 BGP Dampening

在 BGP 视图下执行以下命令来配置 BGP Dampening，抑制不稳定的路由加入 BGP 路由表中，也不将其向其他 BGP 对等体发布。参数分别为半衰期、再使用阈值、抑制阈值和惩罚上限值，参数值必须满足再使用阈值<抑制阈值<惩罚上限值。Dampening 命令只对 EBGP 路由生效。

```
dampening[half-life-reach reuse suppress ceiling |route-policy route-policy-name]
```

【参数】

half-life-reach：指定可达路由的半衰期。整数形式，单位为分钟，取值范围为 1~45。默认值为 15。

reuse：指定路由解除抑制状态的阈值。当惩罚降低到该值以下时，路由就被再使用。整数形式，取值范围为 1~20 000。默认值为 750。

suppress：指定路由进入抑制状态的阈值。当惩罚超过该值时，路由受到抑制。整数形式，取值范围为 1~20 000，所配置的值必须大于 reuse 的值。默认值为 2 000。

ceiling：惩罚上限值。整数形式，取值范围为 1 001~20 000。实际配置的值必须大于

suppress。默认值为 16 000。

route-policy route-policy-name：指定 Route-Policy 名称。字符串形式，区分大小写，不支持空格，长度范围是 1～40。当输入的字符串两端使用双引号时，可在字符串中输入空格。

6. BGP 联盟配置

①在 BGP 视图下执行以下命令来配置联盟 ID。

```
confederation id{as-number-plain |as-number-dot}
```

【参数】

as-number-plain：指定整数形式的 AS 号。整数形式，取值范围是 1～4 294 967 295。

as-number-dot：指定点分形式的 AS 号。格式为 x. y，x 和 y 都是整数形式，x 的取值范围是 1～65 535，y 的取值范围是 0～65 535。

②在 BGP 视图下执行以下命令来指定属于同一个联盟的子 AS 号。

```
confederation peer-as{as-number-plain |as-number-dot}
```

7. 验证 BGP 配置任务

①display bgp error 命令用来显示 BGP 的错误信息。

②display bgp network 命令用来查看 BGP 通过 network 命令引入的路由信息。

③display bgp paths 命令用来显示 BGP 的 AS 路径信息。

④display bgp peer 命令用来查看 BGP 对等体信息。

⑤display bgp routing-table 命令用来查看 BGP 的路由信息。

⑥display bgp routing-table dampened 命令用来查看 BGP 衰减的路由。

⑦display bgp routing-table dampening parameter 命令用来查看已配置的 BGP 路由衰减参数。

⑧display default-parameter bgp 命令用来查看 BGP 协议初始化时的各项默认配置信息。

⑨display bgp routing-table statistics 命令用来查看 BGP 的路由统计信息。

7.7.2　了解路由聚合

BGP 在 AS 之间传递路由信息，随着 AS 数量的增多，单个 AS 规模的扩大，BGP 路由表将变得十分庞大，因此带来如下两个问题。

①存储路由表将占用大量的内存资源，传输和处理路由信息需要消耗大量的带宽资源；

②如果传输的路由条目出现频繁的更新和撤销，对网络的稳定性会造成影响。

因此，通过路由聚合来节省内存和带宽资源，减少路由震荡带来的影响成为必然。

在图 7-39 所示的网络拓扑图中，AS 100 内有 4 个用户网段，AS 200 内有 4 个用户网段。AS 300 连接了一个 Client AS，该 AS 内的路由器比较低端，处理能力较低，因此，既希望能访问 AS 100 与 AS 200 内的网段，又不希望接收过多的明细路由，该如何解决此问题？

解决方法是在 RTC 上将 AS 100 和 AS 200 内的明细路由聚合成 10. 1. 8. 0/21 一条路由，并将此聚合路由发布给 Client AS。

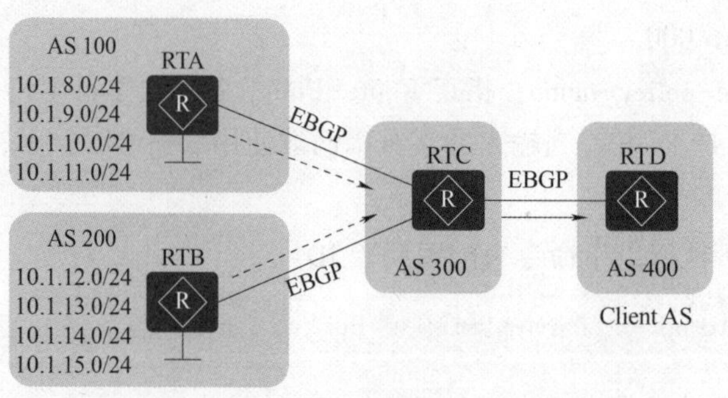

图 7-39　网络拓扑

7.7.3 BGP 路由聚合方法

1. 静态路由聚合

在图 7-40 所示的网络拓扑图中，AS 100 内有 4 个用户网段，RTA 通过路由聚合屏蔽明细路由，只将一条聚合后的路由 10.1.8.0/22 发布给 AS 200 内的 RTB。

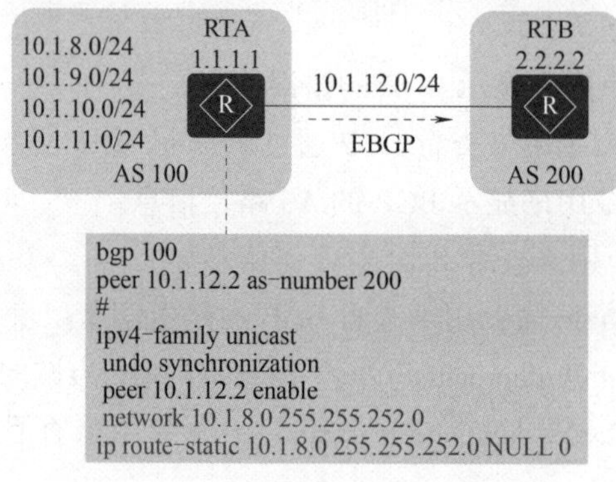

图 7-40　静态路由配置路由聚合

使用静态路由配置路由聚合的思路如下。

①使用静态路由将明细路由聚合成 10.1.8.0/22，下一跳指向 NULL 0，因为聚合路由并不是具体的地址，发送给 AS 200 时，只是明细路由的替代，为了防止路由环路，所以将下一跳指向 NULL 0。

②由于使用静态路由，路由表中产生了一条 10.1.8.0/22 的路由，下一跳为 NULL 0。使用 network 命令将 IP 路由表中的 10.1.8.0/22 路由变为 BGP 路由，并通告给对端 BGP 邻居，达到聚合的目的。

2. 自动聚合

在图 7-41 所示的网络拓扑图中，AS 100 内有 4 个用户网段，通过 Import 方式变为 BGP 路由。AS 200 连接了一个 Client AS，该 AS 内的路由器处理能力较低，因此，既希望能访问 AS 100 与 AS 200 内的网段，又不希望接收过多路由，那么该如何解决此问题？

在 RTA 路由器上配置自动路由聚合，分别在 RTB 与 RTC 路由器上使用命令 display bgp routing-table 查看 BGP 路由表，输出如下：

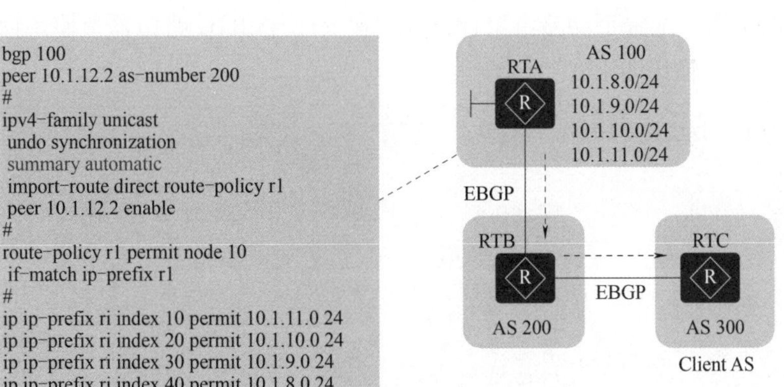

图 7-41　配置自动路由聚合

```
<RTB>display bgp routing-table

     Network          NextHop         MED        LocPrf     PrefVal  Path/Ogn
*>  10.0.0.0         10.1.12.1                                  0       100?
<RTC>display bgp routing-table

     Network            NextHop         MED        LocPrf     PrefVal  Path/Ogn
*>  10.0.0.0           10.1.23.2                                  0    200 100?
```

提示：自动聚合只对引入 BGP 的路由进行聚合，聚合到自然网段后发送给邻居。

3. 手动聚合

在图 7-42 所示的网络拓扑图中，AS 100 内有 4 个用户网段，既有通过 Import 方式引入 BGP 的路由，又有通过 Network 方式引入 BGP 的路由。AS 200 连接了一个 Client AS，该 AS 内的路由器处理能力较低，因此，既希望能访问 AS 100 与 AS 200 内的网段，又不希望接收过多路由，该如何解决此问题？

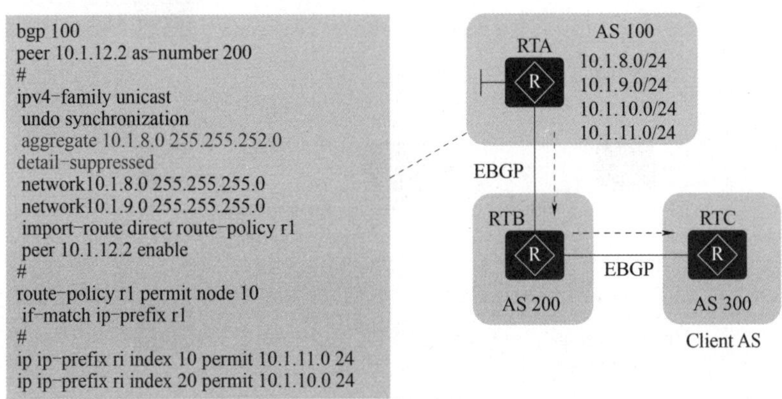

图 7-42　配置手动路由聚合

在 RTA 路由器上配置手动路由聚合，分别在 RTB 与 RTC 路由器上使用命令 display bgp routing-table 查看，输出如下：

```
<RTB>display bgp routing-table

      Network            NextHop        MED        LocPrf      PrefVal Path/Ogn
*>   10.1.8.0/22         10.1.12.1                                0    100?
<RTC>display bgp routing-table

      Network            NextHop        MED        LocPrf      PrefVal Path/Ogn
*>   10.1.8.0/22         10.1.23.2                                0    200 100?
```

> **提示**：对 BGP 本地路由表里存在的路由进行手动聚合，并且能指定聚合路由的掩码。

7.7.4 路由反射器及联盟

BGP 是怎样防止环路的？

①EBGP：通过 AS_Path 属性，丢弃从 EBGP 对等体接收到的在 AS_Path 属性里包含自身 AS 号的任何更新信息。

②IBGP：BGP 路由器不会将任何从 IBGP 对等体接收到的更新信息传给其他 IBGP 对等体。

IBGP 防止环路机制带来的问题：

①为保证更新信息，可以到达所有 IBGP 对等体。

②IBGP 对等体之间要保证会话的全互连，从而又带来 IBGP 会话数 n(n-1)/2 的问题。

在图 7-43 所示的网络拓扑图中，AS 200 内并未实现 IBGP 对等体全互连，该 AS 内的路由传递将会出现问题。

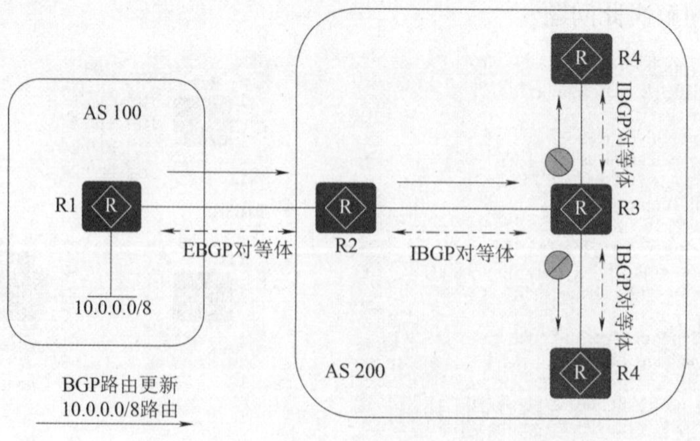

图 7-43　AS 内部的路由传递会出现问题

图 7-44 所示为在 AS 内部指定 BGP 路由反射器。

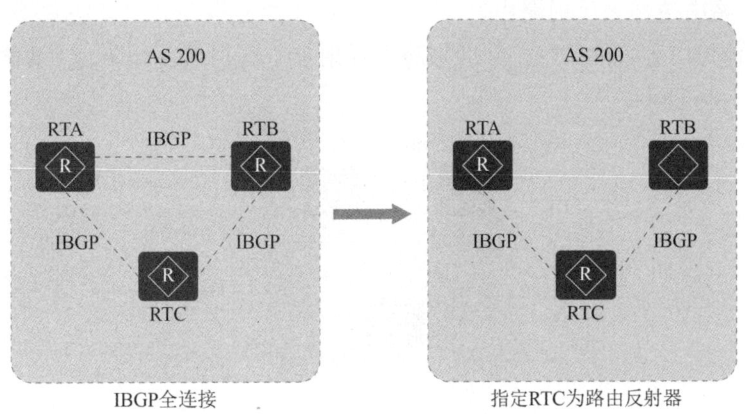

图 7-44　在 AS 内部指定 BGP 路由反射器

在 AS 200 里，有三台路由器，分别为 RTA、RTB 和 RTC。在默认的情况下，如果 RTA 收到一条外部的路由更新，并且该路由被 RTA 选举为最佳路由，则 RTA 肯定会把该路由通告给 RTB 及 RTC。由于 RTB 和 RTC 互为 IBGP 对等体，所以不会把从 IBGP 学习到的路由通告给其他 IBGP 对等体。如果该通告原则可以被放松，允许 RTC 把从 RTA 学习到的 IBGP 路由通告给其他 IBGP 对等体，则可以取消在 RTA 与 RTB 之间的 IBGP 会话。RTC 就是 BGP 路由反射器。

图 7-45 所示为 BGP 联盟示意图。

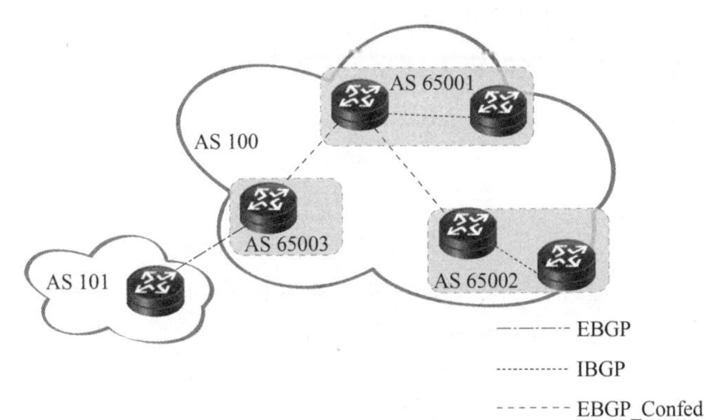

图 7-45　BGP 联盟示意图

联盟通过把大的 AS 分成多个更小的自治系统来解决 IBGP 全互连的问题，这些自治系统叫作成员自治系统或子自治系统。成员自治系统之间使用 EBGP 会话，因此它们不需要全互连。然而，在每一个成员 AS 中，仍然要求 IBGP 全互连。

1. 路由反射器

路由反射器是一种用于解决 AS 内部 BGP 路由传递问题的技术，在一些大型 BGP 组网中常被应用。使用路由反射来描述一个 BGP Speaker 通告一条 IBGP 路由到另外一个 IBGP 对等体的操作。这样的一个 BGP Speaker 通常被称为路由反射器（Route Reflector，RR），而这样的一条 IBGP 路由被称为反射路由。

IBGP 对等体可以有 3 种角色，分别是路由反射器、客户机（Client）和非客户机（Non-Client），如图 7-46 所示。

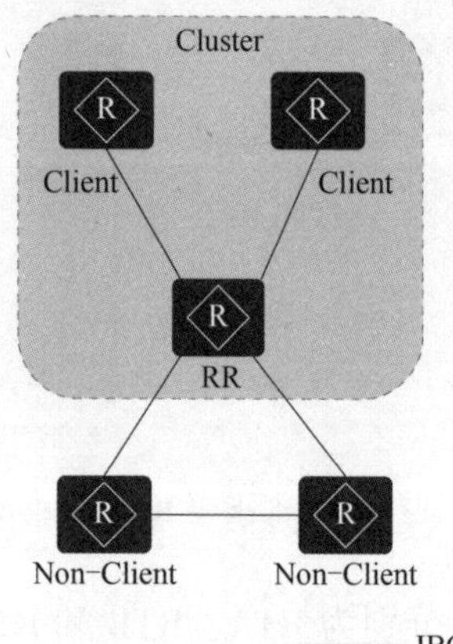

图 7-46　IBGP 对等体的 3 种角色

路由反射器和它的客户机所构成的系统称为路由发射簇或集群（Cluster）。路由反射器在客户机之间传递（反射）路由信息，所以客户机之间不需要建立 BGP 连接。既不是反射器也不是客户机的 BGP 路由器被称为非客户机（Non-Client）。

①Client 只需维护与 RR 之间的 IBGP 会话。

②RR 与 RR 之间需要建立 IBGP 的全互连。

③Non-Client 与 Non-Client 之间需要建立 IBGP 全互连。

④RR 与 Non-Client 之间需要建立 IBGP 全互连。

提示：路由反射器与所有的客户机建立 IBGP 邻居关系，而客户机之间则无须建立 IBGP 邻居关系，这就优化了网络中 BGP 邻居关系数量。路由反射器的配置是在充当反射器的 BGP 路由器上完成的，客户端设备不需要做任何额外的配置，它甚至并不知道自己成为某个路由反射器的客户。

（1）路由反射宣告原则

路由反射器并不是在任何场景下都会将 BGP 路由进行反射的，否则，IBGP 路由的传递将变得混乱不堪。路由反射器执行路由反射时，只将自己使用的、最优的 BGP 路由进行反射。

当 RR 收到 BGP 对等体发来的路由时，首先使用 BGP 选路策略来选择最佳路由。RR 在发布学习到的路由信息时，按照 RFC2796 中的规则发布路由，包含以下 3 种情况：

①从非客户机 IBGP 对等体学到的路由，此 RR 将该路由发射给所有客户机，如图 7-47 所示。

②从自己客户机学到的 IBGP 路由，RR 会将该路由发射给所有非客户机，以及除了该客户之外的其他所有客户，如图 7-48 所示。

③从 EBGP 对等体学到的路由，发射给所有的非客户机和客户机，如图 7-49 所示。

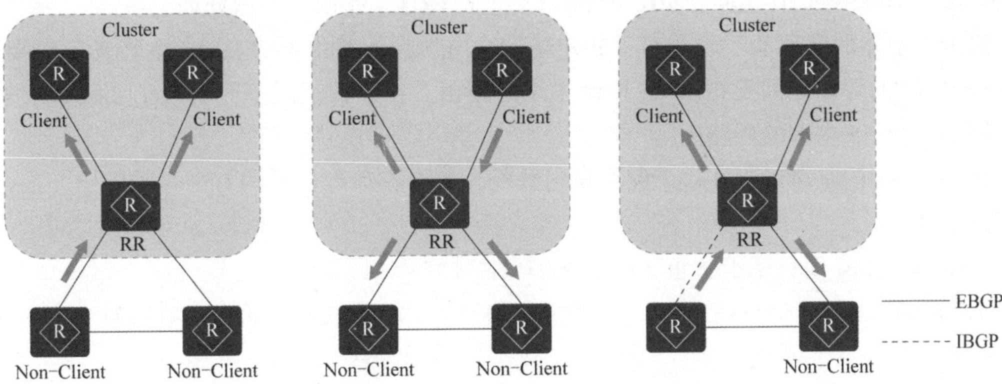

图 7-47　发射给所有客户机　图 7-48　发射给所有非客户机　图 7-49　发射给所有非客户机和客户机

(2) 路由反射簇

当一个 AS 内存在多台 RR 为 Client 提供冗余时，RR 间的路由更新很有可能会造成环路，为防止该现象，引入了簇（Cluster）的概念。图 7-50 所示为路由反射簇示意图。

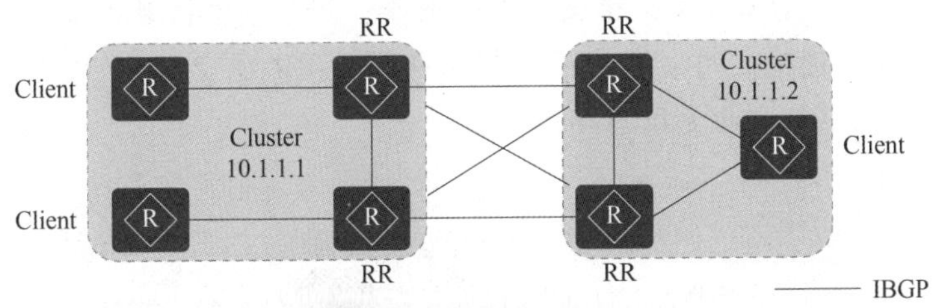

图 7-50　路由反射簇示意图

①通过 4 字节的 Cluster_ID 来标识 Cluster，通常会使用 Loopback 地址作为 Cluster_ID。

②一个 Cluster 里可以包括一个或多个 RR；一个 Client 可以同时属于多个 Cluster。

③为了防止单点失效，在单一簇里引入多个 RR，形成备份。

(3) 路由反射环路防止机制

当一个路由被反射的时候，可能会由于错误的配置而形成路由环路。因此，路由反射定义了两个路径属性（Originator_ID 和 Cluster_List）去检测和防止路由信息的环路，Originator_ID 和 Cluster_List 只在部署路由反射器的环境中使用。

Originator_ID 具有以下特点。

①Originator_ID 属性用于防止路由在反射器和客户机/非客户机之间出现环路。

②Originator_ID 属性长 4 字节，可选，非过渡属性，属性类型为 9，是由路由反射器（RR）产生的，携带了本地 AS 内部路由发起者的 Router ID。

③当一条路由第一次被 RR 反射的时候，RR 将 Originator_ID 属性加入这条路由，标识这条路由的发起路由器。如果一条路由中已经存在了 Originator_ID 属性，则 RR 将不会创建新的 Originator_ID。

④当其他 BGP Speaker 接收到这条路由的时候，将比较收到的 Originator_ ID 和本地的 Router ID，如果两个 ID 相同，BGP Speaker 会忽略掉这条路由，不做处理。

路由反射器的实现基于放宽对“BGP 在 AS 内学到的路由不会在 AS 中转发”的要求，即允许 IBGP 对等体之间发布从 AS 内部学来的路由。在这种情况下，Cluster_ List 属性被引入，用于防止 AS 内部的环路。

在一个 AS 内是可以存在多个路由反射簇的，每个簇都有自己的 Cluster_ ID。Cluster_ ID 具有以下特点。

①Cluster_ List 属性用于防止 AS 内部的环路。

②Cluster_ List 可选非过渡属性，属性类型编码为 10，默认时为路由反射器的 BGP Router ID。

③Cluster_ List 由一系列的 Cluster_ ID 组成，描述了一条路由所经过的反射器路径，这和描述路由经过的 As 路径的 AS_ Path 属性有相似之处，Cluster_ List 由路由反射器产生。

（4）AS 内多个簇

一个 AS 中可能存在多个簇（Cluster）。各个 RR 之间是 IBGP 对等体的关系，一个 RR 可以把另一个 RR 配置成自己的客户机或非客户机。

如图 7-51 所示，一个 AS 内被分成多个反射簇，每个 RR 将其他的 RR 配置成非客户机，各 RR 之间建立全连接。每个客户机只与所在簇的 RR 建立 IBGP 连接。这样该自治系统内的所有 BGP 路由器都会收到反射路由信息。

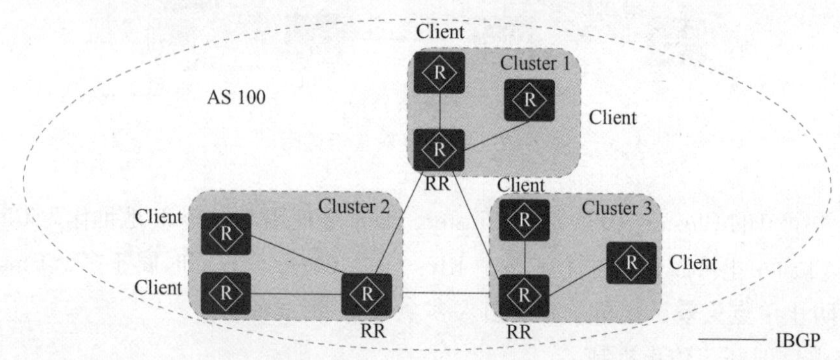

图 7-51　一个 AS 内包含多个簇

（5）层次化路由反射

路由反射减少了域中 IBGP 会话的总数。然而，因为 RR 相互之间必须全互连，在大型网络中，存在一种可能性，即 RR 之间仍然需要大量的 IBGP 会话。为了进一步减少会话数量，引入层次化的路由反射。

层次化路由反射的层数可以按照需要逐步加深，但在现网中，两层或三层通常已经足够了。图 7-52 所示为层次化路由反射示意图。

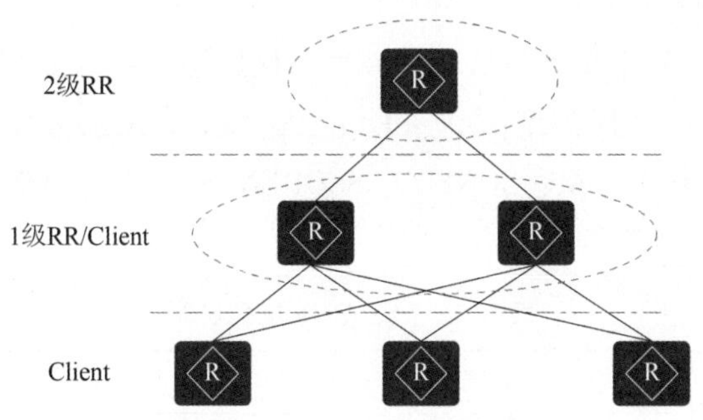

图 7-52　层次化路由反射示意图

2. BGP 联盟

联盟通过把大的 AS 分成多个更小的 AS 来解决 IBGP 全互连的问题，这些自治系统叫作成员 AS。因为成员 AS 之间使用 EBGP 会话，因此它们不需要全互连。然而，在每一个成员 AS 中，IBGP 全互连的要求仍然适用。图 7-53 所示为 BGP 联盟示意图。

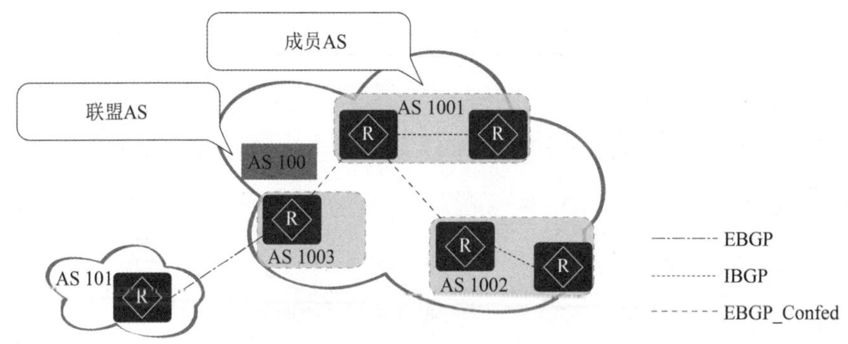

图 7-53　BGP 联盟示意图

（1）BGP 联盟的特点

联盟中的 EBGP 会话和常规的 EBGP 会话有所不同。为了区分它们，这种类型的 EBGP 会话叫作联盟内的 EBGP 会话。其与普通 EBGP 会话的区别是，当通过会话传播路由的时候，联盟内的 EBGP 会话一方面遵循路由通告的部分 IBGP 规则，另一方面又遵循路由通告的部分 EBGP 规则。如：在发送更新的时候，Nexp_ Hop、MED 和 Local_ Pref 被保留，而 AS_Path 被修改。

对于外部邻居来说（联盟外的对等体），成员 AS 拓扑是不可见的。也就是说，在发向 EBGP 邻居的更新消息中，已经剥去了联盟内被修改的 AS_ Path。从其他的自治系统来看，联盟就像单个 AS 一样。

每个成员 AS 中，IBGP 全连接是需要的。路由反射也可以被部署。部署联盟的一个明显优势就是其成员 AS 不需要使用相同的 IGP。每个成员 AS 不需要向其他成员 AS 通告自己的内部拓扑。不过，当使用不同的 IGP 时，每一个成员 AS 内必须保证 BGP 下一跳的可达性。

（2）AS_Path 的类型

当前，AS_Path 属性被定义为公认必遵属性，该属性由一种或多种 AS_ Path 片段组成，BGP 设计了 4 种 AS_ Path 片段类型：AS_ SET、AS_ SEQUENCE、AS_ CONFED_ SEQUENCE 和 AS_CONFED_ SET。其中，AS_ CONFED_ SEQUENCE 和 AS_ CONFED_ SET 只用于联盟。AS_Path 类型介绍见表 7-12。

表 7-12 AS_Path 类型说明

类型	说明
AS_ SET	到目的地的路径上所经过的 AS 的无序集合，AS_ SET 通常用于路由聚合的场景，包含在 UPDATE 消息中
AS_ SEQUENCE	到目的地的路径上所经过的 AS 的有序集合，按照顺序记录了路由经过的所有 AS，包含在 UPDATE 消息中
AS_ CONFED_ SEQUENCE	在本地联盟内由一系列成员 AS 按顺序地组成，包含在 UPDATE 消息中，只能在本地联盟内传递
AS_ CONFED_ SET	在本地联盟内由一系列成员 AS 无序地组成，包含在 UPDATE 消息中，主要用于联盟内路由聚合的场景，同样，只能在本地联盟内传递

（3）AS_ Path 变化过程

BGP 联盟内采用 AS_CONFED 来防止子 AS 间的路由环路。BGP 联盟内的 AS_Path 属性变化如图 7-54 所示。

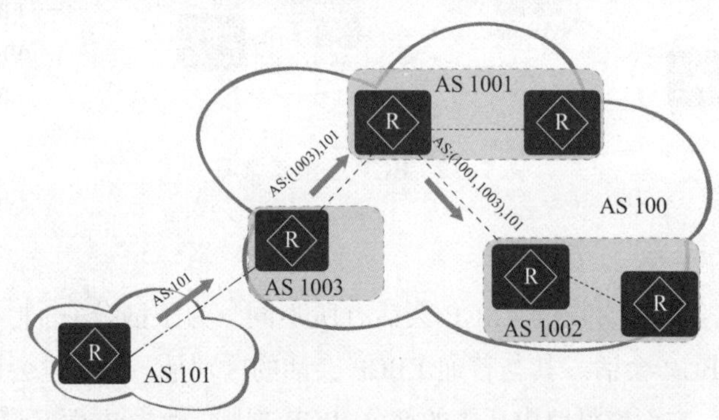

图 7-54 BGP 联盟内的 AS_Path 属性变化

BGP 联盟内的 AS_Path 属性变化说明如下：

①BGP 联盟内的 EBGP 会话：子 AS 被添加到 AS_Path 中的 AS_CONFED_SEQUENCE 前面。

②BGP 联盟内的 IBGP 会话：不修改 AS_Path。

③外部 BGP 会话：子 AS 从 AS_Path 中被清除，而 AS 被添加到 AS_Path 前面。

对于外部邻居来说（联盟外的对等体），子 AS 的拓扑是不可见的。更新消息中，主动剥去了联盟内已经被修改的 AS_Path 属性。图 7-55 所示为 BGP 联盟外对等体的 AS_Path 属性变化。

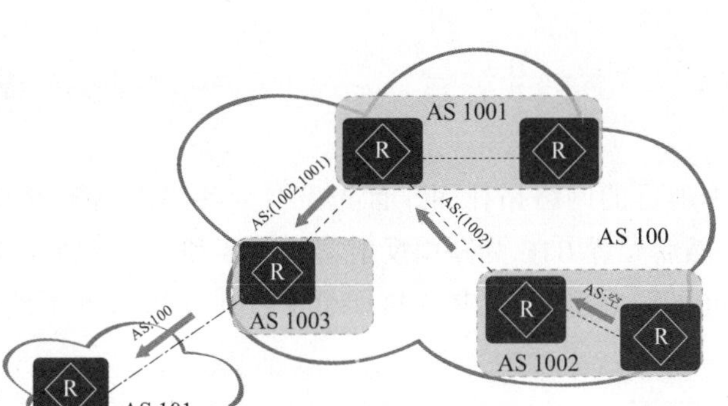

图 7-55　BGP 联盟外对等体的 AS_Path 属性变化

3. BGP 联盟与路由反射器的比较

BGP 联盟与路由反射器的比较见表 7-13。

表 7-13　BGP 联盟与路由反射器比较

参考因素	比较
多层次	两种方法都支持多层次来进一步增强扩展性。路由反射器支持多级路由反射结构。联盟允许在成员 AS 内使用路由反射
策略控制	两者都提供路由选择策略控制，不过联盟可以提供更大的灵活性
常规 IBGP 迁移的复杂性	路由反射的迁移复杂性非常低，因为总体网络配置几乎很少发生改变。然而，从 IBGP 到联盟的迁移需要对配置和网络架构做很大的改变
能力支持	联盟内的所有路由器必须支持联盟配置，因为所有路由器都需要支持联盟 AS-Path 属性。在路由反射的架构中，只需要反射器支持路由反射能力。然而，在新的分簇设计中，客户也必须支持反射器属性
IGP 扩展	路由反射在 AS 内需要单一的 IGP，而联盟支持单一的或分开的 IGP。这可能是联盟比路由反射所具有的最明显的优势。如果 IGP 达到了其扩展性限制，或者是因为范围太大而难以处理管理任务，那么可以使用联盟来减小 IGP 路由表的大小
部署经验	由于更多的服务提供商已经部署了路由反射而非联盟，因此，从路由反射中已经获得了更多的经验
AS 合并	实际上，AS 合并与 IBGP 扩展性是无关的，但在这里讨论是因为它是联盟的特点之一。一个 AS 可以和一个已存的联盟合并，这是通过把新的 AS 作为联盟的一个子 AS 对待来完成的

7.8 项目实施——配置 BGP 路由反射

图 7-56 所示为本项目的网络拓扑图。首先需要为各路由器配置 BGP 基本功能，实现 BGP 邻居间的互通，然后配置 RTC 为路由反射器，RTB 和 RTD 是它的两个客户机，这样可以使 RTB 和 RTD 之间不需要建立 IBGP 连接即可学习到 RTA 发布的路由，达到简化配置的目的。

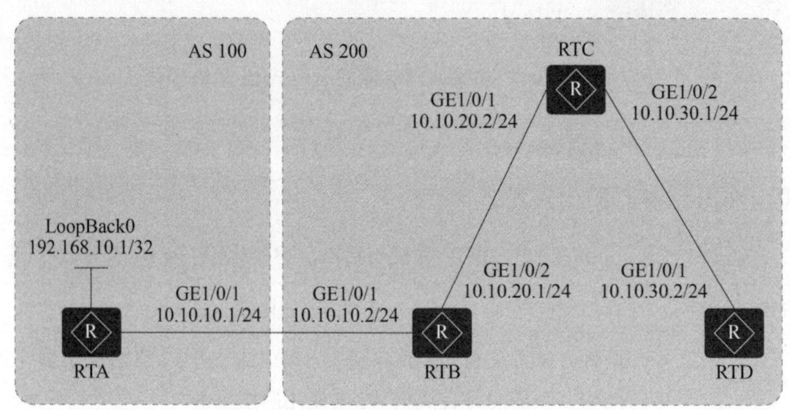

图 7-56 项目网络拓扑

7.8.1 配置各路由器接口 IP 地址

以下为配置 RTA 路由器接口 IP 地址，RTB、RTC 和 RTD 路由器的配置与 RTA 类似。

```
[RTA] interface gigabitethernet 1/0/1
[RTA-GigabitEthernet1/0/1] ip ddress 10.10.10.1 24
[RTA-GigabitEthernet1/0/1] quit
```

7.8.2 配置各路由器的 BGP 基本功能，同时在各路由器的 BGP 进程中发布直连网段

第 1 步：配置 RTA 路由器的 BGP 基本功能。

```
[RTA] bgp 100
[RTA-bgp] router-id 10.1.1.1
[RTA-bgp] peer 10.10.10.2 as-number 200
[RTA-bgp] ipv4-family unicast
[RTA-bgp-af-ipv4] network 192.168.10.1 32
[RTA-bgp-af-ipv4] network 10.10.10.0 24
[RTA-bgp-af-ipv4] quit
[RTA-bgp] quit
```

第 2 步：配置 RTB 路由器的 BGP 基本功能。

```
[RTB] bgp 200
[RTB-bgp] router-id 10.2.2.2
[RTB-bgp] peer 10.10.10.1 as-number 100
[RTB-bgp] peer 10.10.20.2 as-number 200
[RTB-bgp] ipv4-family unicast
[RTB-bgp-af-ipv4] network 10.10.10.0 24
[RTB-bgp-af-ipv4] network 10.10.20.0 24
[RTB-bgp-af-ipv4] quit
[RTB-bgp] quit
```

第 3 步：配置 RTC 路由器的 BGP 基本功能。

```
[RTC] bgp 200
[RTC-bgp] router-id 10.3.3.3
[RTC-bgp] peer 10.10.20.1 as-number 200
[RTC-bgp] peer 10.10.30.2 as-number 200
[RTC-bgp] ipv4-family unicast
[RTC-bgp-af-ipv4] network 10.10.20.0 24
[RTC-bgp-af-ipv4] network 10.10.30.0 24
RTC-bgp-af-ipv4] quit
[RTC-bgp] quit
```

第 4 步：配置 RTD 路由器的 BGP 基本功能。

```
[RTD] bgp 200
[RTD-bgp] router-id 10.4.4.4
[RTD-bgp] peer 10.10.30.1 as-number 200
[RTD-bgp] ipv4-family unicast
[RTD-bgp-af-ipv4] network 10.10.30.0 24
[RTD-bgp-af-ipv4] quit
[RTD-bgp] quit
```

7.8.3　配置 RTC 作为路由反射器，RTB 和 RTD 为它的两个客户机

```
[RTC] bgp 200
[RTC-bgp] ipv4-family unicast
[RTC-bgp-af-ipv4] peer 10.10.20.1 reflect-client
[RTC-bgp-af-ipv4] peer 10.10.30.2 reflect-client
[RTC-bgp-af-ipv4] quit
[RTC-bgp] quit
```

7.8.4 检查配置结果

第 1 步：查看 RTB 路由器的 BGP 路由表。

```
[RTB] display bgp routing-table 192.168.10.1 32

BGP local router ID : 10.2.2.2
Local AS number : 200
Paths:   1 available, 1 best, 1 select
BGP routing table entry information of 192.168.10.1/32:
From: 10.10.10.1 (10.1.1.1)
Route Duration: 00h34m09s
Direct Out-interface: Vlanif10
Original nexthop: 10.10.10.1
Qos information : 0x0
AS-path 100, origin igp, MED 0, pref-val 0, valid, external, best, select, active,
pre 255
Advertised to such 1 peers:
    10.10.20.2
```

可以看到 RTB 上学习到了 192.168.10.1/32 这条路由，并且通告给 RTC。

第 2 步：查看 RTC 路由器的 BGP 路由表。

```
[RTC] display bgp routing-table 192.168.10.1 32

BGP local router ID : 10.3.3.3
Local AS number : 200
Paths:   1 available, 1 best, 1 select
BGP routing table entry information of 192.168.10.1/32:
RR-client route.
From: 10.10.20.1 (10.2.2.2)
Route Duration: 00h34m17s
Relay IP Nexthop: 10.10.20.1
Relay IP Out-Interface: Vlanif20
Original nexthop: 10.10.10.1
Qos information : 0x0
AS-path 100, origin igp, MED 0, localpref 100, pref-val 0, valid, internal, best,
select, active, pre 255
Advertised to such 2 peers:
    10.10.20.1
    10.10.30.2
```

可以看到 RTC 路由器上学习到了 192. 168. 10. 1/32 这条路由，并且通告给它的两个客户端——RTB 和 RTD 路由器。

第 3 步：查看 RTD 路由器的 BGP 路由表。

```
[RTD] display bgp routing-table 192.168.10.1 32

BGP local router ID : 10.4.4.4
Local AS number : 200
Paths:   1 available, 1 best, 1 select
BGP routing table entry information of 192.168.10.1/32:
From: 10.10.30.1 (10.3.3.3)
Route Duration: 00h34m25s
Relay IP Nexthop: 10.10.30.1
Relay IP Out-Interface: Vlanif30
Original nexthop: 10.10.10.1
Qos information : 0x0
AS-path 100, origin igp, MED 0, localpref 100, pref-val 0, valid, internal, best,
select, active, pre 255
Originator:  10.2.2.2
Cluster list: 10.3.3.3
Not advertised to any peer yet
```

可以看到 RTD 路由器从 RTC 路由器中学到了 RTA 路由器通告的 192. 168. 10. 1/32 这条路由。

7. 8. 5　验证路由可达性

在 RTD 路由器上 ping RTA 的 LoopBack0 的 IP 地址，验证路由可达性。

```
[RTD] ping 192.168.10.1
  PING 192.168.10.1: 56  data bytes, press CTRL_C to break
    Reply from 192.168.10.1: bytes=56 Sequence=1 ttl=255 time=31 ms
    Reply from 192.168.10.1: bytes=56 Sequence=2 ttl=255 time=16 ms
    Reply from 192.168.10.1: bytes=56 Sequence=3 ttl=255 time=40 ms
    Reply from 192.168.10.1: bytes=56 Sequence=4 ttl=255 time=30 ms
    Reply from 192.168.10.1: bytes=56 Sequence=5 ttl=255 time=26 ms

  --- 192.168.10.1 ping statistics ---
    5 packet(s) transmitted
    5 packet(s) received
    0.00% packet loss
    round-trip min/avg/max = 70/84/100 ms
```

可以看到，在 RTD 路由器上能够 ping 通 RTA 路由器的 LoopBack0 的 IP 地址，说明到 RTA 路由器的路由可达。

7.9 巩固训练——配置 BGP 联盟

7.9.1 实训目的

- 理解 BGP 反射与 BGP 联盟。
- 掌握 BGP 反射和 BGP 联盟的配置方法。

7.9.2 实训拓扑

图 7-57 所示为实训拓扑图。在 AS 200 区域中有多台 BGP 路由器，现需要减少 IBGP 的连接数。在 AS 200 区域的各路由器上配置 BGP 联盟，现将设备划分为 3 个子自治系统：AS 65001、AS 65002 和 AS 65003。其中，AS 65001 内的 3 台路由器建立 IBGP 全连接，满足减少 IBGP 连接数的需求。

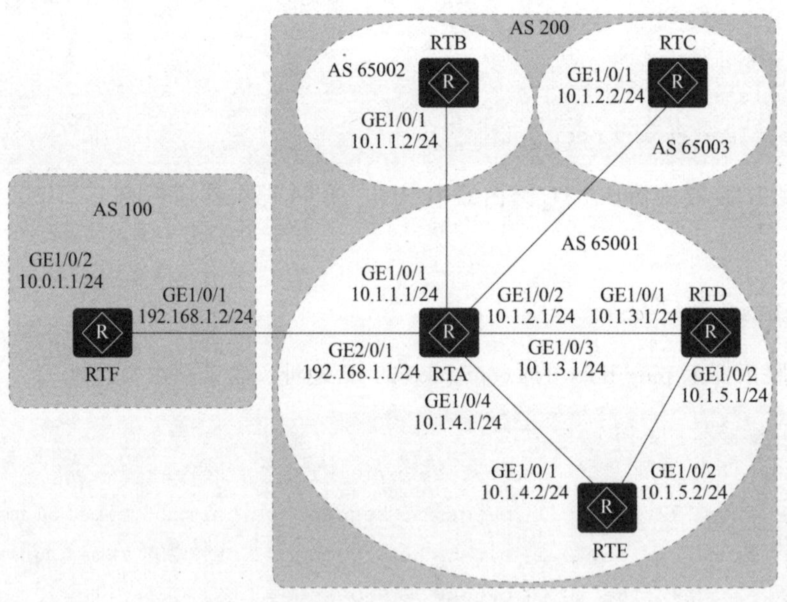

图 7-57　实训拓扑

7.9.3 实训内容

①配置网络中各路由器接口 IP 地址；

②配置网络中各路由器 VLANIF 接口的 IP 地址；

③分别为 RTA、RTB 和 RTC 路由器配置 BGP 联盟；

④在 AS 65001 区域中分别为 RTA、RTD 和 RTE 路由器配置 IBGP 连接；

⑤分别在 RTA 和 RTF 路由器上配置 AS 100 和 AS 200 区域之间的 EBGP 连接；

⑥分别查看 RTB、RTD 路由器的 BGP 路由表，查看配置结果。

项目任务 4　BGP 选路

【项目背景】

某公司网络中包含 4 台路由设备，并且这 4 台路由设备分别位于不同的 AS 区域中，要求网络中的所有路由器都配置 BGP 协议，从而实现不同区域中网络的互连互通，并且要求通过配置 BGP 路由选路，减少路由器到目的地址的网络拥塞。

【项目内容】

根据该公司的需要，制出简单的网络拓扑图，如图 7-58 所示。所有交换机都配置 BGP，实现不同 AS 区域的互连互通。RTA 路由器在 AS 100 区域中，RTB 和 RTC 路由器在 AS 300 区域中，RTD 路由器在 AS 200 区域中。要求减少 RTA 路由器到目的地址 10.1.1.0/24 的网络拥塞，配置 BGP 路由选路，充分利用网络资源。

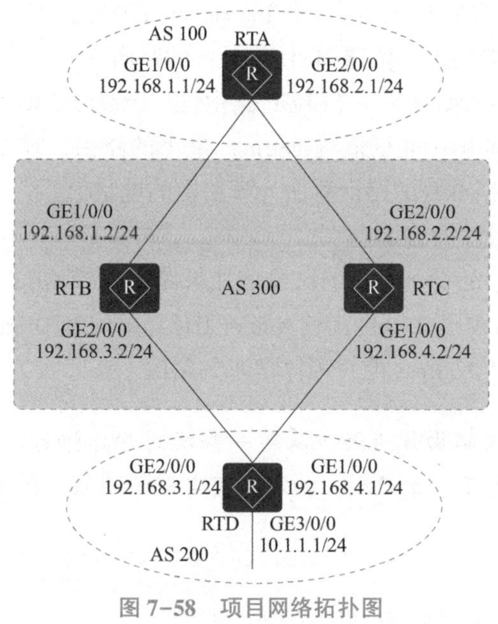

图 7-58　项目网络拓扑图

7.10　相关知识：BGP 路由优选规则

BGP 是一个应用非常广泛的边界网关路由协议，在全球范围内被大量部署。其能够支持大规模的网络，能够在各种骨干数据网络中运载大量的路由前缀。BGP 定义了多种路径属性，且拥有丰富的路由策略工具。针对 BGP 路由的各种路径属性的操作都可能会影响路由的选择，从而对网络的流量产生影响。

7.10.1 BGP 路由选择规则

①BGP 路由器将路由通告给邻居后，每个 BGP 邻居都会进行路由优选，路由选择有以下 3 种情况：

➢ 该路由是到达目的地的唯一路由，直接优选。

➢ 对到达同一目的地的多条路由，优选优先级最高的。

➢ 对到达同一目的地且具有相同优先级的多条路由，必须用更细的原则去选择一条最优的。

②优选协议首选值（PrefVal）最高的路由。协议首选值是华为设备的特有属性，该属性仅在本地有效。

③优选本地优先级（Local_Pref）最高的路由。

④本地始发的 BGP 路由优于从其他邻居学习到的路由。其中本地始发的路由类型按优先级从高到低的排列是：手动聚合路由、自动聚合路由、network 命令引入的路由、import-route 命令引入的路由。

⑤优选 AS 路径（AS_Path）最短的路由。

⑥依次选择 Origin 类型为 IGP、EGP 和 Incomplete 的路由。

⑦对于来自同一 AS 的路由，优选 MED 值最低的路由。

⑧优选从 EBGP 邻居学来的路由（EBGP 路由优先级高于 IBGP 路由）。

⑨优选到 BGP 下一跳 IGP 度量值（metric）最小的路由。在 IGP 中，对到达同一目的地址的不同路由，IGP 根据本身的路由算法计算路由的度量值。

⑩优选 Cluster_List 最短的路由。

⑪优选 Router ID 最小的设备发布的路由。如果路由携带 Originator_ID 属性，选路过程中将比较 Originator_ID 的大小（不再比较 Router ID），并优选 Originator_ID 最小的路由。

⑫优选从具有最小 IP Address 的对等体学来的路由。

提示：BGP 激进行路由优选时，从第一条规则开始执行，如果第一条规则无法作出判断，则继续执行下一条规则，如果根据当前的规则，BGP 能选出最优的路由，则不再继续往下执行。

7.10.2 Preference_Value 对选路的影响

Preference_Value 是 BGP 的私有属性（华为私有属性），只在本地有效，该属性值不会被传递给任何 BGP 对等体，值越大，越优先，默认为 0。

在图 7-59 所示的网络拓扑图中，AS 200 内有一个 200.0.0.0/24 的用户网段，AS 100 内的管理员希望通过高带宽链路访问 AS 200 内的 200.0.0.0/24 网段，并希望在 RTA 上的策略只能影响自己的选路，不能影响其他设备，如何实现？

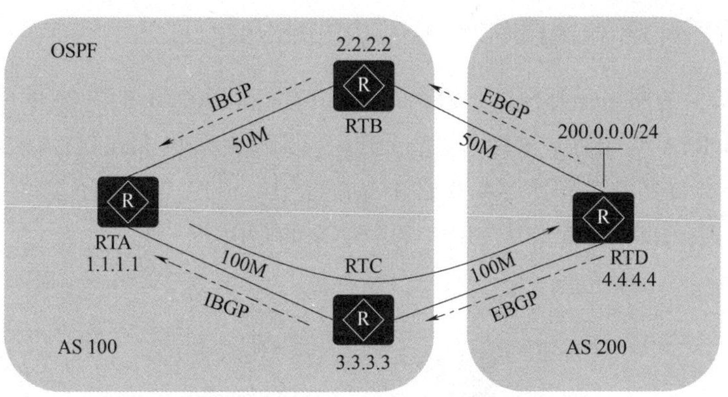

图 7-59　Preference_ Value 对选路的影响

实现方法如下。

方法 1：在 RTA 上设置 ip-prefix 匹配 200. 0. 0. 0/24 的路由，再设置 route-policy 调用该 ip-prefix，并设置 Preference_ Value 为 100，将策略应用在对 RTC 发布路由的 import 方向。

方法 2：或【RTA】peer 3. 3. 3. 3 preference-value 100。

验证方法：在 RTC 上使用 tracert 命令，查看访问 200. 0. 0. 0/24 网段经过的路由器。

7. 10. 3　聚合方式对选路的影响

聚合路由的优先级：手动聚合>自动聚合。在使用路由聚合时需要注意，自动聚合只能对引入的 BGP 路由进行聚合，手动聚合可以对存在于 BGP 路由表中的路由进行聚合。

在图 7-60 所示的网络拓扑图中，在 AS 200 内，RTB 与 RTC 上存在 200. 0. 0. 0/24 网段的用户，RTB 与 RTC 将 200. 0. 0. 0/24 的网段通过 import 方式变为 BGP 路由，在 RTB 上将路由聚合后发给 RTA，同时开启自动聚合与手动聚合，那么 RTB 如何优选聚合路由？

在 RTB 上同时使能自动聚合与手动聚合，使用命令查看，可以发现，手动聚合的路由条目被发送给 RTA，自动聚合的路由条目则没有通告，说明手动聚合的优先级高于自动聚合，如图 7-61 所示。

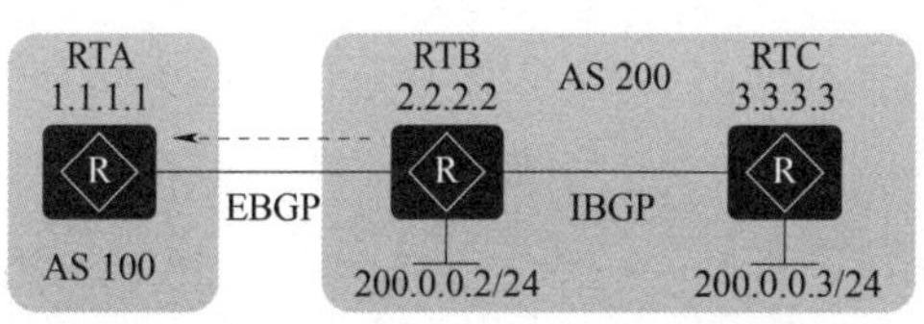

图 7-60　RTB 如何优选聚合路由

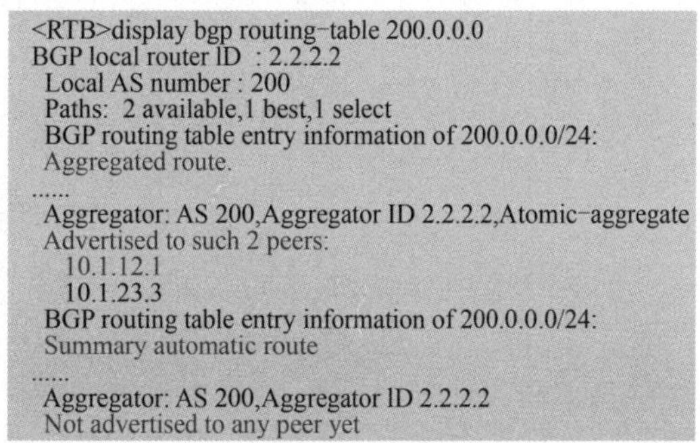

```
<RTB>display bgp routing-table 200.0.0.0
BGP local router ID : 2.2.2.2
 Local AS number : 200
 Paths:  2 available,1 best,1 select
 BGP routing table entry information of 200.0.0.0/24:
 Aggregated route.
......
 Aggregator: AS 200,Aggregator ID 2.2.2.2,Atomic-aggregate
 Advertised to such 2 peers:
   10.1.12.1
   10.1.23.3
 BGP routing table entry information of 200.0.0.0/24:
 Summary automatic route
......
 Aggregator: AS 200,Aggregator ID 2.2.2.2
 Not advertised to any peer yet
```

图 7-61　在 RTB 路由器上使用手动聚合

7.10.4 EBGP 邻居的路由优于 IBGP 邻居的路由

在图 7-62 所示的网络拓扑图中，在 AS 200 内有一个 200.0.0.0/24 的网段，通过 EBGP 邻居关系通告给 RTA 与 RTB，RTB 会通过 IBGP 邻居关系将 200.0.0.0/24 的网段通告给 RTA，于是 RTA 会收到两条到达 200.0.0.0/24 的路由，RTA 会如何优选？

根据选路原则，RTA 会优选从 EBGP 邻居学来的路由。

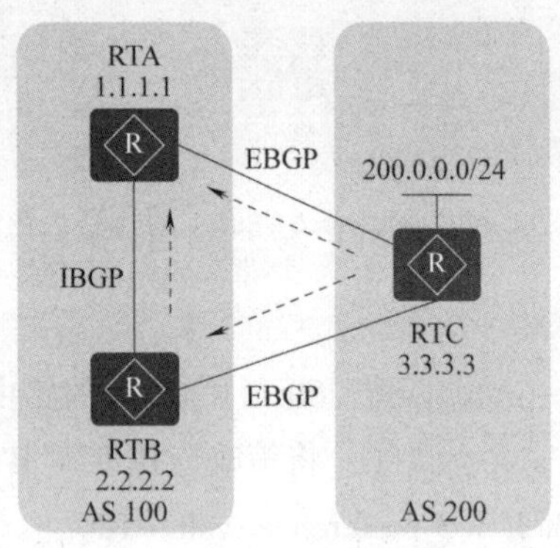

图 7-62 RTA 会优选从 EBGP 邻居学来的路由

7.10.5 AS 内部 IGP Metric 对 BGP 选路的影响

在图 7-63 所示的网络拓扑图中，AS 200 内有一个 200.0.0.0/24 的用户网段，通过 EBGP 发布给 RTB 与 RTC，RTB 与 RTC 通过 IBGP 将路由发布给 RTA。AS 100 内的管理员希望通过高带宽链路访问 AS 200 内的 200.0.0.0/24 网段，那么在 RTA 上该如何实现？

将 RTA 与 RTB 所连接口的 OSPF Cost 值调为 100，RTA 则将选择 RTA->RTC->RTD 的路径访问 200.0.0.0/24 网段。原因是 RTA 访问 200.0.0.0/24 时，到 NextHop 10.1.34.4 的 Cost(2) 小于到 NextHop 10.1.24.4（101）的 Cost。

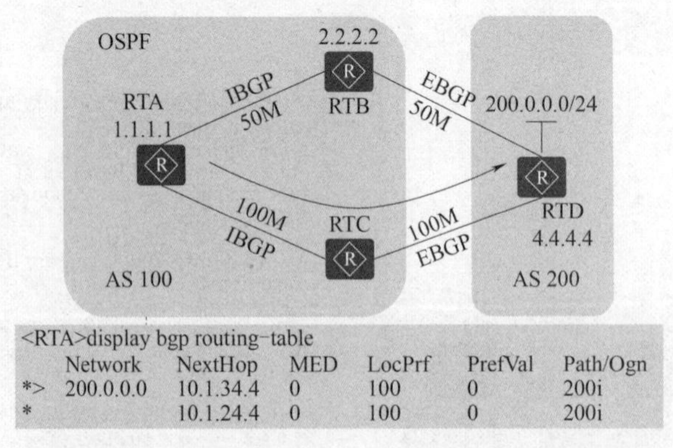

<RTA>display bgp routing-table

	Network	NextHop	MED	LocPrf	PrefVal	Path/Ogn
*>	200.0.0.0	10.1.34.4	0	100	0	200i
*		10.1.24.4	0	100	0	200i

图 7-63 AS 内部 IGP Metric 对 BGP 选路的影响

7.10.6　Router ID 与 IP 地址对 BGP 选路的影响

在图 7-64 所示的网络拓扑图中，AS 200 内有一个 200.0.0.0/24 的用户网段，通过 EBGP 发布给 RTB 和 RTC，RTB 和 RTC 通过 IBGP 将路由发布给 RTA。RTA 和 RTB 之间通过 2 条链路相连，RTA 会如何优选？

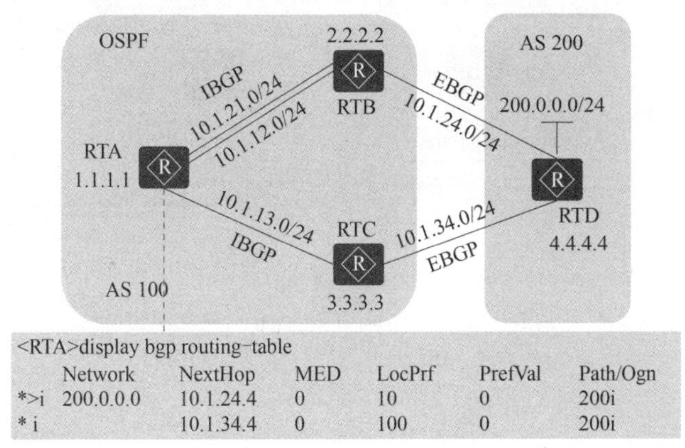


```
<RTA>display bgp routing-table
      Network      NextHop     MED    LocPrf    PrefVal    Path/Ogn
*>i   200.0.0.0    10.1.24.4   0      10        0          200i
* i                10.1.34.4   0      100       0          200i
```

图 7-64　RTA 选择通过 RTB 访问 AS 内的 200.0.0.0/24 网段

RTA 选择通过 RTB 访问 AS 内的 200.0.0.0/24 的网段，出接口为 10.1.12.1 地址所在的接口。

①RTA 选择 RTA→RTB→RTD 的路径访问 200.0.0.0/24 网段，原因是 RTB 的 Router ID 比 RTC 小，BGP 优选 Router ID 较小的路由器发布的路由。

②RTA 选择下一跳为 10.1.12.2 地址所在的接口为出接口，原因是 BGP 优选 IP 地址较小的邻居学来的路由。

7.11　项目实施——BGP 负载分担配置

图 7-65 所示为本项目的网络拓扑图。首先需要在 RTA 和 RTB、RTA 和 RTC、RTD 和 RTB、RTD 和 RTC 路由器之间配置 EBGP 连接，实现 AS 区域之间使用 BGP 协议相互通信。然后在 RTA 路由器上配置负载分担功能，使从 RTA 路由器发送的流量可以经过 RTB 和 RTC 两条路径到达 RTD 路由器，实现对网络资源的充分利用。

7.11.1　配置各路由器接口 IP 地址

以下为配置 RTA 路由器接口 IP 地址的代码，RTB、RTC 和 RTD 路由器的配置与 RTA 类似。

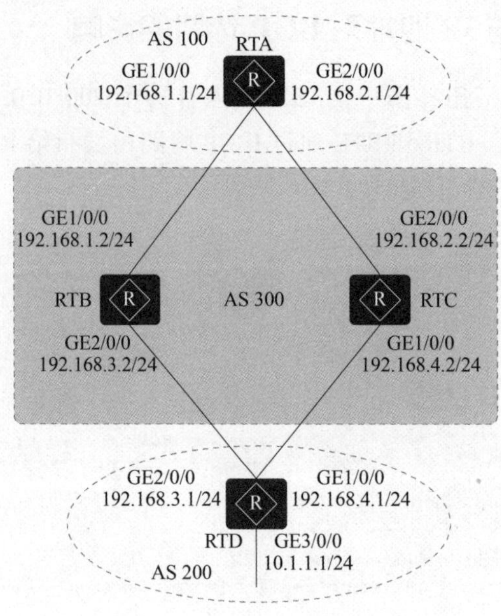

图 7-65　项目网络拓扑

```
[RTA] interface gigabitethernet 1/0/0
[RTA-GigabitEthernet1/0/0] ip address 192.168.1.1 24
[RTA-GigabitEthernet1/0/0] quit
[RTA] interface gigabitethernet 2/0/0
[RTA-GigabitEthernet2/0/0] address 192.168.2.1 24
[RTA-GigabitEthernet2/0/0] quit
```

7.11.2　配置各路由器的 BGP 连接

第 1 步：配置 RTA 路由器的 BGP 连接。

```
[RTA] bgp 100
[RTA-bgp] router-id 172.16.1.1
[RTA-bgp] peer 192.168.1.2 as-number 300
[RTA-bgp] peer 192.168.2.2 as-number 300
[RTA-bgp] quit
```

第 2 步：配置 RTB 路由器的 BGP 连接。

```
[RTB] bgp 300
[RTB-bgp] router-id 172.16.2.2
[RTB-bgp] peer 192.168.1.1 as-number 100
[RTB-bgp] peer 192.168.3.1 as-number 200
[RTB-bgp] quit
```

第 3 步：配置 RTC 路由器的 BGP 连接。

```
[RTC] bgp 300
[RTC-bgp] router-id 172.16.3.3
[RTC-bgp] peer 192.168.2.1 as-number 100
[RTC-bgp] peer 192.168.4.1 as-number 200
[RTC-bgp] quit
```

第 4 步：配置 RTD 路由器的 BGP 连接。

```
[RTD] bgp 200
[RTD-bgp] router-id 172.16.4.4
[RTD-bgp] peer 192.168.3.2 as-number 300
[RTD-bgp] peer 192.168.4.2 as-number 300
[RTD-bgp] ipv4-family unicast
[RTD-bgp-af-ipv4] network 10.1.1.0 255.255.255.0
[RTD-bgp-af-ipv4] quit
[RTD-bgp] quit
```

第 5 步：查看 RTA 路由器的路由表。

```
[RTA] display bgp routing-table 10.1.1.0 24

BGP local router ID : 172.16.1.1
Local AS number : 100
Paths:   2 available, 1 best, 1 select
BGP routing table entry information of 10.1.1.0/24:
From: 192.168.1.2 (172.16.2.2)
Route Duration: 0d00h00m50s
Direct Out-interface: Vlanif10
Original nexthop: 192.168.1.2
Qos information : 0x0
AS-path 300 200, origin igp, pref-val 0, valid, external, best, select, active,
pre 255
Advertised to such 2 peers:
    192.168.2.2
    192.168.1.2
BGP routing table entry information of 10.1.1.0/24:
From: 192.168.2.2 (172.16.3.3)
Route Duration: 0d00h00m51s
Direct Out-interface: Vlanif20
Original nexthop: 192.168.2.2
Qos information : 0x0
```

```
    AS-path 300 200, origin igp, pref-val 0, valid, external, pre 255, not preferred
for router ID
    Not advertised to any peer yet
```

从路由表中可以看出，RTA 路由器到目的地址 10. 1. 1. 0/24 有两条有效路由，其中下一跳为 192. 168. 1. 2 的路由是最优路由（因为 RTB 路由器的 Router ID 要小一些）。

7. 11. 3 配置负载分担

在 RTA 路由器上配置负载分担。

```
[RTA] bgp 100
[RTA-bgp] ipv4-family unicast
[RTA-bgp-af-ipv4] maximum load-balancing 2
[RTA-bgp-af-ipv4] quit
[RTA-bgp] quit
```

7. 11. 4 检查配置结果

查看 RTA 路由器的路由表。

```
[RTA] display bgp routing-table 10.1.1.0 24

BGP local router ID : 172.16.1.1
Local AS number : 100
Paths:   2 available, 1 best, 2 select
BGP routing table entry information of 10.1.1.0/24:
From: 192.168.1.2 (172.16.2.2)
Route Duration: 0d00h03m55s
Direct Out-interface: Vlanif10
Original nexthop: 192.168.1.2
Qos information : 0x0
AS-path 300 200, origin igp, pref-val 0, valid, external, best, select, active,
pre 255
Advertised to such 2 peers:
    192.168.2.2
    192.168.1.2

BGP routing table entry information of 10.1.1.0/24:
From: 192.168.2.2 (172.16.3.3)
Route Duration: 0d00h03m56s
```

```
    Direct Out-interface: Vlanif20
    Original nexthop: 192.168.2.2
    Qos information : 0x0
    AS-path 300 200, origin igp, pref-val 0, valid, external, select, active, pre 255,
not preferred for router ID
    Not advertised to any peer yet
```

从路由表中可以看到，BGP 路由 10.1.1.0/24 存在两个下一跳，分别是 192.168.1.2 和 192.168.2.2，且都被优选。

7.12　巩固训练——配置 BGP 路由选路

7.12.1　实训目的

➢ 理解 BGP 路由选路规则。
➢ 掌握网络中 BGP 路由选路的配置方法。

7.12.2　实训拓扑

图 7-66 所示为实训拓扑图。RTA 路由器属于 AS 100 区域，RTB 和 RTC 路由器属于 AS 200 区域，RTA 和 RTB、RTA 和 RTC 建立非直连 EBGP 连接。业务流量在主链路 RTA→RTB 上传送，链路 RTA→RTC→RTB 作为备份链路。要求实现故障的快速感知，从而使流量从主链路快速切换至备份链路转发。

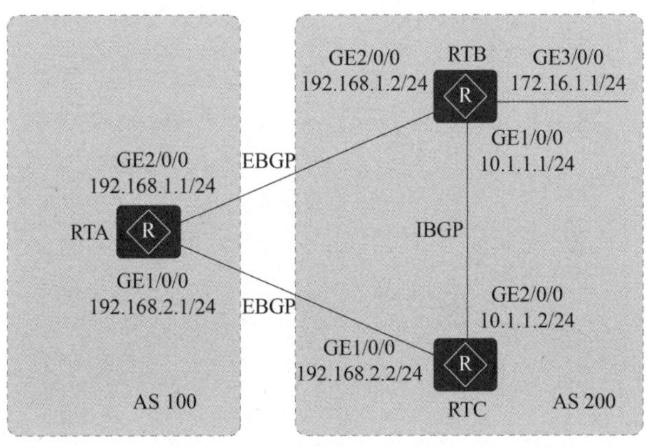

图 7-66　实训拓扑图

7.12.3　实训内容

①配置网络中各路由器接口 IP 地址；
②配置网络中各路由器 VLANIF 接口的 IP 地址；

③分别在 RTA 和 RTB、RTA 和 RTC 路由器之间建立 EBGP 连接；

④在 RTB 和 RTC 路由器之间建立 IBGP 连接；

⑤分别在 RTB 和 RTC 路由器上通过策略配置送给 RTA 路由器的 MED 值；

⑥查看 RTA 路由器的 BGP 路由表，去往 172. 16. 1. 0/24 的路由下一跳地址为 192. 168. 1. 2，流量在主链路 RTA、RTB 上传输；

⑦分别在 RTA 和 RTB 路由器上配置 BFD 检测功能、发送和接收间隔、本地检测时间倍数。

项目8

VPN技术

【学习目标】

1. 知识目标

➢ 了解 GRE 的概念；

➢ 理解 GRE VPN 的工作原理；

➢ 理解 IPSec VPN 体系结构和封装模式；

➢ 理解 IPSec 安全联盟和安全协议；

➢ 了解 IPSec 的加密和验证；

➢ 了解 IKE 协议；

➢ 理解 GRE over IPSec。

2. 技能目标

➢ 理解并掌握 GRE 的配置方法；

➢ 理解并掌握 IPSec 的配置方法；

➢ 掌握 GRE over IPSec 配置。

3. 素质目标

➢ 具有良好的动手实践的能力；

➢ 具有团队合作与奉献精神。

项目任务1　GRE 配置

【项目背景】

某公司内部有 3 台路由器设备，RTA 与 RTB 互相连接，RTB 与 RTC 互相连接，两台终端 PC1 和 PC2 分别连接 RTA 和 RTC 路由器，并且 PC1 和 PC2 上分别指定 RTA、RTC 路由器为自己的默认网关。现在要求公司内部 3 台路由器之间实现互通，并且要求在 RTA 与 RTB 路由器之间建立 GRE 隧道，PC1 与 PC2 能够实现信息互通。

【项目内容】

根据该集团公司的需要，可以绘制出简单的网络拓扑图，如图 8-1 所示。RTA、RTB 和

RTC 路由器之间使用 OSPF 路由，进程为 1。RTA 和 RTC 之间使用 GRE 隧道直连，其中 Tunnel 接口和用户侧使用 OSPF 路由，实现 PC1 和 PC2 互通，进程为 2。为了能够检测隧道链路状态，在 GRE 隧道两端的 Tunnel 接口上使能 KeepAlive 功能。

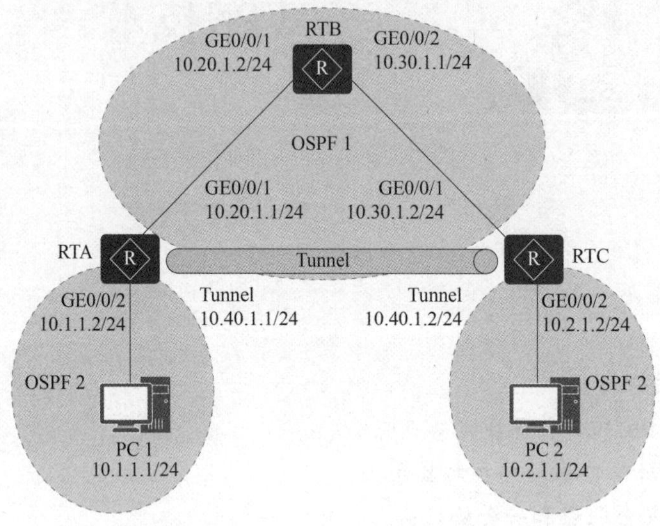

图 8-1　项目网络拓扑图

8.1　相关知识：GRE

8.1.1　GRE 概述

GRE 可以封装组播数据，并可以和 IPSec 结合使用，从而保证语音、视频等组播业务的安全。

1. GRE 概念

通用路由封装协议 GRE（Generic Routing Encapsulation）可以对某些网络层协议（如 IPX、IPv6、AppleTalk 等）的数据报文进行封装，使这些被封装的数据报文能够在另一个网络层协议（如 IPv4）中传输。

GRE 提供了将一种协议的报文封装在另一种协议报文中的机制，是一种三层隧道封装技术，使报文可以通过 GRE 隧道透明的传输，解决异种网络的传输问题。

GRE 的应用场景主要表现在以下几个方面：

①GRE 支持将一种协议的报文封装在另一种协议报文中。

②GRE 可以解决异种网络的传输问题，如图 8-2 所示。

③GRE 隧道扩展了受跳数限制的路由协议的工作范围，支持企业灵活设计网络拓扑，如图 8-3 所示。

图 8-2　GRE 可以解决异种网络的传输问题

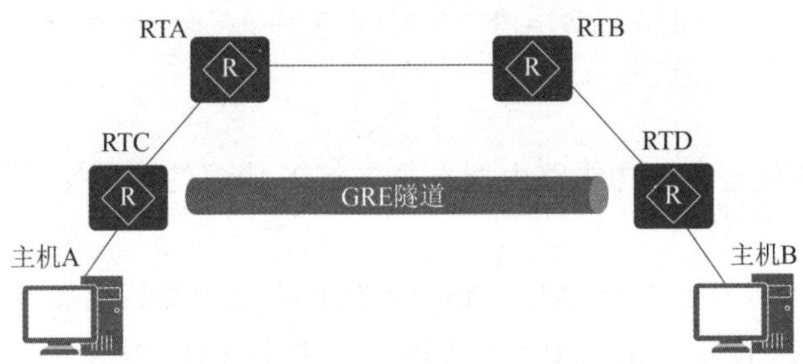

图 8-3　GRE 支持灵活设计网络拓扑

提示：使用 GRE 可以克服 IGP 协议的一些局限性。例如，RIP 路由协议是一种距离矢量路由协议，最大跳数为 15。如果网络直径超过 15，设备将无法通信。这种情况下，可以使用 GRE 技术在两个网络节点之间搭建隧道，隐藏它们之间的跳数，扩大网络的工作范围。

④GRE 本身并不支持加密，因而通过 GRE 隧道传输的流量是不加密的。将 IPSec 技术与 GRE 相结合，可以先建立 GRE 隧道对报文进行 GRE 封装，然后建立 IPSec 隧道对报文进行加密，以保证报文传输的完整性和私密性，如图 8-4 所示。

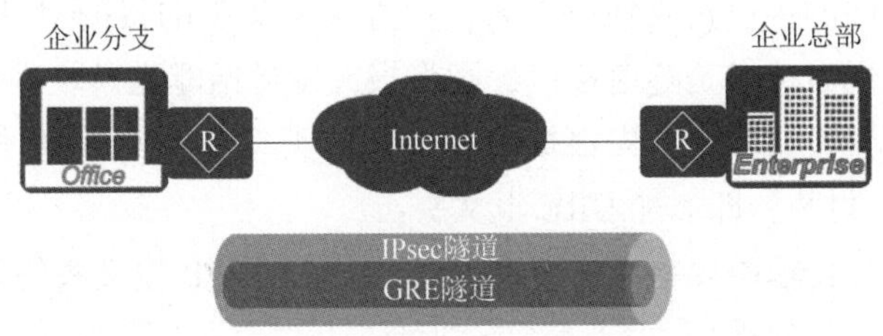

图 8-4　将 IPSec 技术与 GRE 相结合实现报文加密

2. GRE VPN 封装格式

报文在 GRE 隧道中传输包括封装和解封装两个过程。图 8-5 所示为通过 GRE 隧道实现 X 协议互通组网图，如果 X 协议报文从 Ingress PE 向 Egress PE 传输，则封装在 Ingress PE 上完成，而解封装在 Egress PE 上进行。封装后的数据报文在网络中传输的路径，称为 GRE 隧道。

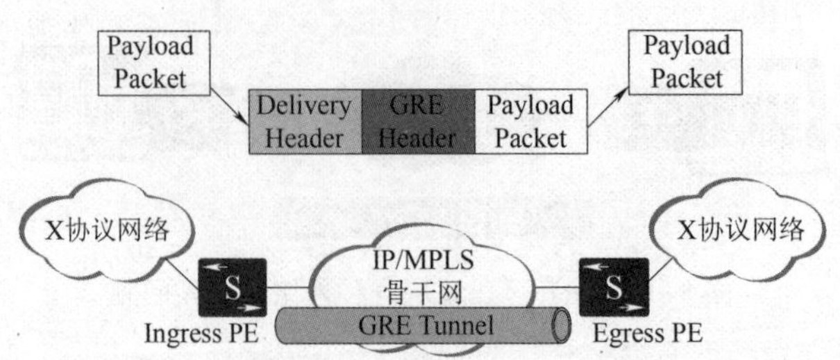

图 8-5 通过 GRE 隧道实现 X 协议互通组网图

（1）封装过程

①Ingress PE（入栈运营商边缘路由器）从连接 X 协议的接口接收到 X 协议报文后，首先交由 X 协议处理。

②X 协议根据报文头中的目的地址在路由表或转发表中查找出接口，确定如何转发此报文。如果发现出接口是 GRE Tunnel 接口，则对报文进行 GRE 封装，即添加 GRE 头。

③根据骨干网传输协议为 IP，给报文加上 IP 头。IP 头的源地址就是隧道源地址，目的地址就是隧道目的地址。

④根据该 IP 头的目的地址（即隧道目的地址），在骨干网路由表中查找相应的出接口并发送报文。之后，封装后的报文将在该骨干网中传输。

（2）解封装过程（与封装过程相反）

①Egress PE 从 GRE Tunnel 接口收到该报文，分析 IP 头发现报文的目的地址为本设备，则 Egress PE 去掉 IP 头后交给 GRE 协议处理。

②GRE 协议剥掉 GRE 报头，获取 X 协议，再交由 X 协议对此数据报文进行后续的转发处理。

（3）GRE 封装和解封装报文的过程

①设备从连接私网的接口接收到报文后，检查报文头中的目的 IP 地址字段，在路由表查找出接口，如果发现出接口是隧道接口，则将报文发送给隧道模块进行处理。

②隧道模块接收到报文后，首先根据乘客协议的类型和当前 GRE 隧道配置的校验与参数，对报文进行 GRE 封装，即添加 GRE 报文头。

③设备给报文添加传输协议报文头，即 IP 报文头。该 IP 报文头的源地址就是隧道源地址，目的地址就是隧道目的地址。

④设备根据新添加的 IP 报文头的目的地址，在路由表中查找相应的出接口，并发送报文。之后，封装后的报文将在公网中传输。

⑤接收端设备从连接公网的接口收到报文后，首先分析 IP 报文头，如果发现协议类型字段的值为 47，表示协议为 GRE，于是出接口将报文交给 GRE 模块处理。GRE 模块去掉 IP 报文头和 GRE 报文头，并根据 GRE 报文头的协议类型字段，发现此报文的乘客协议为私网中运行的协议，于是将报文交给该协议处理。

3. GRE VPN 工作原理

(1) GRE 报文结构

GRE 在封装数据时，会添加 GRE 头部信息，还会添加新的传输协议头部信息。图 8-6 所示为 GRE 报文结构示意图。

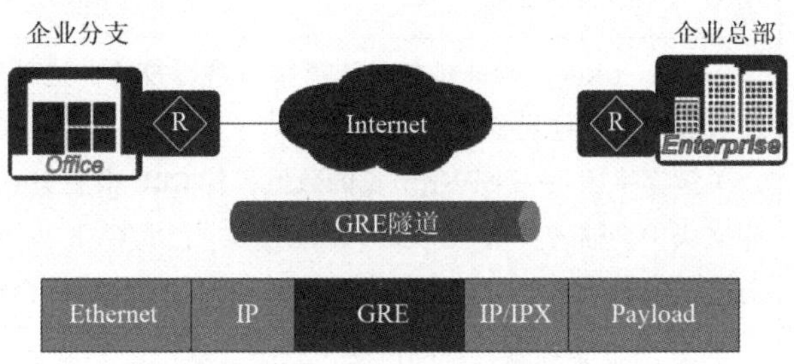

图 8-6　GRE 报文结构示意图

GRE 报文结构组成部分说明见表 8-1。

表 8-1　GRE 报文结构组成部分说明

组成部分	说明
乘客协议（Passenger Protocol）	封装前的报文称为净荷，封装前的报文协议称为乘客协议
封装协议（Encapsulation Protocol）	GRE 会封装 GRE 头部，GRE 称为封装协议，封装协议也称为运载协议（Carrier Protocol）
传输协议（Transport Protocol 或者 Delivery Protocol）	负责对封装后的报文进行转发的协议称为传输协议

(2) GRE 关键字验证

图 8-7 所示为 GRE 关键字验证示意图，隧道两端设备通过关键字字段（Key）来验证对端是否合法。

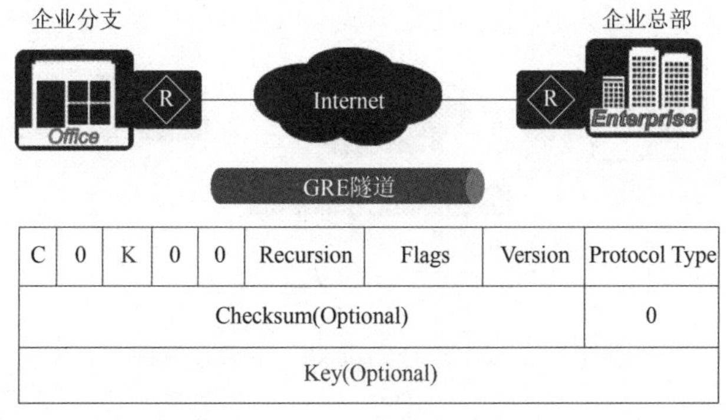

图 8-7　GRE 关键字验证示意图

GRE 关键字字段说明见表 8-2。

表 8-2　GRE 关键字字段说明

字段	说明
C	校验和验证位。 该位置 1，表示 GRE 头插入了校验和（Checksum）字段；该位置 0，表示 GRE 头不包含校验和字段
K	关键字（Key）验证是指对隧道接口进行校验，这种安全机制可以防止错误接收到来自其他设备的报文。 关键字字段是一个四字节长的数值，若 GRE 报文头中的 K 位为 1，则在 GRE 报文头中会插入关键字字段（K 位为 0，表示 GRE 头不包含关键字字段）。只有隧道两端设置的关键字完全一致时才能通过验证，否则，报文将被丢弃
Recursion	表示 GRE 报文被封装的层数。完成一次 GRE 封装后，将该字段加 1。如果封装层数大于 3，则丢弃该报文。该字段的作用是防止报文被无限次的封装
Flags	预留字段。当前必须置为 0
Version	版本字段。必须置为 0
Protocol Type	标识乘客协议的协议类型。常见的乘客协议为 IPv4 协议，协议代码为 0800
Checksum（Optional）	对 GRE 头及其负载的校验和字段
Key（Optional）	关键字字段，隧道接收端用于对收到的报文进行验证

（3）KeepAlive 检测

由于 GRE 协议并不具备检测链路状态的功能，如果对端接口不可达，隧道并不能及时关闭该 Tunnel 连接，这样会造成源端会不断地向对端转发数据，对端却因隧道不通而接收不到报文，由此就会形成数据空洞。

GRE 的 KeepAlive 检测功能可以检测隧道状态，即检测隧道对端是否可达。如果对端不可达，隧道连接就会及时关闭，避免因对端不可达而造成的数据丢失，有效防止数据空洞，保证数据传输的可靠性。图 8-8 所示为 GRE 的 KeepAlive 检测示意图。

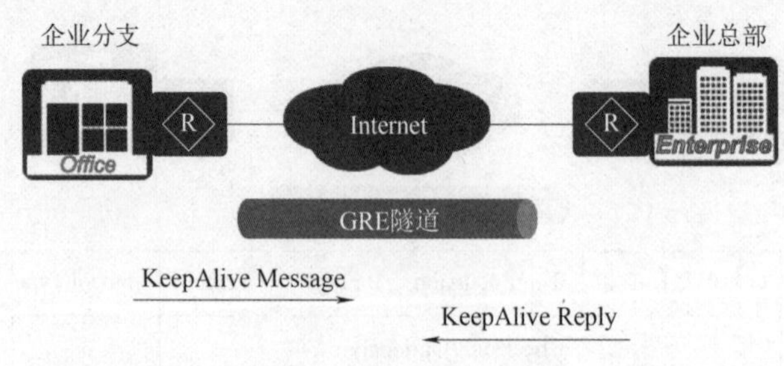

图 8-8　GRE 的 KeepAlive 检测示意图

KeepAlive 检测功能的实现过程如下：

①当 GRE 隧道的源端使能 KeepAlive 检测功能后，就创建一个定时器，周期地发送 KeepAlive 探测报文，同时，通过计数器进行不可达计数。每发送一个探测报文，不可达计

数加 1。

②对端每收到一个探测报文，就给源端发送一个回应报文。

③如果源端的计数器值未达到预先设置的值就收到回应报文，就表明对端可达。如果源端的计数器值到达预先设置的值——重试次数（Retry Times）时，还没收到回送报文，就认为对端不可达。此时，源端将关闭隧道连接。但是源端口仍会继续发送 KeepAlive 报文，若对端 Up，则源端口也会 Up，建立隧道链接。

提示：对于设备实现的 GRE KeepAlive 检测功能，只要在隧道一端配置 KeepAlive，该端就具备 KeepAlive 功能，而不要求隧道对端也具备该功能。隧道对端收到报文，如果是 KeepAlive 探测报文，无论是否配置 KeepAlive，都会给源端发送一个回应报文。

8.1.2 GRE VPN 配置

1. 配置 Tunnel 接口

GRE 隧道是通过隧道两端的 Tunnel 接口建立的，所以需要在隧道两端的设备上分别配置 Tunnel 接口。对于 GRE 的 Tunnel 接口，需要指定其协议类型为 GRE、源地址或源接口、目的地址和 Tunnel 接口 IP 地址。

Tunnel 接口协议类型说明见表 8-3。

表 8-3 Tunnel 接口协议类型说明

协议类型	说明
Tunnel 的源地址或源接口	报文传输协议中的源地址或源接口。隧道的源地址就是实际发送报文的接口 IP 地址；隧道的源接口就是实际发送报文的接口
Tunnel 的目的端地址	报文传输协议中的目的地址。隧道的目的地址就是实际接收报文的接口 IP 地址
Tunnel 接口 IP 地址	为了在 Tunnel 接口上启用动态路由协议，或使用静态路由协议发布 Tunnel 接口，需要为 Tunnel 接口分配 IP 地址。Tunnel 接口的 IP 地址可以不是公网地址，甚至可以借用其他接口的 IP 地址以节约 IP 地址。但是当 Tunnel 接口借用 IP 地址时，由于 Tunnel 接口本身没有 IP 地址，无法在此接口上启用动态路由协议，必须配置静态路由才能实现设备间的连通性

配置 Tunnel 接口的操作步骤如下：

①创建 Tunnel 接口并进入 Tunnel 接口视图，可以执行以下命令。

```
interface tunnel interface-number
```

【参数】

interface-number：指定 Tunnel 源接口的接口编号。字符串形式，区分大小写，不支持空格，长度范围是 1~63。

②配置 Tunnel 接口的隧道协议为 GRE，可以执行以下命令。

```
tunnel-protocol gre
```

③配置 Tunnel 的源地址或源接口，可以执行以下命令。

```
source{source-ip-address |interface-type interface-number}
```

【参数】

source-ip-address：指定 Tunnel 的源 IP 地址。点分十进制格式。

interface-type：指定 GRE 隧道源接口的名称。字符串形式，区分大小写，不支持空格，长度范围是 1~63。

interface-number：指定 Tunnel 源接口的接口编号。字符串形式，区分大小写，不支持空格，长度范围是 1~63。

提示：配置 Tunnel 的源接口时，需要注意两个问题。Tunnel 的源接口不能指定为自身 GRE 隧道的 Tunnel 接口，但可以指定为其他隧道的 Tunnel 接口；Tunnel 的源接口不能配置为管理网口，源地址也不能配置为管理网口的 IP 地址。

④配置 Tunnel 的目的地址，可以执行以下命令。

```
destination[vpn-instance vpn-instance-name] dest-ip-address
```

【参数】

vpn-instance vpn-instance-name：指定 Tunnel 接口的目的地址所属的 VPN 实例的名称。字符串形式，区分大小写，不支持空格，长度范围是 1~31。不能以“_public_”作为 VPN 实例名称。当输入的字符串两端使用双引号时，可在字符串中输入空格。

dest-ip-address：Tunnel 的目的地址。点分十进制格式。

⑤配置 Tunnel 接口的 MTU（可选），可以执行以下命令。

```
mtu mtu
```

【参数】

mtu：指定 Tunnel 接口的 MTU 值。默认情况下，Tunnel 接口的 MTU 值为 1 500。

提示：如果改变 Tunnel 接口最大传输单元 MTU，需要先对接口执行 shutdown 命令，再执行 undo shutdown 命令将接口重启，以保证设置的 MTU 生效。

⑥配置接口的描述信息（可选），可以执行以下命令。

```
description text
```

【参数】

text：指定 Tunnel 接口的描述信息内容。

⑦指定 Tunnel 接口的 IP 地址。首先创建 IP 地址，然后执行以下命令借用 IP 地址。

```
ip address unnumbered interface interface-type interface-number
```

【参数】

interface interface-type interface-number：指定被借用的接口。interface-type 表示接口类型，interface-number 表示接口编号。

➢ 如果采用 GRE 隧道实现 IPv4 协议的互通，必须在 Tunnel 接口下配置 IPv4 地址。配置 Tunnel 接口的 IPv4 地址，可以执行以下命令。

```
ip address ip-address{mask|mask-length}[sub]
```

【参数】

ip-address：指定接口的 IP 地址。点分十进制格式。

mask：指定 IP 地址的掩码。点分十进制格式。

mask-length：指定 IP 地址的掩码长度。整数形式，取值范围是 0~32。

sub：指定接口的从 IP 地址。

➢ 如果是采用 GRE 隧道实现 IPv6 协议的互通，必须在 Tunnel 接口下配置 IPv6 地址。配置 Tunnel 接口的 IPv6 地址，可以执行以下命令。

```
ipv6 address{ipv6-address prefix-length|ipv6-address/prefix-length}
```

【参数】

ipv6-address：指定接口的 IPv6 地址。总长度为 128 位，通常分为 8 组，每组为 4 个十六进制数的形式。格式为×:×:×:×:×:×:×:×。

prefix-length：指定 IPv6 地址的前缀长度。整数形式，取值范围是 1~128。

2. 配置 Tunnel 接口的路由

在保证本端设备和远端设备在骨干网上路由互通的基础上，本端设备和远端设备上必须存在经过 Tunnel 接口转发的路由，这样，需要进行 GRE 封装的报文才能正确转发。经过 Tunnel 接口转发的路由可以是静态路由，也可以是动态路由。

配置静态路由时，源端设备和目的端设备都需要配置：此路由目的地址是未进行 GRE 封装的报文的原始目的地址，出接口是本端 Tunnel 接口（Switch-1 的 Tunnel1 接口）。

配置动态路由协议时，在 Tunnel 接口和与 X 网络协议相连的接口上都要使用该动态路由协议。

配置 Tunnel 接口的路由的操作步骤如下：

①执行命令 system-view，进入系统视图。

②配置经过 Tunnel 接口的路由，选择如下方法之一：

➢ 执行以下命令，配置静态路由。

```
ip route-static ip-address{mask|mask-length}{nexthop-address|tunnel interface-number[nexthop-address]}[description text]
```

【参数】

ip-address：指定目的 IP 地址。点分十进制格式。

mask：指定 IP 地址的掩码。点分十进制格式。

mask-length：指定掩码长度。因为32位的掩码要求“1”是连续的，点分十进制格式的掩码可以用掩码长度代替。整数形式，取值范围是0~32。

nexthop-address：指定路由的下一跳的IP地址。点分十进制格式。

tunnel interface-number：指定tunnel接口编号。

description text：指定静态路由的描述信息。字符串形式，支持空格，长度范围是1~35。

➢ 配置动态路由。可以使用IGP或EGP，包括OSPF、RIP等路由协议。

3. 配置GRE的安全机制（可选）

为了增强GRE隧道的安全性，可以对GRE隧道两端进行端到端校验或者设置GRE隧道的识别关键字，通过这种安全机制防止错误识别、接收其他地方来的报文。

配置GRE的安全机制的操作步骤如下：

①执行命令system-view，进入系统视图。

②执行以下命令，进入Tunnel接口视图。

```
interface tunnel interface-number
```

③执行以下命令，配置GRE隧道的识别关键字。

```
gre key{ plain key-number |[ cipher] plain-cipher-text}
```

【参数】

plain key-number：指定识别关键字显示为明文形式。整数形式，取值范围是0~4 294 967 295。

[cipher] plain-cipher-text：指定识别关键字显示为密文形式。可以输入整数形式的明文，取值范围是0~4 294 967 295；也可以输入32位或48位字符串长度的密文。

➢ 如果在隧道两端的Tunnel接口配置识别关键字，则必须指定相同的识别关键字；或隧道两端都不配置此命令。

➢ 默认情况下，GRE隧道没有配置识别关键字。

提示：如果使用plain选项，识别关键字将以明文形式保存在配置文件中，存在安全隐患；建议使用cipher选项，将识别关键字加密保存。

4. 使能GRE的KeepAlive检测功能（可选）

使用KeepAlive功能可以周期地发送KeepAlive探测报文给对端，及时检测隧道连通性。若对端可达，则本端会收到对端的回应报文；否则，收不到对端的回应报文，关闭隧道连接。

KeepAlive功能是单向的，只要在隧道一端配置KeepAlive，该端就具备KeepAlive功能，而不要求隧道对端也具备该功能。为了使隧道两端都能检测对端是否可达，建议在隧道两端都使能KeepAlive功能。

使能GRE的KeepAlive检测功能的操作步骤如下：

①执行命令system-view，进入系统视图。

②执行以下命令，进入 Tunnel 接口视图。

```
interface tunnel interface-number
```

③执行以下命令，使能 GRE 的 KeepAlive 检测功能。

```
keepalive[period period[retry-times retry-times]]
```

【参数】

period period：指定发送 KeepAlive 报文的定时器周期。整数形式，取值范围是 1~32 767，单位是秒。默认值是 5 s。

retry-times retry-times：指定不可达计数器参数。整数形式，取值范围是 1~255。默认值是 3。

提示：默认情况下，未使能 GRE 的 KeepAlive 检测功能。

5. 检查配置结果

已经完成 GRE 隧道的所有配置之后，可以使用以下命令检查配置结果。

①查看 Tunnel 接口的工作状态，可以执行以下命令。

```
display interface tunnel[interface-number]
```

【参数】

interface-number：Tunnel 接口的编号。若不指定该参数，则显示所有 Tunnel 接口的信息。必须为已创建的接口编号。

②执行以下命令，查看 IPv4 路由表，到指定目的地址的路由出接口为 Tunnel 接口。

```
display ip routing-table
```

③执行以下命令，查看 IPv6 路由表，到指定目的地址的路由出接口为 Tunnel 接口。

```
display ipv6 routing-table
```

④执行以下命令，ping 对端的 Tunnel 接口地址，从本端 Tunnel 接口到对端 Tunnel 接口可以 ping 通。

```
ping -a source-ip-address host
```

【参数】

source-ip-address：指定发送 ICMP ECHO-REQUEST 报文的源 IP 地址。如果不指定源 IP 地址，将采用出接口的 IP 地址作为 ICMP ECHO-REQUEST 报文发送的源地址。点分十进制形式。

host：目的主机的域名或 IP 地址。字符串形式主机名，不支持空格，区分大小写，长度范围是 1~255，当输入的字符串两端使用双引号时，可在字符串中输入空格，或者合法的点分十进制 IPv4 地址。

⑤使能 KeepAlive 功能后，在 Tunnel 接口视图下执行以下命令，查看 GRE 隧道接口发

送给对端以及从对端接收的 KeepAlive 报文的数量和 KeepAlive 响应报文的数量。

```
display keepalive packets count
```

8.2 项目实施——配置 GRE over IPv4（OSPF）

图 8-9 所示为本项目的网络拓扑图。首先在设备之间运行 IGP 协议实现互通，这里使用 OSPF 路由且进程 1；然后在与 PC 相连的设备之间建立 GRE 隧道，并使能 KeepAlive 功能，使彼此报文的传输都通过 GRE 隧道；最后在与与 PC 相连的网段运行 IGP 协议通过 GRE 隧道发布，这里使用 OSPF 进程 2，和 OSPF1 进行隔离。

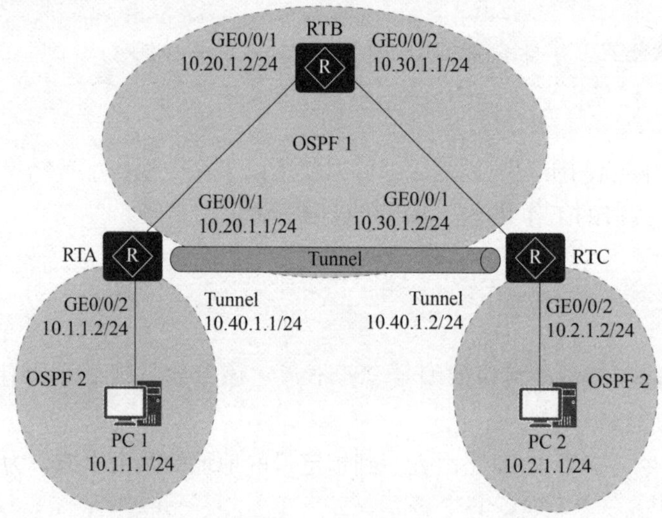

图 8-9 项目网络拓扑

8.2.1 分别各路由器物理接口的 IP 地址

在 RTA 路由器上配置物理接口的 IP 地址，RTB、RTC 的配置方法与 RTA 类似。

```
[RTA] interface gigabitethernet 0/0/1
[RTA-GigabitEthernet0/0/1] ip address 10.20.1.1 24
[RTA-GigabitEthernet0/0/1] quit
[RTA] interface gigabitethernet 0/0/2
[RTA-GigabitEthernet0/0/2] ip address 10.1.1.2 24
[RTA-GigabitEthernet0/0/2] quit
```

8.2.2 分别在各路由器上配置 OSPF 协议

第 1 步：在 RTA 路由器上配置使用 OSPF 路由协议。

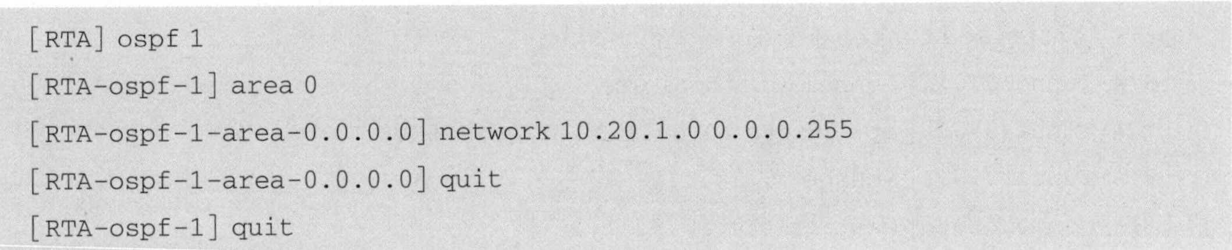

```
[RTA] ospf 1
[RTA-ospf-1] area 0
[RTA-ospf-1-area-0.0.0.0] network 10.20.1.0 0.0.0.255
[RTA-ospf-1-area-0.0.0.0] quit
[RTA-ospf-1] quit
```

第 2 步：在 RTB 路由器上配置使用 OSPF 路由协议。

```
[RTB] ospf 1
[RTB-ospf-1] area 0
[RTB-ospf-1-area-0.0.0.0] network 10.20.1.0 0.0.0.255
[RTB-ospf-1-area-0.0.0.0] network 10.30.1.0 0.0.0.255
[RTB-ospf-1-area-0.0.0.0] quit
[RTB-ospf-1] quit
```

第 3 步：在 RTC 路由器上配置使用 OSPF 路由协议。

```
[RTC] ospf 1
[RTC-ospf-1] area 0
[RTC-ospf-1-area-0.0.0.0] network 10.30.1.0 0.0.0.255
[RTC-ospf-1-area-0.0.0.0] quit
[RTC-ospf-1] quit
```

第 4 步：配置完成后，在 RTA 和 RTC 路由器上执行 display ip routing-table 命令，可以看到它们能够学到去往对端接口网段地址的 OSPF 路由。以下为在 RTA 路由器上执行 display ip routing-table 命令的代码。

```
[RTA] display ip routing-table protocol ospf
Route Flags: R - relay, D - download to fib
------------------------------------------------------------
Public routing table : OSPF
        Destinations : 1        Routes : 1

OSPF routing table status : <Active>
        Destinations : 1        Routes : 1

Destination/Mask    Proto   Pre  Cost       Flags NextHop        Interface

      10.30.1.0/24  OSPF    10   2            D   10.20.1.2       Vlanif10

OSPF routing table status : <Inactive>
        Destinations : 0        Routes : 0
```

8.2.3　分别在 RTA 和 RTC 路由器上配置 Tunnel 接口

第 1 步：在 RTA 路由器上配置 Tunnel 接口。

```
[RTA] interface tunnel 0/0/1
[RTA-Tunnel0/0/1] tunnel-protocol gre
[RTA-Tunnel0/0/1] ip address 10.40.1.1 255.255.255.0
[RTA-Tunnel0/0/1] source 10.20.1.1
[RTA-Tunnel0/0/1] destination 10.30.1.2
[RTA-Tunnel0/0/1] keepalive
[RTA-Tunnel0/0/1] quit
```

第 2 步：在 RTC 路由器上配置 Tunnel 接口。

```
[RTC] interface tunnel 0/0/1
[RTC-Tunnel0/0/1] tunnel-protocol gre
[RTC-Tunnel0/0/1] ip address 10.40.1.2 255.255.255.0
[RTC-Tunnel0/0/1] source 10.30.1.2
[RTC-Tunnel0/0/1] destination 10.20.1.1
[RTC-Tunnel0/0/1] keepalive
[RTC-Tunnel0/0/1] quit
```

第 3 步：配置完成后，Tunnel 接口状态变为 Up，Tunnel 接口之间可以 ping 通。以 RTA 路由器的显示为例。

```
[RTA] ping -a 10.40.1.1 10.40.1.2
  PING 10.40.1.2: 56  data bytes, press CTRL_C to break
    Reply from 10.40.1.2: bytes=56 Sequence=1 ttl=255 time=1 ms
    Reply from 10.40.1.2: bytes=56 Sequence=2 ttl=255 time=1 ms
    Reply from 10.40.1.2: bytes=56 Sequence=3 ttl=255 time=1 ms
    Reply from 10.40.1.2: bytes=56 Sequence=4 ttl=255 time=1 ms
    Reply from 10.40.1.2: bytes=56 Sequence=5 ttl=255 time=1 ms

  --- 10.40.1.2 ping statistics ---
    5 packet(s) transmitted
    5 packet(s) received
    0.00% packet loss
    round-trip min/avg/max = 1/1/1 ms
```

第 4 步：使用命令 display keepalive packets count 查看 KeepAlive 报文统计。以 RTA 路由器的显示为例。

```
[RTA] interface tunnel 0/0/1
[RTA-Tunnel0/0/1] display keepalive packets count
```

```
    Send 10 keepalive packets to peers, Receive 10 keepalive response packets
from peers
    Receive 8 keepalive packets from peers, Send 8 keepalive response packets to
peers.
```

8.2.4 配置 Tunnel 接口使用 OSPF 路由

第 1 步：在 RTA 路由器上配置 Tunnel 接口使用 OSPF 路由。

```
[RTA] ospf 2
[RTA-ospf-2] area 0
[RTA-ospf-2-area-0.0.0.0] network 10.40.1.0 0.0.0.255
[RTA-ospf-2-area-0.0.0.0] network 10.1.1.0 0.0.0.255
[RTA-ospf-2-area-0.0.0.0] quit
[RTA-ospf-2] quit
```

第 2 步：在 RTC 路由器上配置 Tunnel 接口使用 OSPF 路由。

```
[RTC] ospf 2
[RTC-ospf-2] area 0
[RTC-ospf-2-area-0.0.0.0] network 10.40.1.0 0.0.0.255
[RTC-ospf-2-area-0.0.0.0] network 10.2.1.0 0.0.0.255
[RTC-ospf-2-area-0.0.0.0] quit
[RTC-ospf-2] quit
```

8.2.5 检查配置结果

步骤：配置完成后，在 RTA 和 RTC 路由器上执行 display ip routing-table 命令，可以看到经过 Tunnel 接口去往对端用户侧网段的 OSPF 路由，并且去往 Tunnel 目的端物理地址（10.30.1.0/24）的路由下一跳不是 Tunnel 接口。

以 RTA 路由器的显示为例。

```
[RTA] display ip routing-table protocol ospf
Route Flags: R - relay, D - download to fib
------------------------------------------------------------------------------
Public routing table : OSPF
        Destinations : 2        Routes : 2

OSPF routing table status : <Active>
        Destinations : 2        Routes : 2

Destination/Mask    Proto  Pre  Cost       Flags NextHop         Interface
```

```
      10.2.1.0/24   OSPF    10   1563          D   10.40.1.2         Tunnel0/0/1
      10.30.1.0/24   OSPF    10   2            D   10.20.1.2         Vlanif10

OSPF routing table status : <Inactive>
        Destinations : 0           Routes : 0
```

8.3 巩固训练——配置 GRE over IPv4（静态路由）

8.3.1 实训目的

➢ 理解 GRE 技术。

➢ 掌握实现 GRE 配置的方法。

8.3.2 实训拓扑

图 8-10 所示为实训拓扑图。RTA、RTB 和 RTC 路由器使用 OSPF 协议路由可达。现需要在 RTA 和 RTC 路由器之间建立直连链路，可以部署 GRE 隧道，通过静态路由指定到达对端的报文通过 Tunnel 接口转发，PC1 和 PC2 可以互相通信。其中，PC1 和 PC2 上分别指定 RTA、RTC 为自己的默认网关。

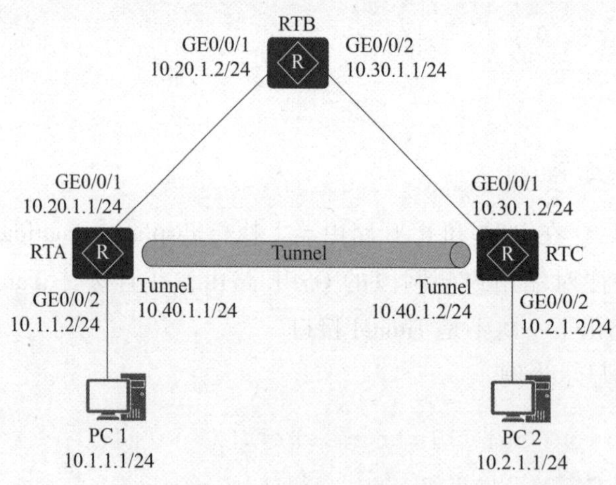

图 8-10 实训拓扑图

8.3.3 实训内容

①分别配置 RTA、RTB 和 RTC 路由器的物理接口 IP 地址。

②分别在 RTA、RTB 和 RTC 路由器上配置 OSPF 路由协议，实现各路由器之间的互通。

③分别在 RTA 和 RTC 路由器上配置 Tunnel 接口。配置完成后，Tunnel 接口之间可以 ping 通，直连隧道建立。

④分别在 RTA 和 RTC 路由器上配置静态路由。

⑤配置完成后，在 RTA 和 RTC 路由器上执行 display ip routing-table 命令，可以看到去往对端用户侧网段的静态路由出接口为 Tunnel 接口。

项目任务 2　IPsec 配置

【项目背景】

某集团公司在总部和分支机构各有一个局域网，两个局域网均已经连接到 Internet。RTA 为集团公司分支路由器，RTB 为集团公司总部路由器，分支与总部通过公网建立通信，集团公司希望对分支与总部之间相互访问的流量进行安全保护。

【项目内容】

根据该集团公司的需要，可以绘制出简单的网络拓扑图，如图 8-11 所示。分支与总部通过公网建立通信，可以在分支网关与总部网关之间建立一个 IPSec 隧道来实施安全保护。由于分支较为庞大，有大量需要 IPSec 保护的数据流，可基于虚拟隧道接口方式建立 GRE over IPSec，对 Tunnel 接口下的流量进行保护，不需使用 ACL 定义待保护的流量特征。

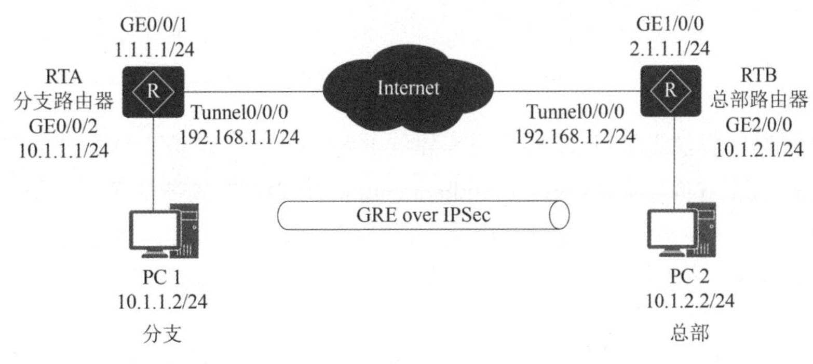

图 8-11　项目网络拓扑

8.4　相关知识：IPSec

8.4.1　IPSec VPN 概述

IPSec（Internet Protocol Security）是 IETF（Internet Engineering Task Force）制定的一组开放的网络安全协议，在 IP 层通过数据来源认证、数据加密、数据完整性和抗重放功能来保证通信双方 Internet 上传输数据的安全性。

IPSec 通过加密与验证等方式，从以下几个方面保障了用户业务数据在 Internet 中的安全传输：

①数据来源验证：接收方验证发送方身份是否合法。

②数据加密：发送方对数据进行加密，以密文的形式在 Internet 上传送，接收方对接收的加密数据进行解密后处理或直接转发。

③数据完整性：接收方对接收的数据进行验证，以判定报文是否被篡改。

④抗重放：接收方拒绝旧的或重复的数据包，防止恶意用户通过重复发送捕获到的数据包所进行的攻击。

1. IPSec 体系结构

IPSec 不是一个单独的协议，而是一个高度模块化的框架，在这个框架里需要使用各种算法。图 8-12 所示为 IPSec 的框架结构。

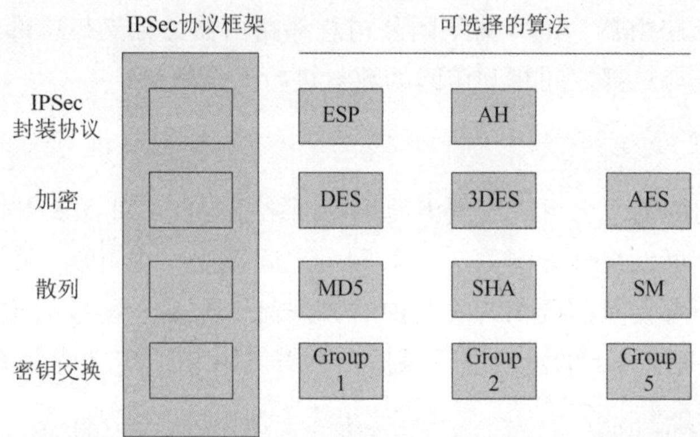

图 8-12　IPSec 的框架结构

管理员使用哪些算法取决于管理员用来建立 IPSec 通信的设备支持哪些算法。

IPSec VPN 体系结构主要由 AH（Authentication Header，认证头部）、ESP（Encapsulating Security Payload，封装安全负载）和 IKE（Internet Key Exchange，互联网密钥交换）协议套件组成，如图 8-13 所示。

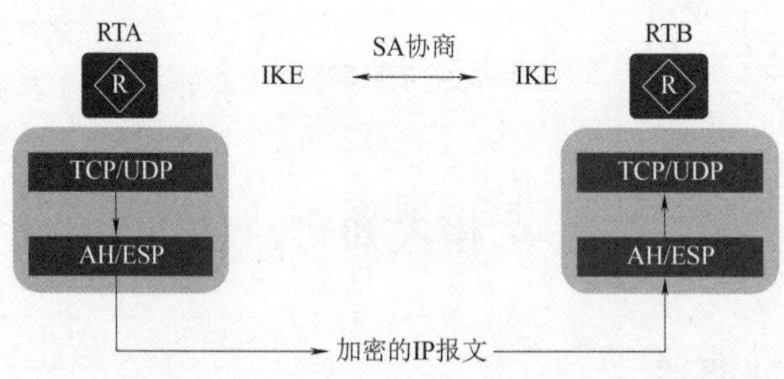

图 8-13　IPSec VPN 体系结构的主要组成协议

IPSec 不是一个单独的协议，它通过 AH 和 ESP 这两个安全协议来实现 IP 数据报文的安全传送。IKE 协议提供密钥协商，建立和维护安全联盟 SA 等服务。

①AH 协议：主要提供的功能有数据源验证、数据完整性校验和防报文重放。然而，AH 并不加密所保护的数据报。

②ESP 协议：除了提供 AH 协议的所有功能外（但其数据完整性校验不包括 IP 头），还

可提供对 IP 报文的加密功能。

③IKE 协议：用于自动协商 AH 和 ESP 所使用的密码算法。

2. IPSec 封装模式

封装模式是指将 AH 或 ESP 相关的字段插入原始 IP 报文中，以实现对报文的认证和加密，封装模式有传输模式和隧道模式两种。

（1）传输模式

在传输模式中，在 IP 报文头和高层协议之间插入 AH 或 ESP 头，如图 8-14 所示。传输模式中的 AH 或 ESP 主要对上层协议数据提供保护。传输模式保护原始数据包的有效负载。

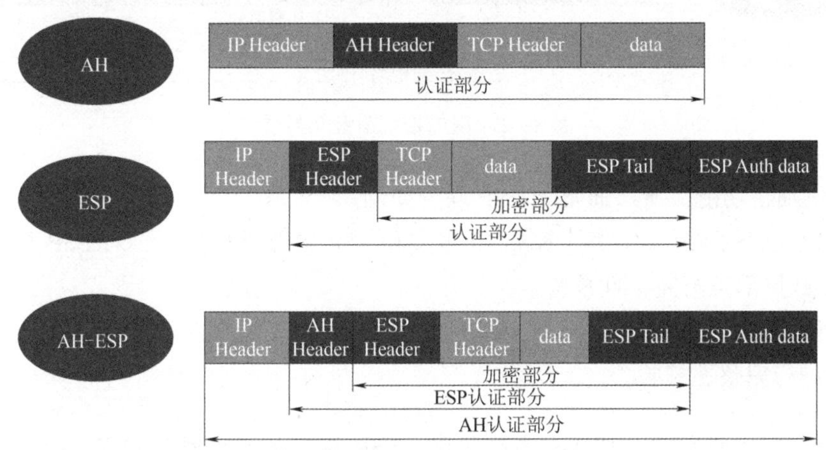

图 8-14　传输模式下报文封装

①传输模式中的 AH：在 IP 头部之后插入 AH 头，对整个 IP 数据包进行完整性校验。

②传输模式中的 ESP：在 IP 头部之后插入 ESP 头，在数据字段后插入尾部以及认证字段。对高层数据和 ESP 尾部进行加密，对 IP 数据包中的 ESP 报文头、高层数据和 ESP 尾部进行完整性校验。

③传输模式中的 AH+ESP：在 IP 头部之后插入 AH 和 ESP 头，在数据字段后插入尾部以及认证字段。

提示：由于传输模式未添加额外的 IP 头，所以原始报文中的 IP 地址在加密后报文的 IP 头中可见。传输模式下，与 AH 协议相比，ESP 协议的完整性验证范围不包括 IP 头，无法保证 IP 头的安全。

（2）隧道模式

在隧道模式下，AH 头或 ESP 头被插到原始 IP 头之前，另外生成一个新的报文头放到 AH 头或 ESP 头之前，保护 IP 头和负载。图 8-15 所示为隧道模式下报文封装。

隧道模式可以完全地对原始 IP 数据报进行认证和加密，而且，隧道模式在两台主机端到端连接的情况下，隐藏了内网主机的 IP 地址，保护整个原始数据包的安全。

①隧道模式中的 AH：对整个原始 IP 报文提供完整性检查和认证，认证功能优于 ESP。

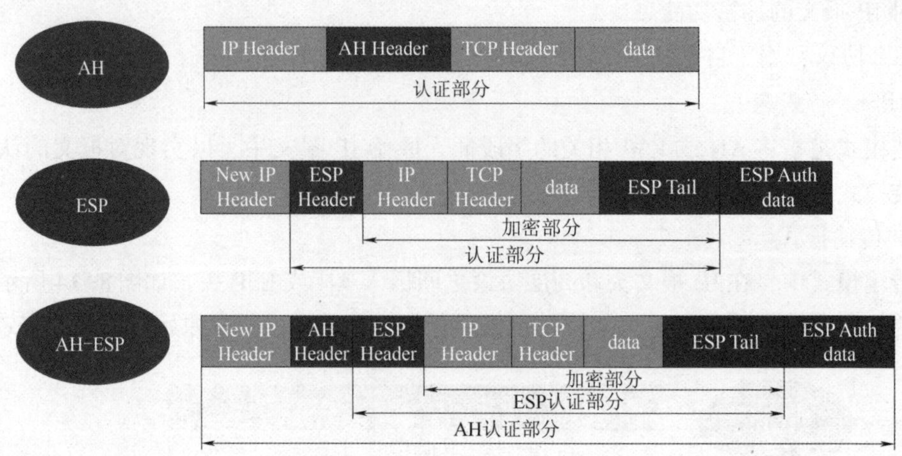

图 8-15 隧道模式下报文封装

但 AH 不提供加密功能，所以通常和 ESP 联合使用。

②隧道模式中的 ESP：对整个原始 IP 报文和 ESP 尾部进行加密，对 ESP 报文头、原始 IP 报文和 ESP 尾部进行完整性校验。

③隧道模式中的 AH+ESP：对整个原始 IP 报文和 ESP 尾部进行加密，AH、ESP 分别会对不同部分进行完整性校验。

提示：隧道模式下，与 AH 协议相比，ESP 协议的完整性验证范围不包括新 IP 头，无法保证新 IP 头的安全。

（3）隧道模式和传输模式的区别

①从安全性来讲，隧道模式优于传输模式。它可以完全地对原始 IP 数据报进行验证和加密。隧道模式下可以隐藏内部 IP 地址、协议类型和端口。

②从性能来讲，隧道模式因为有一个额外的 IP 头，所以它将比传输模式占用更多带宽。

③从场景来讲，传输模式主要应用于两台主机或一台主机和一台 VPN 网关之间通信；隧道模式主要应用于两台 VPN 网关之间或一台主机与一台 VPN 网关之间的通信。

提示：通常，隧道模式适于转发设备对待保护流量进行封装处理的场景，建议应用于两个安全网关之间的通信。传输模式适于主机到主机、主机到网关对待保护流量进行封装处理的场景。

3. IPSec 安全联盟

SA（Security Association）安全联盟定义了 IPSec 通信对等体间将使用的数据封装模式、认证和加密算法、密钥等参数。IPSec 安全传输数据的前提是在 IPSec 对等体（即运行 IPSec 协议的两个端点）之间成功建立安全联盟。

IPSec 安全传输数据的前提是在 IPSec 对等体（即运行 IPSec 协议的两个端点）之间成功建立安全联盟。IPSec 安全联盟简称 IPSec SA，由一个三元组来唯一标识，这个三元组包括安全参数索引（Security Parameter Index，SPI）、目的 IP 地址和使用的安全协议号（AH 或 ESP）。其中，SPI 是为唯一标识 SA 而生成的一个 32 位的数值，它被封装在 AH 和 ESP 头中。

PSec SA 是单向的逻辑连接，通常成对建立（Inbound 和 Outbound）。因此，两个 IPSec 对等体之间的双向通信，最少需要建立一对 IPSec SA 形成一个安全互通的 IPSec 隧道，分别对两个方向的数据流进行安全保护。图 8-16 所示为 IPSec 安全联盟示意图。

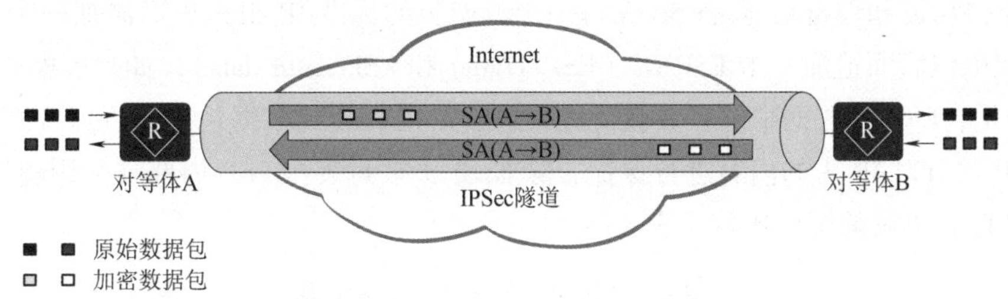

图 8-16　IPSec 安全联盟示意图

另外，IPSec SA 的个数还与安全协议相关。如果只使用 AH 或 ESP 来保护两个对等体之间的流量，则对等体之间就有两个 SA，每个方向上一个。如果对等体同时使用了 AH 和 ESP，那么对等体之间就需要四个 SA，每个方向上两个，分别对应 AH 和 ESP。

①IPSec 对等体：简单来讲，就是建立 IPSec VPN 的双方。端点可以是网关路由器，也可以是主机。

②IPSec 隧道：IPSec 隧道用来提供对数据流的安全保护，IPSec 对数据的加密是以数据包为单位。发送方对要保护的数据包进行加密封装，在 Internet 上传输，接收方采用相同的参数对报文进行认证、解封装，以得到原始数据。

建立 IPSec SA 有两种方式：手工方式和 IKE 方式。这两种方式的差异对比说明见表 8-4。

表 8-4　手工方式和 IKE 方式的差异

对比项	手工方式建立 IPSec SA	IKE 方式自动建立 IPSec SA
加密/验证密钥配置和刷新方式	手工配置、刷新，而且易出错 密钥管理成本很高	密钥通过 DH 算法生成、动态刷新 密钥管理成本低
SPI 取值	手工配置	随机生成
生存周期	无生存周期限制，SA 永久存在	由双方的生存周期参数控制，SA 动态刷新
安全性	低	高
适用场景	小型网络	小型、中大型网络

4. IPSec 安全协议

IPSec 使用认证头和封装安全负载两种 IP 传输层协议来提供认证或加密等安全服务。

（1）AH 协议

AH 仅支持认证功能，不支持加密功能。AH 在每一个数据包的标准 IP 报头后面添加一个 AH 报文头，如封装模式所示。AH 对数据包和认证密钥进行 Hash 计算，接收方收到带有计算结果的数据包后，执行同样的 Hash 计算并与原计算结果比较，传输过程中对数据的任何更改将使计算结果无效，这样就提供了数据来源认证和数据完整性校验。AH 协议的完整性验证范围为整个 IP 报文。

（2）ESP 协议

ESP 支持认证和加密功能。ESP 在每一个数据包的标准 IP 报头后面添加一个 ESP 报文头，并在数据包后面追加一个 ESP 尾（ESP Trailer 和 ESP Auth data），如封装模式所示。与 AH 不同的是，ESP 将数据中的有效载荷进行加密后再封装到数据包中，以保证数据的机密性，但 ESP 没有对 IP 头的内容进行保护，除非 IP 头被封装在 ESP 内部（采用隧道模式）。

AH 和 ESP 协议的简单比较见表 8-5。

表 8-5　AH 协议与 ESP 协议的比较

安全特性	AH 协议	ESP 协议
协议号	51	50
数据完整性校验	支持（验证整个 IP 报文）	支持（传输模式：不验证 IP 头，隧道模式：验证整个 IP 报文）
数据源验证	支持	支持
数据加密	不支持	支持
防报文重放攻击	支持	支持
IPSec NAT-T（NAT 穿越）	不支持	支持

从表中可以看出两个协议各有优缺点，在安全性要求较高的场景中可以考虑联合使用 AH 协议和 ESP 协议。

5. 加密和验证

IPSec 提供了两种安全机制：加密和验证。加密机制保证数据的机密性，防止数据在传输过程中被窃听；验证机制能保证数据真实可靠，防止数据在传输过程中被仿冒和篡改。

（1）加密

IPSec 采用对称加密算法对数据进行加密和解密。图 8-17 所示为 IPSec 加密和解密过程示意图，数据发送方和接收方使用相同的密钥进行加密、解密。

用于加密和解密的对称密钥可以手工配置，也可以通过 IKE 协议自动协商生成。

常用的对称加密算法包括数据加密标准 DES（Data Encryption Standard）、3DES（Triple Data Encryption Standard）、先进加密标准 AES（Advanced Encryption Standard）。其中，DES 和 3DES 算法安全性低，存在安全风险，不推荐使用。

（2）验证

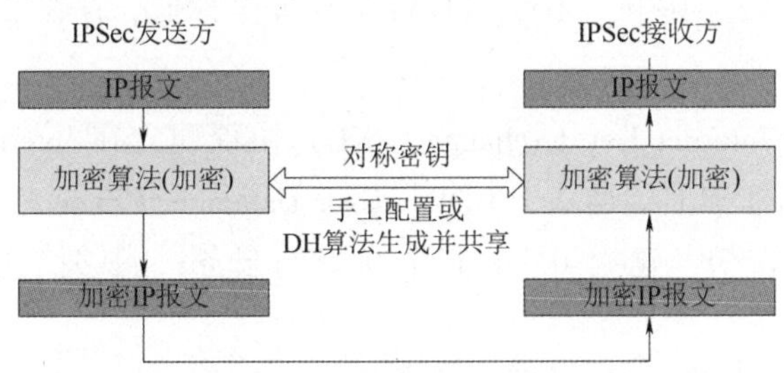

图 8-17　IPSec 加密和解密过程示意图

IPSec 的加密功能，无法验证解密后的信息是否是原始发送的信息或完整。IPSec 采用 HMAC（Hash-based Message Authentication Code）功能，比较完整性校验值 ICV 进行数据包完整性和真实性验证。

通常情况下，加密和验证配合使用。图 8-18 所示为 IPSec 验证过程示意图，在 IPSec 发送方，加密后的报文通过验证算法和对称密钥生成完整性校验值 ICV，IP 报文和完整性校验值 ICV 同时发给对端；在 IPSec 接收方，使用相同的验证算法和对称密钥对加密报文进行处理，同样得到完整性校验值 ICV，然后比较完整性校验值 ICV 进行数据完整性和真实性验证，验证不通过的报文直接丢弃，验证通过的报文进行解密。

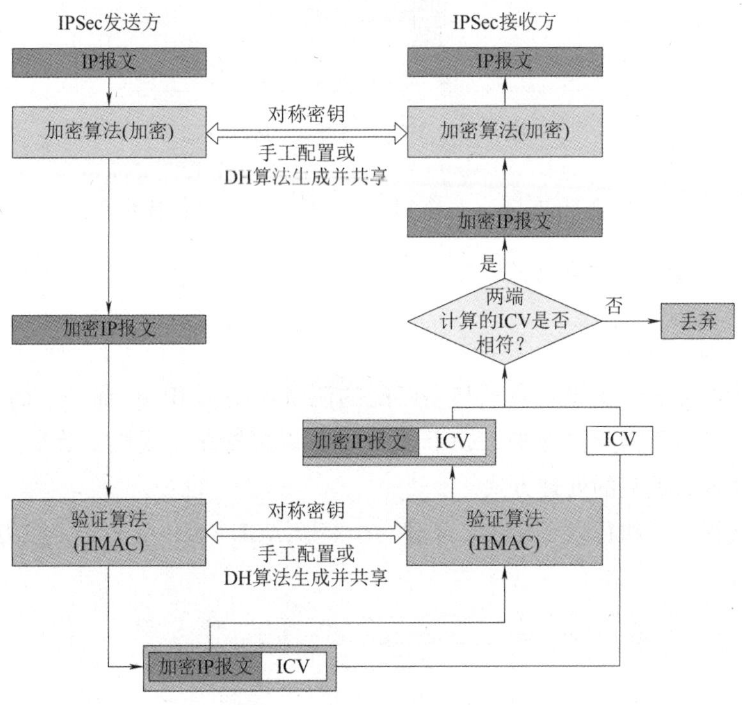

图 8-18　IPSec 验证过程示意图

同加密一样，用于验证的对称密钥也可以手工配置，或者通过 IKE 协议自动协商生成。

常用的验证算法包括消息摘要 MD5（Message Digest 5）及安全散列算法 SHA1（Secure

Hash Algorithm 1）、SHA2。其中，MD5、SHA1 算法安全性低，存在安全风险，不推荐使用。

6. IKE 协议

因特网密钥交换（Internet Key Exchange，IKE）协议建立在 Internet 安全联盟和密钥管理协议 ISAKMP 定义的框架上，是基于 UDP（User Datagram Protocol）的应用层协议。它为 IPSec 提供了自动协商密钥、建立 IPSec 安全联盟的服务，能够简化 IPSec 的配置和维护工作。

IKE 与 IPSec 的关系如图 8-19 所示，对等体之间建立一个 IKE SA 完成身份验证和密钥信息交换后，在 IKE SA 的保护下，根据配置的 AH/ESP 安全协议等参数协商出一对 IPSec SA。此后，对等体间的数据将在 IPSec 隧道中加密传输。

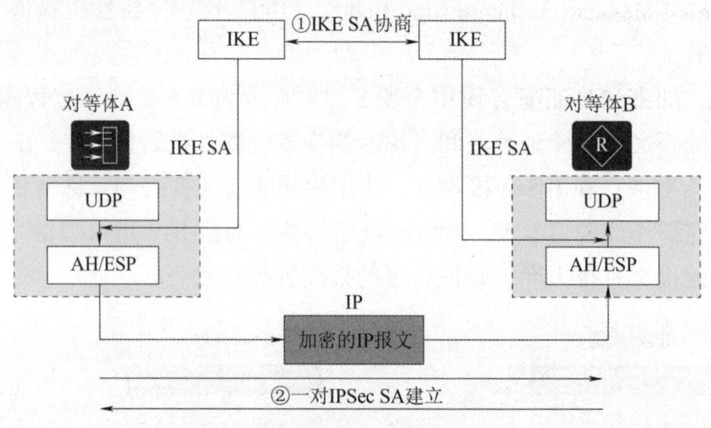

图 8-19　IKE 与 IPSec 的关系

IKE SA 是一个双向的逻辑连接，两个对等体间只建立一个 IKE SA。

8.4.2　IPSec VPN 配置

1. 定义需要保护的数据流

ACL 规则中的 permit 关键字表示与之匹配的流量需要被 IPSec 保护，而 deny 关键字则表示与之匹配的流量不需要被保护。一个 ACL 中可以配置多条规则，首个与数据流匹配上的规则决定了对该数据流的处理方式。

①进入系统视图。执行以下命令，创建一个高级 ACL（acl-number 为 3 000~3 999）并进入其视图。

```
acl[number] acl-number[match-order{config|auto}]
```

【参数】

number：指定由数字标识的一个访问控制列表。

acl-number：指定访问控制列表的编号。整数形式，2 000~2 999 表示基本 ACL 范围，3 000~3 999 表示高级 ACL 范围，4 000~4 999 表示二层 ACL 范围，6 000~6 031 表示用户 ACL 范围。

match-order：指定 ACL 规则的匹配顺序。如果创建 ACL 时未指定 match-order 参数，则该 ACL 默认的规则匹配顺序为 config。

config：指定匹配该规则是按用户的配置顺序，是指在用户没有指定 rule-id 的前提下，若用户指定了 rule-id，则匹配规则时，按 rule-id 由小到大的顺序。

auto：匹配规则是系统自动排序（按“深度优先”的顺序）。若“深度优先”的顺序相同，则匹配规则是按 rule-id 由小到大的顺序。

②执行以下命令，在 ACL 视图下配置 ACL 规则。

```
rule[rule-id]{deny |permit} ip[destination{destination-address destination-wildcard |any} |source{source-address source-wildcard |any} |vpn-instance vpn-instance-name |dscp dscp] *
```

【参数】

rule-id：指定 ACL 的规则 ID。整数形式，取值范围是 0~4 294 967 294。

deny：表示拒绝符合条件的报文。

permit：表示允许符合条件的报文。

destination：指定 ACL 规则匹配报文的目的地址信息。如果不配置，表示报文的任何目的地址都匹配。

destination-address：表示报文的目的地址。点分十进制格式。

destination-wildcard：表示目的地址通配符。点分十进制格式。目的地址通配符可以为 0，相当于 0. 0. 0. 0，表示目的地址为主机地址。

any：表示报文的任意目的地址。相当于 destination-address 为 0. 0. 0. 0 或者 destination-wildcard 为 255. 255. 255. 255。

source：指定 ACL 规则匹配报文的源地址信息。如果不配置，表示报文的任何源地址都匹配。

source-address：指定报文的源地址。点分十进制格式。

source-wildcard：指定源地址通配符。点分十进制格式。源地址通配符可以为 0，相当于 0. 0. 0. 0，表示源地址为主机地址。

any：表示报文的任意源地址。相当于 source-address 为 0. 0. 0. 0 或者 source-wildcard 为 255. 255. 255. 255。

vpn-instance vpn-instance-name：指定 ACL 规则匹配报文的 VPN 实例名称。字符串形式，不支持空格，长度范围是 1~31 字符，可以设定为包含数字、字母和下划线“_”或“.”的组合。

dscpdscp：指定 ACL 规则匹配报文时，区分服务代码点（Differentiated Services Code Point）。dscp 的取值形式是整数形式或名称，采用整数形式时，取值范围是 0~63；采用名称时，取值为如下关键字：af11、af12、af13、af21、af22、af23、af31、af32、af33、af41、af42、af43、cs1、cs2、cs3、cs4、cs5、cs6、cs7、default 或 ef。

2. 配置 IPSec 安全提议

①进入系统视图。执行以下命令，创建 IPSec 安全提议并进入 IPSec 安全提议视图。

```
ipsec proposal proposal-name
```

【参数】

proposal-name：IPSec 安全提议的名称。字符串格式，不支持“?”和空格，区分大小写，长度范围是 1~15。

②执行以下命令，配置安全协议。默认情况下，IPSec 安全提议采用 ESP 协议。

```
transform{ah |esp |ah-esp}
```

【参数】

ah：表示使用 AH 协议。

esp：表示使用 ESP 协议。

ah-esp：表示同时使用 AH 和 ESP 协议。先使用 ESP 协议对报文进行保护，再使用 AH 协议对报文进行保护。

③配置安全协议的认证/加密算法。

➢ 安全协议采用 AH 协议时，AH 协议只能对报文进行认证，只能配置 AH 协议的认证算法。

```
ah authentication-algorithm{md5 |sha1 |sha2-256 |sha2-384 |sha2-512 |sm3}
```

【参数】

md5：表示使用 MD5 认证算法。

sha1：表示使用 SHA1 认证算法。

sha2-256：表示使用 SHA2-256 认证算法。

sha2-384：表示使用 SHA2-384 认证算法。

sha2-512：表示使用 SHA2-512 认证算法。

sm3：表示使用 SM3 认证算法。

默认情况下，AH 协议采用 SHA-256 认证算法。

➢ 安全协议采用 ESP 协议时，ESP 协议允许对报文同时进行加密和认证，或只加密，或只认证，根据需要配置 ESP 协议的认证算法、加密算法。

执行以下命令，设置 ESP 协议采用的认证算法。默认情况下，ESP 协议采用 SHA-256 认证算法。

```
esp authentication-algorithm{ md5 |sha1 |sha2-256 |sha2-384 |sha2-512 |sm3}
```

执行以下命令，设置 ESP 协议采用的加密算法。默认情况下，ESP 协议采用 AES-256 加密算法。

```
esp encryption-algorithm[3des |des |aes-128 |aes-192 |aes-256 |sm1 |sm4]
```

➢ 安全协议同时采用 AH 和 ESP 协议时，允许 AH 协议、ESP 协议对报文进行加密和认证，AH 协议的认证算法、ESP 协议的认证算法、加密算法均可选择配置。此时设备先对报文进行 ESP 封装，再进行 AH 封装。

④执行以下命令，选择安全协议对数据的封装模式。默认情况下，安全协议对数据的封装模式采用隧道模式。

```
encapsulation-mode {transport |tunnel}
```

【参数】

transport：表示报文的封装模式为传输模式。

tunnel：表示报文的封装模式为隧道模式。

3. 配置 IKE 安全提议

①进入系统视图。执行以下命令，创建一个 IKE 安全提议，并进入 IKE 安全提议视图。

```
ike proposal proposal-number
```

【参数】

proposal-number：指定 IKE 安全提议的序号。数值越小，优先级越高。整数形式，取值范围是 1~4。

②执行以下命令，配置认证方法。默认情况下，IKE 安全提议使用 pre-shared key 认证方法。

```
authentication-method{pre-share |rsa-signature |digital-envelope}
```

【参数】

pre-share：表示使用 pre-shared key 认证方法。

rsa-signature：表示使用 rsa-signature key 认证方法。

digital-envelope：表示使用 digital-envelope key 认证方法。

③执行以下命令，配置 IKE 安全提议使用的认证算法。默认情况下，IKE 安全提议使用 SHA-256 认证算法。不建议使用 MD5 和 SHA-1 算法，否则，无法满足安全防御的要求。

```
authentication-algorithm{aes-xcbc-mac-96 |md5 |sha1 |sha2-256 |sha2-384 |sha2-512 |sm3}
```

④执行以下命令，配置 IKE 安全提议使用的加密算法。默认情况下，IKE 安全提议使用 AES-CBC-256 加密算法。不建议使用 DES-CBC 和 3DES-CBC 算法，否则，无法满足安全防御的要求。

```
encryption-algorithm{des-cbc |3des-cbc |aes-cbc-128 |aes-cbc-192 |aes-cbc-256 |sm4}
```

⑤执行以下命令，配置 IKE 密钥协商时采用的 DH 密钥交换参数。默认情况下，IKE 密钥协商时采用的 DH 密钥交换参数为 group2，即 1 024 bit 的 Diffie-Hellman 组。768 bit 的 Diffie-Hellman 组（即 group1）存在安全隐患，建议使用 2 048 bit 的 Diffie-Hellman 组（即 group14）。

```
dh{group1 |group2 |group5 |group14}
```

【参数】

group1：表示 IKE 阶段 1 密钥协商时采用 768 bit 的 DH 组。

group2：表示 IKE 阶段 1 密钥协商时采用 1 024 bit 的 DH 组。

group5：表示 IKE 阶段 1 密钥协商时采用 1 536 bit 的 DH 组。

group14：表示 IKE 阶段 1 密钥协商时采用 2 048 bit 的 DH 组。

⑥执行 sa duration time-value 命令，配置 IKE SA 的生存周期。默认情况下，IKE SA 的生存周期为 86 400 s。

4. 配置 IKE 对等体

①进入系统视图。执行以下命令，创建 IKE 对等体并进入 IKE 对等体视图。

```
ike peer peer-name[ v1 |v2]
```

【参数】

peer-name：指定 IKE 对等体的名称。字符串形式，长度范围为 1~15 个字符。区分大小写，字符串中不能包含“?”和空格。

②执行以下命令，引用 IKE 安全提议。proposal-number 是一个已创建的 IKE 安全提议。默认情况下，使用系统默认的 IKE 安全提议。

```
ike-proposal proposal-number
```

【参数】

proposal-number：指定引用的 IKE 安全提议的序号，数值越小，优先级越高。整数形式，取值范围是 1~4。

③配置对应的认证密钥。执行以下命令，配置采用预共享密钥认证时，IKE 对等体与对端共享的认证字。两个对端的认证字必须一致。如果使用 simple 选项，密码将以明文形式保存在配置文件中，存在安全隐患。建议使用 cipher 选项，将密码加密保存。

```
pre-shared-key{simple |cipher} key
```

【参数】

simple：显式密码类型。可以键入显式密码，查看配置文件时，以明文方式显示密码。

cipher：密文密码类型。可以键入明文或密文密码，但在查看配置文件时，均以密文方式显示密码。

key：指定对等体 IKE 协商所采用的预共享密钥。字符串格式，不支持空格，区分大小写，明文时输入范围是 1~128，密文时输入范围是 48~188。当输入的字符串两端使用双引号时，可在字符串中输入空格。

④执行以下命令，配置 IKEv1 阶段 1 协商模式。默认情况下，IKEv1 阶段 1 协商模式为主模式。

```
exchange-mode{main |aggressive}
```

【参数】

main：主模式，提供身份保护。

cipher：野蛮模式，协商速度更快，但不提供身份保护。

⑤（可选）执行以下命令，配置 IKE 协商时的本端 IP 地址。默认情况下，根据路由选择到对端的出接口，将该出接口地址作为本端 IP 地址。一般情况下，本端 IP 地址不需要配置。

```
local-address ip-address
```

【参数】

ip-address：指定 IKE 协商时的本端 IP 地址。点分十进制形式。

⑥（可选）执行以下命令，配置 IKE 协商时的对端 IP 地址或域名。

```
remote-address ip-address
```

【参数】

ip-address：指定对端的 IP 地址。点分十进制形式。

⑦配置本端 ID 类型，并根据本端 ID 类型配置本端和对端 ID。执行以下命令，配置 IKE 协商时本端 ID 类型。默认情况下，IKE 协商时本端 ID 类型为 IP 地址形式。在 IKEv1 版本中，要求本端 ID 类型与对端 ID 类型一致，即指定了本端 ID 类型的同时，默认也指定了对端 ID 类型，本端配置的本端 ID 类型和对端 ID 类型一致。

```
local-id-type{dn|ip}
```

【参数】

dn：指定 IKE 协商时本端 ID 类型为可识别名称（Distinguished Name，DN）形式，将根据本端 DN 和对端 DN 用于对等体进行 IKE 协商。

ip：指定 IKE 协商时本端 ID 类型为 IP 地址形式，将根据已配置的本端 IP 地址和对端 IP 地址用于对等体进行 IKE 协商。

⑧（可选）执行以下命令使能发送 IKE SA 生存周期的通知消息功能。默认情况下，系统未使能发送 IKE SA 生存周期的通知消息功能。

```
lifetime-notification-message enable
```

5. 配置安全策略

安全策略配置分为手工方式（Manual）安全策略、通过 ISAKMP 创建 IKE 动态协商方式安全策略、通过策略模板创建 IKE 动态协商方式安全策略。

通过 ISAKMP 创建 IKE 动态协商安全策略步骤如下：

①进入系统视图。执行以下命令，创建 IKE 动态协商方式安全策略，并进入 IKE 动态协商方式安全策略视图。默认情况下，系统不存在安全策略。

```
ipsec policy policy-name seq-number isakmp
```

【参数】

policy-name：IPSec 安全策略的名称。字符串形式，取值范围为 1~15 个字符，区分大小写，字符串中不能包含“？”和空格。

seq-number：IPSec 安全策略的顺序号。整数形式，取值范围为 1~10 000，值越小，表示 IPSec 安全策略的优先级越高。

isakmp：表示创建 ISAKMP 方式 IPSec 安全策略。

②执行以下命令，在安全策略中引用 ACL。一个安全策略只能引用一个 ACL。如果设置安全策略引用了多于一个 ACL，最后配置的有效。acl-number 是一个已创建的高级 ACL。

```
security acl acl-number[dynamic-source]
```

【参数】

acl-number：指定 ACL 编号。整数形式，取值范围是 3 000~3 999。

dynamic-source：指定应用安全策略接口的 IP 地址替换引用的 ACL 规则中的源 IP 地址。此参数只在 ISAKMP 方式安全策略视图下配置。

③执行以下命令，在安全策略中引用 IPSec 安全提议。一个 IKE 协商方式的安全策略最多可以引用 12 个 IPSec 安全提议。隧道两端进行 IKE 协商时，将在安全策略中引用最先能够完全匹配的 IPSec 安全提议。如果 IKE 在两端找不到完全匹配的 IPSec 安全提议，则 SA 不能建立。proposal-name 是一个已创建的 IPSec 安全提议。

```
proposal proposal-name
```

【参数】

proposal-name：IPSec 安全提议的名称。字符串形式，不区分大小写，长度范围为 1~15 个字符。

④执行以下命令，在安全策略中引用 IKE 对等体。peer-name 是一个已创建的 IKE 对等体。

```
ike-peer peer-name
```

【参数】

peer-name：指定引用的 IKE 对等体的名称。必须是已存在的 IKE 对等体名称。

⑤（可选）执行以下命令，配置 IPSec 隧道的本端地址。默认情况下，系统没有配置 IPSec 隧道的本端地址。对于 IKE 动态协商方式的安全策略，一般不需要配置 IPSec 隧道的本端地址，SA 协商时，会根据路由选择 IPSec 隧道的本端地址。

```
tunnel local{ip-address |binding-interface}
```

【参数】

ip-address：指定 IPSec 隧道的本端 IP 地址。点分十进制格式。

binding-interface：指定安全策略接口的主地址为 IPSec 隧道的本端地址。

6. 接口上应用安全策略组

①进入接口视图，执行以下命令，在接口上应用安全策略组。

```
ipsec policy policy-name
```

【参数】

policy-name：指定 IPSec 安全策略组的名称。必须是已经在设备上创建好的 IPSec 安全策略组名称。

②SA 创建成功后，IPSec 隧道间的数据流将被加密传输。

8.4.3 GRE over IPSec

GRE over IPSec 可利用 GRE 和 IPSec 的优势，通过 GRE 将组播、广播和非 IP 报文封装成普通的 IP 报文，通过 IPSec 为封装后的 IP 报文提供安全地通信，进而可以提供在总部和分支之间安全地传送广播、组播的业务，例如视频会议或动态路由协议消息等。

当网关之间采用 GRE over IPSec 连接时，先进行 GRE 封装，再进行 IPSec 封装。GRE over IPSec 使用的封装模式可以是隧道模式，也可以是传输模式。因为隧道模式跟传输模式相比增加了 IPSec 头，导致报文长度更长，更容易导致分片，所以推荐采用传输模式 GRE over IPSec。

图 8-20 所示为 GRE over IPSec 报文封装和隧道协商过程。

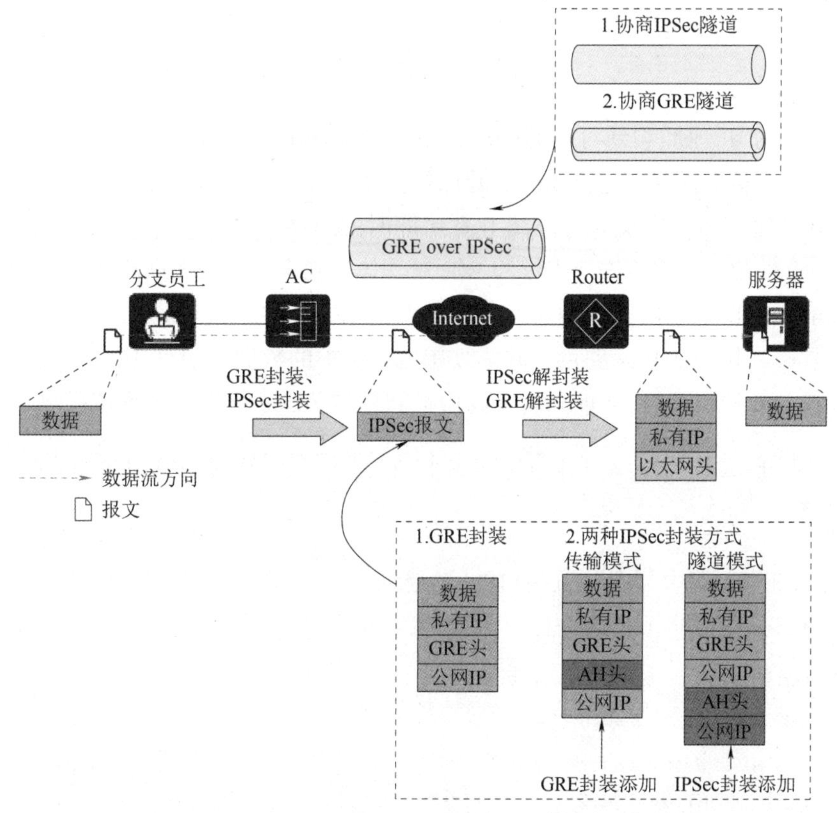

图 8-20 GRE over IPSec 报文封装和隧道协商过程

IPSec 封装过程中增加的 IP 头即源地址为 IPSec 网关应用 IPSec 安全策略的接口地址，

目的地址即 IPSec 对等体中应用 IPSec 安全策略的接口地址。

IPSec 需要保护的数据流为从 GRE 起点到 GRE 终点的数据流。GRE 封装过程中增加的 IP 头即源地址为 GRE 隧道的源端地址，目的地址为 GRE 隧道的目的端地址。

8.5 项目实施——GRE over IPsec 配置

图 8-21 所示为本项目的网络拓扑图。可以采用如下思路配置虚拟隧道接口建立 GRE over IPSec。

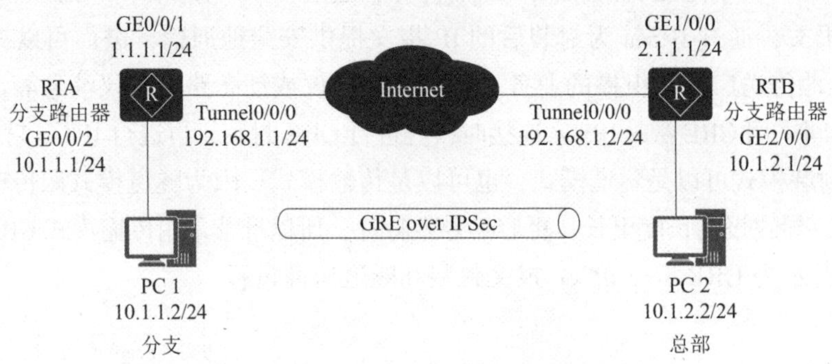

图 8-21 项目网络拓扑图

①配置接口的 IP 地址和到对端的静态路由，保证两端路由可达。

②配置 IPSec 安全提议，定义 IPSec 的保护方法。

③配置 IKE 对等体，定义对等体间 IKE 协商时的属性。

④配置安全框架，并引用安全提议和 IKE 对等体，确定对何种数据流采取何种保护方法。

⑤在 Tunnel 接口上应用安全框架，使接口具有 IPSec 的保护功能。

⑥配置 Tunnel 接口的转发路由，将需要 IPSec 保护的数据流引到 Tunnel 接口。

⑦配置 Tunnel 接口的 IP 地址和转发路由，将需要 IPSec 保护的数据流引到 Tunnel 接口。

8.5.1 分别在 RTA 和 RTB 路由器上配置接口的 IP 地址和到对端的静态路由

第 1 步：在 RTA 路由器上配置接口的 IP 地址。

```
[RTA] interface gigabitethernet 0/0/1
[RTA-GigabitEthernet0/0/1] ip address 1.1.1.1 24
[RTA-GigabitEthernet0/0/1] quit
[RTA] interface gigabitethernet 0/0/2
[RTA-GigabitEthernet0/0/2] ip address 10.1.1.1 24
[RTA-GigabitEthernet0/0/2] quit
```

第 2 步：在 RTA 路由器上配置到对端的静态路由，此处假设到对端的下一跳地址为 1.1.1.2。

```
[RTA] ip route-static 2.1.1.0 255.255.255.0 1.1.1.2
```

第 3 步：在 RTB 路由器上配置接口的 IP 地址。

```
[RTB] interface gigabitethernet 1/0/0
[RTB-GigabitEthernet1/0/0] ip address 2.1.1.1 255.255.255.0
[RTB-GigabitEthernet1/0/0] quit
[RTB] interface gigabitethernet 2/0/0
[RTB-GigabitEthernet2/0/0] ip address 10.1.2.1 255.255.255.0
[RTB-GigabitEthernet2/0/0] quit
```

第 4 步：在 RTB 路由器上配置到对端的静态路由，此处假设到对端的下一跳地址为 2.1.1.2。

```
[RTB] ip route-static 1.1.1.0 255.255.255.0 2.1.1.2
```

8.5.2 分别在 RTA 和 RTB 路由器上创建 IPSec 安全提议

第 1 步：在 RTA 路由器上配置 IPSec 安全提议。

```
[RTA] ipsec proposal tran1
[RTA-ipsec-proposal-tran1] esp authentication-algorithm sha2-256
[RTA-ipsec-proposal-tran1] esp encryption-algorithm aes-128
[RTA-ipsec-proposal-tran1] quit
```

第 2 步：在 RTB 路由器上配置 IPSec 安全提议。

```
[RTB] ipsec proposal tran1
[RTB-ipsec-proposal-tran1] esp authentication-algorithm sha2-256
[RTB-ipsec-proposal-tran1] esp encryption-algorithm aes-128
[RTB-ipsec-proposal-tran1] quit
```

8.5.3 分别在 RTA 和 RTB 路由器上配置 IKE 对等体

第 1 步：在 RTA 路由器上配置 IKE 安全提议。

```
[RTA] ike proposal 4
[RTA-ike-proposal-4] authentication-algorithm sha2-256
[RTA-ike-proposal-4] encryption-algorithm aes-128
[RTA-ike-proposal-4] dh group14
[RTA-ike-proposal-4] quit
```

第 2 步：在 RTA 路由器上配置 IKE 对等体。

```
[RTA] ike peer spub
[RTA-ike-peer-spub] version 1
[RTA-ike-peer-spub] undo version 2
[RTA-ike-peer-spub] ike-proposal 4
[RTA-ike-peer-spub] pre-shared-key cipher huawei@ 1234
[RTA-ike-peer-spub] quit
```

第 3 步：在 RTB 路由器上配置 IKE 安全提议。

```
[RTB] ike proposal 4
[RTB-ike-proposal-4] authentication-algorithm sha2-256
[RTB-ike-proposal-4] encryption-algorithm aes-128
[RTB-ike-proposal-4] dh group14
[RTB-ike-proposal-4] quit
```

第 4 步：在 RTB 路由器上配置 IKE 对等体。

```
[RTB] ike peer spua
[RTB-ike-peer-spua] version 1
[RTB-ike-peer-spua] undo version 2
[RTB-ike-peer-spua] ike-proposal 4
[RTB-ike-peer-spua] pre-shared-key cipher huawei@ 1234
[RTB-ike-peer-spua] quit
```

8.5.4 分别在 RTA 和 RTB 路由器上创建安全框架

第 1 步：在 RTA 路由器上配置安全框架。

```
[RTA] ipsec profile profile1
[RTA-ipsec-profile-profile1] proposal tran1
[RTA-ipsec-profile-profile1] ike-peer spub
[RTA-ipsec-profile-profile1] quit
```

第 2 步：在 RTB 路由器上配置安全框架。

```
[RTB] ipsec profile profile1
[RTB-ipsec-profile-profile1] proposal tran1
[RTB-ipsec-profile-profile1] ike-peer spua
[RTB-ipsec-profile-profile1] quit
```

8.5.5 分别在 RTA 和 RTB 路由器的接口上应用各自的安全框架

第 1 步：在 RTA 路由器的接口上应用安全框架。

```
[RTA] interface tunnel 0/0/0
[RTA-Tunnel0/0/0] ip address 192.168.1.1 255.255.255.0
[RTA-Tunnel0/0/0] tunnel-protocol gre
[RTA-Tunnel0/0/0] source 1.1.1.1
[RTA-Tunnel0/0/0] destination 2.1.1.1
[RTA-Tunnel0/0/0] ipsec profile profile1
[RTA-Tunnel0/0/0] quit
```

第 2 步：在 RTB 路由器的接口上应用安全框架。

```
[RTB] interface tunnel 0/0/0
[RTB-Tunnel0/0/0] ip address 192.168.1.2 255.255.255.0
[RTB-Tunnel0/0/0] tunnel-protocol gre
[RTB-Tunnel0/0/0] source 2.1.1.1
[RTB-Tunnel0/0/0] destination 1.1.1.1
[RTB-Tunnel0/0/0] ipsec profile profile1
[RTB-Tunnel0/0/0] quit
```

8.5.6　配置 Tunnel 接口的转发路由，将需要 IPSec 保护的数据流引到 Tunnel 接口

第 1 步：在 RTA 路由器上配置 Tunnel 接口的转发路由。

```
[RTA] ip route-static 10.1.2.0 255.255.255.0 tunnel 0/0/0
```

第 2 步：在 RTB 路由器上配置 Tunnel 接口的转发路由。

```
[RTB] ip route-static 10.1.1.0 255.255.255.0 tunnel 0/0/0
```

8.5.7　检查配置结果

配置成功后，分别在 RTA 和 RTB 路由器上执行 display ike sa 命令，会显示所配置的信息，下面以 RTA 路由器为例。

```
[AC] display ike sa
IKE SA information :
     Conn-ID  Peer                VPN  Flag(s)  Phase  RemoteType  RemoteID
  --------------------------------------------------------------------------
      16     2.1.1.1:500               RD|ST    v1:2    IP          2.1.1.1
      14     2.1.1.1:500               RD|ST    v1:1    IP          2.1.1.1
```

```
Number of IKE SA : 2
-------------------------------------------------------------

Flag Description:
RD--READY  ST--STAYALIVE  RL--REPLACED  FD--FADING  TO--TIMEOUT
HRT--HEARTBEAT  LKG--LAST KNOWN GOOD SEQ NO.  BCK--BACKED UP
M--ACTIVE  S--STANDBY  A--ALONE  NEG--NEGOTIATING
```

8.6 巩固训练——IPSec VPN 配置

8.6.1 实训目的

- 理解 IPSec VPN 技术。
- 掌握实现 IPSec 的配置方法。

8.6.2 实训拓扑

某企业在总部和分支机构各有一个局域网，两个局域网均已经连接到 Internet。企业希望把分支子网与总部子网进行连接，考虑使用数据专线的成本较高，准备采用 VPN 技术。为了对流量进行安全保护，最终决定采用 IPSec VPN。图 8-22 所示为实训拓扑图。

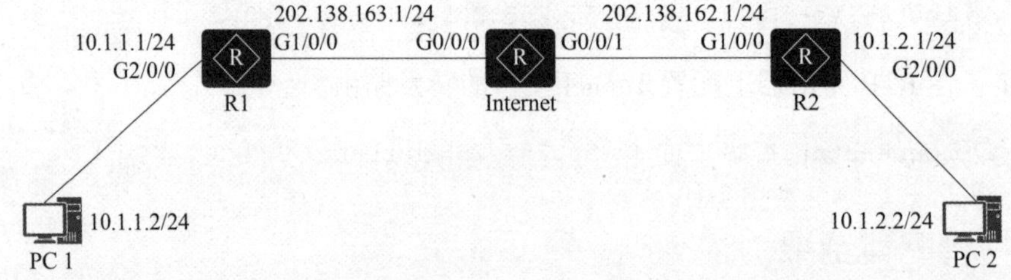

图 8-22 实训拓扑

8.6.3 实训内容

①配置接口的 IP 地址和到对端的静态路由，保证两端路由可达。

②配置 ACL，以定义需要 IPSec 保护的数据流。

③配置 IPSec 安全提议，定义 IPSec 的保护方法。

④配置 IKE 对等体，定义对等体间 IKE 协商时的属性。

⑤配置安全策略，并引用 ACL、IPSec 安全提议和 IKE 对等体，确定对何种数据流采取何种保护方法。

⑥在接口上应用安全策略组，使接口具有 IPSec 的保护功能。